● 国家重点研发计划课题 “珠三角地区基于文脉传承的绿色建筑设计方法及关键技术”（2017YFC0702505）
● 国家自然科学基金项目“岭南绿色智慧大学校园规划设计协同模式研究”（51678239）
● 广东省科技计划项目“历史建筑绿色智慧节能改造的技术集成与示范”（2012A010800028）
● 广州市科技计划项目“地域特色与绿建技术融合的广州乡村既有建筑改造研究与示范（201804020017）

岭南历史建筑

绿色改造技术集成与实践

◆ 郭卫宏　胡文斌　编著

华南理工大学出版社
SOUTH CHINA UNIVERSITY OF TECHNOLOGY PRESS
·广州·

图书在版编目 (CIP) 数据

岭南历史建筑绿色改造技术集成与实践 / 郭卫宏，胡文斌编著. —广州：华南理工大学出版社，2018. 6
ISBN 978 – 7 – 5623 – 5313 – 3

Ⅰ. ①岭…　Ⅱ. ①郭…　②胡…　Ⅲ. ①古建筑 – 改造 – 无污染技术 – 研究 – 广东　Ⅳ. ① TU746. 3

中国版本图书馆 CIP 数据核字（2017）第 144641 号

Lingnan Lishi Jianzhu Lüse Gaizao Jishu Jicheng Yu Shijian
岭南历史建筑绿色改造技术集成与实践
郭卫宏　胡文斌　编著

出 版 人：卢家明
出版发行：华南理工大学出版社
（广州五山华南理工大学 17 号楼，邮编 510640）
http://www.scutpress.com.cn　E-mail:scutc13@scut.edu.cn
营销部电话：020–87113487　87111048（传真）
策划编辑：赖淑华
责任编辑：骆　婷　赖淑华
印 刷 者：广州一龙印刷有限公司
开　　本：635 mm × 965 mm　1/8　**印张：**31.75　**字数：**417 千
版　　次：2018 年 6 月第 1 版　2018 年 6 月第 1 次印刷
定　　价：238.00 元

前　　言

岭南历史建筑是岭南文化的瑰宝，集中反映了岭南地域的气候特征、生活习性和文化习俗，体现了朴素的人和自然和谐共存的唯物主义哲学观。在很多方面，岭南历史建筑所使用的特色技术对岭南地区现代建筑设计具有重要的指导意义，值得行业传承。然而也不能忽视，随着人们对居住环境质量要求的提高、城市化进程对传统建筑外部环境的改变，以及建筑本身的自然损耗，很多岭南历史建筑已在很多方面不能满足人居要求。近些年由于不合理的城市开发和功能需求，很多历史建筑被改造得面目全非，丧失了原有的生态特色，甚至完全摧毁重建。因此，挽救岭南历史建筑迫切需要合理的技术规划和改造，实现保护、传承和创新的结合，让传统建筑的老枝发出新芽，延续生命。

与大多数以案例保护介绍为主的文献不同，本书从岭南历史建筑生态特性的定量分析入手，结合现行绿色建筑评价标准，既突出传统生态技术的量化描述和评价，又强调技术的集成和运用。作者在总结岭南建筑绿色生态特色的基础上，对比现行绿色建筑评价标准，对岭南建筑的绿色建筑特性进行了评价；以传承特色、改造不足为基本原则，提出岭南建筑绿色改造的技术集成思路。从建筑群保护与室外场地规划、围护结构、结构加固、水资源综合利用、通风空调系统、照明动力设备与电力监测、环境质量及能效云监控七个方面，作者联系实际，用大量的实例阐述了绿色改造技术的集成与实践，展示了建筑改造和扩建过程中，各种适宜生态技术的运用，并总结了现代建筑创作的应用模式，既展示了岭南历史建筑的传承和延续，又因地制宜地引入了新技术创新，实现岭南历史建筑的再生。本书有以下两个特色：（1）首次按照现行绿色建筑评价标准的要求，客观评价岭南历史建筑的绿色生态特色。充分发挥岭南历史建筑被动式生态特色，结合改造的功能要求和建筑现状，提出适宜的改造技术策略。（2）从热、风、光、声多种建筑物理环境着手，总结岭南历史建筑的空间组合形态，通过分析岭南历史建筑的空间组合形态，提炼出有利于提高室内环境质量、发挥被动技术节能降耗的设计模式，并结合现代建筑，提出设计应用模式。

本书面向的读者范围比较广泛，包括：（1）建筑设计人员；（2）建筑历史研究人员；（3）从事绿色建筑技术研究的人员；（4）建筑学、建筑历史、建筑技术科学专业的大专院校学生。本书一方面采取科学、直观、量化的方式描述传统建筑中的绿色生态特性；另一方面，研究积极运用建筑技术和建筑设备的新技术和新产品，因地制宜地让历史建筑萌发勃勃生机。因此，本书的出版一可以促进传统建筑的保护，二可以推动新技术在传统建筑的应用，三可以使传统建筑文化在现代建筑创作中得到更好的传承，以期向读者展示传统建筑文化魅力的同时，号召更多的人来保护和传承建筑文化。

本书的编写由郭卫宏总体负责，参加编写工作的人员还有：胡文斌（负责第 3 章、第 4 章的 4.3 节和 4.6 节、第 6 章和第 10 章）、冯江（负责第 1、2 章）、邓孟仁（负责第 4 章的 4.1 节、4.2 节、4.4 节、4.5 节）、劳晓杰（负责第 5 章）、陈欣燕（负责第 7 章）、俞洋（负责第 8 章）、耿望阳（负责第 9 章）。在第 10 章的案例实录中，感谢郑少鹏和黄沛宁提供的大量素材。此外，吴晨晨和高娜参加部分编写工作，在此一并表示感谢。

编　者

2018 年 4 月

目录

第 1 章
岭南历史建筑的界定

1.1　岭南历史建筑的范畴

1.1.1　法定“历史建筑”的界定

“历史建筑”是一个较新的法定概念，在其被明确定义之前，有各种不同的解释，在不同的条例、规范和政策性文件中的描述也不一致。目前我国具有法定效力的“历史建筑”概念来自于2008年国务院颁布的《历史文化名城名镇名村保护条例》，其第四十七条对“历史建筑”做出了界定：

历史建筑，是指经城市、县人民政府确定公布的具有一定保护价值，能够反映历史风貌和地方特色，未公布为文物保护单位，也未登记为不可移动文物的建筑物、构筑物。

1988年11月，原建设部、文化部联合发出《关于重点调查保护优秀近代建筑物的通知》，要求各地通过调查研究选出一批优秀近代建筑作为文物保护单位上报。其后，各地陆续有部分近代建筑物被列为各级文物保护单位。

2004年3月，原建设部发布《关于加强对城市优秀近现代建筑规划保护工作的指导意见》，开篇即说明优秀近现代历史建筑的意义：

城市中优秀的近现代历史建筑是体现城市历史文化发展的生动载体，是城市风貌特色的具体体现，是不可再生的宝贵文化资源。切实加强对城市优秀近现代建筑的保护，是城市历史文化遗产保护工作的重要组成部分，是各级城市人民政府的重要职责。

2005年颁行的《GB 50357—2005　历史文化名城保护规划规范》中，已在术语部分对“历史建筑”（historic building）进行了解释：“有一定历史、科学、艺术价值的，反映城市历史风貌和地方特色的建（构）筑物。”

2010年1月13日，广东省住房和城乡建设厅印发的《关于加强优秀历史建筑保护工作指导意见》（粤建市〔2010〕3号）中第四条明确定义了历史建筑，并确定了其认定标准。

2012年11月29日通过的《广东省城乡规划条例》第四章“历史文化和自然风貌保护”第一节“历史文化保护区和历史建筑”中，第五十四条明确要求：

城市、县人民政府应当建立历史文化保护区和历史建筑的保护名录，报省人民政府核定后公布。经批准公布的历史文化名镇、名村、街区，保存比较完整、内涵较为丰富、特色明显的传统镇街、村落和场所，以及反映历史风貌和地方特色的历史建筑应当纳入保护名录。

1.1.2 本书对“岭南历史建筑”的界定

本书中的“岭南历史建筑”是指广义的历史建筑，即在岭南地区湿热条件下的，有良好的地域适应性的传统建筑、近代建筑和现代建筑，既包括了已公布的法定历史建筑，也包括了部分被公布为文物保护单位或登记为不可移动文物的建筑物、构筑物，还包括尚未公布为文物保护单位、不可移动文物、历史建筑的传统风貌建筑（图 1–1）。

对岭南历史建筑的改造应寻求与岭南的生活方式和建筑习俗的契合，在岭南地区的建成环境中，与原有的传统建筑、景观和街区有良好的对话关系，能够延续原有氛围或者创造性地解决与既有建成环境的关系；同时，在自然环境中的建筑要能够充分考虑与环境的关联与协调。在技术上，具有对亚热带湿热气候的良好的地域适应性，能够利用合理的技术、材料、布局充分解决通风、遮阳、隔热、防湿等问题，并结合到整体改造设计之中。

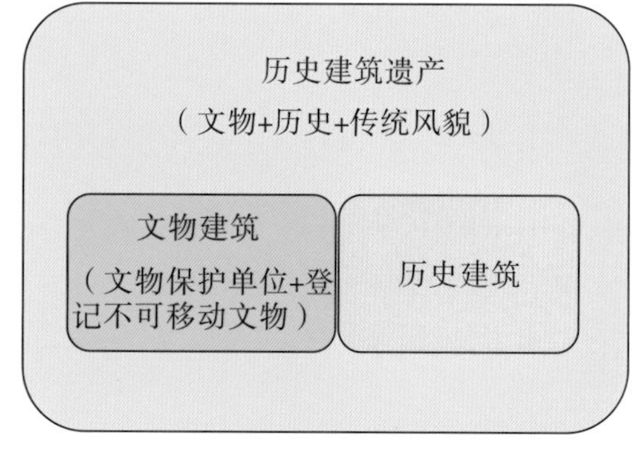

图 1–1 岭南历史建筑的界定

1.2 岭南历史建筑智慧绿色节能改造的迫切性

广东省是改革开放以来全国经济发展和城镇化起步最早、城乡建设量需求最大的地区之一。在经济高速发展的同时，也消耗了大量的土地资源，粗放的土地利用方式已难以为继，土地资源供需矛盾日益突出，严重制约广东省可持续发展。立足土地资源省情，大力推进节约集约用地，统筹保障发展和保护资源，是广东省深入贯彻落实科学发展观，确保经济社会发展必须解决的迫切而重大的课题。

为应对建设用地的不足，推进节约集约用地，在国土资源部的支持和指导下，广东省人民政府于 2009 年出台了《广东省人民政府关于推进“三旧”改造促进节约集约用地的若干意见》（粤府〔2009〕78 号），推出了针对旧城镇、旧村庄和旧工厂的“三旧改造”政策。

由于 “三旧改造”改造片区往往也是历史文化遗产所在地带，因此对岭南历史建筑进行绿色智慧节能改造成为“三旧改造”实施中的关键问题。我国目前约有 400 亿平方米建筑存量，这既是节能改造的难点，也是全面降低建筑能耗的关键。面对低碳经济和节能减排的需求，本书以岭南地区历史建筑改造为突破口，研究和展示绿色智慧节能改造的技术集成与示范。这对解决上述问题具有实践意义和现实意义。

1.3 岭南历史建筑改造、更新与活化利用的法律法规政策

目前在我国公布的关于文物保护单位、历史建筑和传统风貌建筑的相关法律法规、政策规章有：《中华人民共和国文物保护法》（2015 年修订）、《中华人民共和国城乡规划法》（2007 年）、《历史文化名城名镇名村保护条例》（2008 年）、《中华人民共和国文物保护法实施条例》（2003 年）、《城市紫线管理办法》（2003 年）、《全国重点文物保护单位保护规划编制审批办法》（2004）、《历史文化名城名镇名村保护规划编制要求（试行）》（建规〔2012〕195 号）、《全国重点文物保护单位保护规划编制要求》、《国务院关于加

强文化遗产保护的通知》（国发〔2005〕42 号）、《文物保护工程勘察设计资质管理办法（试行）》《文物保护工程施工资质管理办法（试行）》《文物保护工程监理资质管理办法（试行）》（文物保发〔2014〕13 号）、《全国重点文物保护单位文物保护工程检查管理办法（试行）》（文物保发〔2016〕26 号）。

广东省公布的相关条例、办法、意见有：《广东省城乡规划条例》（2012 年）、《广东省历史文化街区、名镇、名村评选办法》《广东省实施〈中华人民共和国文物保护法〉办法》（2009 年）、《广东省重点文物保护专项补助经费管理办法》（2009 年）、《关于加强优秀历史建筑保护工作指导意见》（粤建市〔2010〕3 号）、《关于加强历史建筑保护的意见》（粤府办〔2014〕54 号）、《关于开展广东省历史文化街区、名镇、名村认定工作的通知》（粤建规函〔2015〕676 号）、《广东省文物建筑合理利用指引（征求意见稿）》《广东省文物建筑合理利用案例阐释（征求意见稿）》（粤文物函〔2016〕6 号）。

广州市根据实际情况不断完善和发展的保护法律法规有：《广州市历史文化名城保护条例》（2015 年）、《广州市文物保护规定》（2013 年）、《广州市城乡规划技术规定》（2012 年）、《广州市历史建筑和历史风貌区保护办法》《关于印发〈传统风貌建筑普查、认定、管理工作的指导意见〉的通知》（2014 年）、《关于印发〈广州市文化遗产普查工作方案〉的通知》（穗文管委〔2013〕3 号）、《广州市历史文化名城保护规划》《广州市历史建筑维护修缮利用规划指引（试行）》。

其他省市对历史建筑所公布的保护条例、管理办法有：《上海市历史文化风貌区和优秀历史建筑保护条例》（2002 年）、《苏州古建筑保护条例》（2002 年）、《哈尔滨市保护建筑和保护街区条例》（2004 年）、《杭州市历史文化街区和历史建筑保护办法》（2005 年）、《天津市历史风貌建筑保护条例》（2005 年）、《郑州市嵩山历史建筑群保护管理条例》（2007 年）、《厦门经济特区鼓浪屿历史风貌建筑保护条例》（2000 年通过，2009 年修订）、《扬州老城区民房规划建设管理办法》（2009 年）、《杭州市历史文化街区和历史建筑保护条例》（2012 年）、《武汉市历史文化风貌街区和优秀历史建筑保护条例》（2012 年）、《南宁市历史街区和历史建筑保护管理条例》（2012 年）、《青岛市历史建筑保护管理办法》（2012 年）、《荆州市城区历史文化街区和优秀历史建筑保护规定》（2012 年）、《佛山市历史文化街区和历史建筑保护条例》（2016），等等。

目前在我国的法律法规、政策规章以及加入的世界公约中明确提及的物质形态空间历史文化保护对象可以分为成片保护和点状保护两大类别（表 1–1）。成片保护更注重保护的整体性，保护区域规模相对较大，重视对环境、格局、肌理和非物质文化遗产的空间载体的保护；而点状的保护更多在建筑或建筑群的层面上进行。

表 1–1　我国历史文化保护的对象分类示意

成片保护为主	建筑、构筑物保护为主
世界遗产（自然遗产、文化遗产、文化景观）	文物保护单位（全国、省、市、县）
历史文化名城（国家、省）	登记不可移动文物 / 文物线索
历史文化名镇、名村（国家、省）	历史建筑
历史文化街区（国家、省、市）	优秀近现代建筑
传统村落、历史风貌区	传统风貌建筑

其中，以建筑和建筑群为保护对象的类型如下（图 1–2）：

（1）文物保护单位。共分全国重点、省级、市级和县级文物保护单位，受《中华人民共和国文物保护法》等法律的保护。《全国重点文物保护单位保护规划编制要求》及其审批办法是编制和审批保护规划的依据。

（2）登记不可移动文物。尚未核定公布为文物保护单位的不可移动文物，由县级人民政府文物行政管理部门予以登记并公布。同样适用于《中华人民共和国文物保护法》。

（3）历史建筑。2008 年国务院颁布的《历史文化名城名镇名村保护条例》明确定义了历史建筑。此后“历史建筑”成为名城保护体系中的重要概念，其数量成为衡量历史文化街区、名镇、名村的重要标准。

（4）优秀近现代建筑。2004 年原建设部出台的《关于加强对城市优秀近现代建筑规划保护工作的指导意见》中提出保护城市优秀近现代建筑，并定义城市优秀近现代建筑一般是指从 19 世纪中期至 20 世纪 50 年代建设的，能够反映城市发展历史、具有较高历史文化价值的建筑物和构筑物。但其后这一概念使用较少。

这里说的“历史建筑”是一个狭义的概念，是指经城市、县人民政府确定公布的具有一定保护价值，能够反映历史风貌和地方特点的建（构）筑物。市人民政府应当通过政策引导、资金扶助、减免国有历史建筑租金等方式，促进历史建筑的合理利用。市、区人民政府鼓励保护责任人通过功能置换、兼容使用、经营权转让、合作入股等多种形式，利用历史文化街区和历史建筑发展与保护规划相适应的文化创意、休闲旅游、文化体验、文化研究以及开办展览馆和博物馆等特色经营活动。

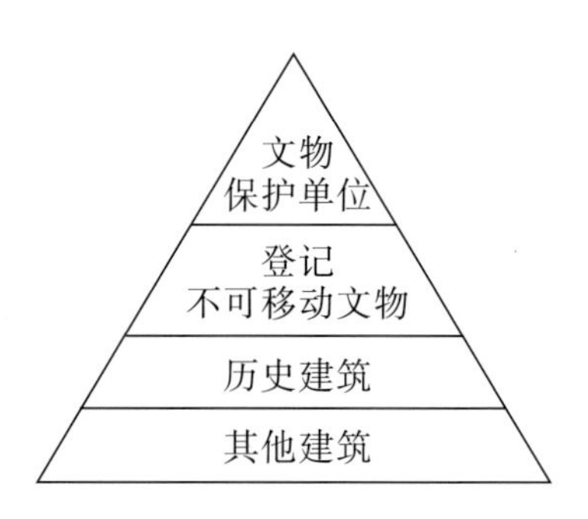

图 1–2　历史建筑遗产保护体系

建设主管部门和文物主管部门是我国的政府管理体系中主要进行历史文物保护的两个部门，其中名城保护体系由建设主管部门主导，并通过保护规划与各种法定规划的衔接嵌入日常管理，文物古迹保护体系由文物主管部门主导。

广东省的历史建筑保护才刚刚起步，更多的地方性法规和保护法规还在制定中。广州市的历史建筑保护是在实践中积累经验，同时根据广州的实际情况不断完善和发展有关的法律法规（图 1–3）。

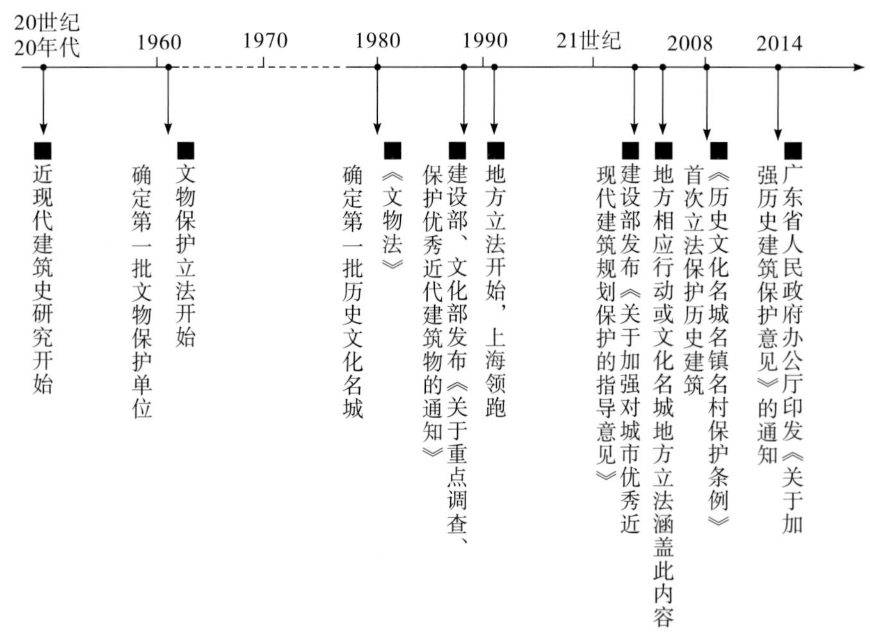

图 1–3　我国建筑遗产保护体系的构建历程及趋势

1.4　城市更新背景下的岭南历史建筑改造

历史建筑绿色智慧节能改造工作主要包括有以下八个方面的内容：历史建筑群的保护与室外场地规划改造，历史建筑围护结构的绿色节能改造，历史建筑结构加固和结构扩建技术，历史建筑通风空调系统的绿色节能改造技术，历史建筑水资源综合利用改造技术，历史建筑照明动力设备改造与电力监测的实施，历史建筑改造中环境及能效监控的云技术及应用，历史建筑室内环境质量的技术改造重质墙体构成的蓄热与调热效应等。

目前对岭南历史建筑的改造主要通过功能改变来进行活化利用，包括了旧居住建筑改造成办公建筑、仓库改造成商业建筑、厂房改造成文化展览建筑，等等。这些改造案例不仅保留了传统建筑，展现其历史文化价值，并充分融入市民的日常生活和文化体验，还能使历史建筑满足当下新的使用要求和环境品质，例如 T.I.T 创意园、广州日杂公司龙津仓、红专厂创意园和何镜堂建筑创作工作室等（图 1–4）。

图 1–4　T.I.T 创意园、日杂公司龙津仓、红专厂、何镜堂建筑创作工作室（从左向右）

1.4.1　T.I.T 创意园

T.I.T 创意园的前身是建于 1956 年的广州纺织机械厂。广州纺织工贸集团积极响应广州市政府“退二进三”政策，本着“修旧如旧”的原则，投入巨资打造一个以服装、服饰为主题，产业多元化整合，集时尚、文化、艺术、创意、设计、研发、发布、展示功能为一体的创意产业平台。园区由品牌设计区、跨界创意区、商业文化区、展示发布区、配套服务区、休闲红酒区等功能板块组成，致力于打造一个由设计研发、流行趋势发布、新品展销、品牌推介等功能紧密结合的服装产业资源整合平台。

1.4.2　广州日杂公司龙津仓

广州日杂公司龙津仓现为广州市文津古玩城，位于广州荔枝湾涌边。20 世纪 50 年代后广州日杂公司围绕西关文塔四周陆续建成宿舍和仓库，荔枝湾涌于 1992 年被覆盖上混凝土梁板成为道路，沿路建成古玩街，文塔的历史脉络被完全切断。2010 年，荔枝湾涌揭盖复涌，龙津仓共七座仓库和住宅的改造启动，由政府与供销社合作出资进行，再造为文津古玩市场，多栋建筑通过空中连廊连成一体，并与文塔形成对话。

1.4.3　红专厂

红专厂前身是广州鹰金钱食品厂，现在区内仍保留着几十座大小不一的苏式建筑，厂房的结构空旷开阔，很适合改成 loft 办公空间。如今，老厂房已经人去楼空，而新艺术空间已经有了几分雅致，目前中国著名的室内设计公司“集美组”已经搬入了“红专厂创意园”，一个新的艺术和创意园区已在广州出现。

1.4.4 何镜堂建筑创作工作室

八十年前，这里曾是民国时期中山大学教授们的居所。在相当长的时期里，由于缺乏维护修缮，墙体一度被白蚁侵蚀，青苔遍布。2005 年，何镜堂建筑创作工作室将其中的一栋小别墅及一栋二层小楼改建为园林式工作室，改善了工作和学习环境。修缮改造之初就尽可能保持其原貌、外形、肌理，由于门窗不能满足现代建筑的功能，墙体已风化，并且砖木墙体也不能满足当代的功能需求，因此选择拆掉墙体，但黄墙红瓦的外观不变，把屋顶的红色瓦片全部揭开再重新铺砌。

工作室设计团队于 2005、2010、2011 年分三个阶段对这一废旧历史建筑进行改造，设计师们在工作的同时还整饰建筑环境。文化保护区的优秀历史建筑不是文物，但同样承载着人类历史文化发展的信息，同样值得尊重，绝不能“一拆了之”。设计师希望把岭南园林那种通透、幽静、隐约的味道引入这个改造后的工作室。在屋顶，设计师引入了一种叫“针叶佛甲草”的植物，此植物的优势在于不需要浇水但一年四季常绿，而且起到非常好的屋顶隔热效果。

第2章
岭南地区历史建筑的发展、特征与改造的常见问题

2.1 岭南历史建筑的发展概况

2.1.1 岭南地区的发展与文化

岭南位于中国大陆南端，其文化的丰富和完善经过了漫长的历史进程。岭南地区开发史的重要特点，就是一直处在频繁而剧烈的变化之中，这里长期交织着外国、中国和本地域的文化元素。

岭南地区的城乡风貌构成庞杂。过去的历史都在这块土地上留下了印迹，对今天城乡风貌的形成产生了影响，只不过有些影响比较长久，有些痕迹已经淡化；有些表现得比较直接，而有些则可能抽象但长远。根据四个时间段的划分，岭南地区当前的城乡风貌，实际上是四个层次叠加的结果。

（1）明代以前

明以前的遗存，基本上已经湮没于地下，如贝丘遗址、南越王宫苑遗址、陵墓等；或者在寺庙中以遗构的方式存在，如怀圣寺、光孝寺；甚至只存于地名及各种传说，如昌华苑。

（2）明至清代中叶

遍布岭南的宗族村落绝大多数是在这一时期建成或重新定型的。经历了明清鼎革之际的杀戮和清康熙初年的迁海之后，岭南地区在广州“一口通商”时期成为以商品贸易尤其是国际贸易主导的经济作物种植区域和手工业、商业高度发达的地区。水运是主要交通方式。

明代的遗存主要是一些重要的建筑，例如祠堂（陈白沙祠、五间祠等）、楼阁（镇海楼，1929年重建）、塔（莲花塔、琶洲塔、赤岗塔）等，以及多个城池如广州、肇庆、潮州等。经历明代黄萧养起义之后的编户齐民和儒化政策，至嘉靖年间打击淫祠和庶民宗族的普及，梳式布局这种广府特色聚落定型下来。

（3）清末民国时期

在广州失去“一口通商”的地位之后，整个岭南进入了另外一种发展状态。这一时期已经开始用一种革命性的姿态看待城乡建设，尤其是民国时期。西方的建筑风格、建筑材料、建造技术和城市规划理念影响了珠三角的城乡风貌，甚至在香山、五邑地区、潮州、梅州等地的乡间也出现了许多中西合璧的建筑。工业和市政建设得到了快速的发展，钢筋混凝土得到了快速的推广，不过尚以精细的装饰维持着优雅的印迹。作为一种新生事物的骑楼，因其对气候的适应性而在许多城镇迅速普及。西关大屋、东山洋楼都是在这一时期出现的。水陆联运是这一时期的主要交通方式，铁路扮演了重要的角色。

（4）中华人民共和国成立以来

在中华人民共和国成立初期的三十年里，岭南地区在计划经济体制下发展，由于基础设施的限制，基本上只能在民国时期的城乡建成区的基础上进行蔓延式拓展。尽管社区办工业和局部的危房更新对城乡风貌造成了一定的破坏，但民国时期的建成风貌基本得以保持。这一时期，广州作为中国出口商品交易会的举办地和侨乡，城市建设有较大发展，涌现出一批享誉全国的现代岭南建筑。

剧烈的社会变动和快速的技术发展造成岭南建筑性格的不断变化，其实并不存在一个面目清晰、稳定不变的“岭南建筑”，多变正是岭南建筑的重要特征。根据时间的划分，岭南建筑实际上是三个层次叠加的结果：

①明清时期传统建筑；

②清末民国的近代建筑；

③中华人民共和国成立后的岭南现代建筑。

2.1.2 明清时期传统建筑

从明至清，历经几百年反复地砌与筑，岭南建筑逐渐形成了稳定的地方性格。在广州府，灵活的木结构框架之外包裹着青砖、赭瓦、红白石和黑色的油灰，构件的重复和组合造就了厚实而封闭的形象，细腻的雕、塑、绘，装点了人们的生活，也传递着建筑的意义。一座座房屋被天井、庭院和青云巷编织成致密的聚落（图 2–1）。

另外，当时广州是中国对外贸易的唯一港口，设立十三行为特许经营对外贸易的商行，经济繁荣的同时带动了如行商园林、文人园林等岭南园林的兴建。岭南园林体现了中国传统园林与西方式样和材料的融合。

（a）广州珠江口岸边的景象

（b）广州旧城景象

（c）高要黎槎村

（d）东莞塘尾村

图 2–1 珠三角乡村影像

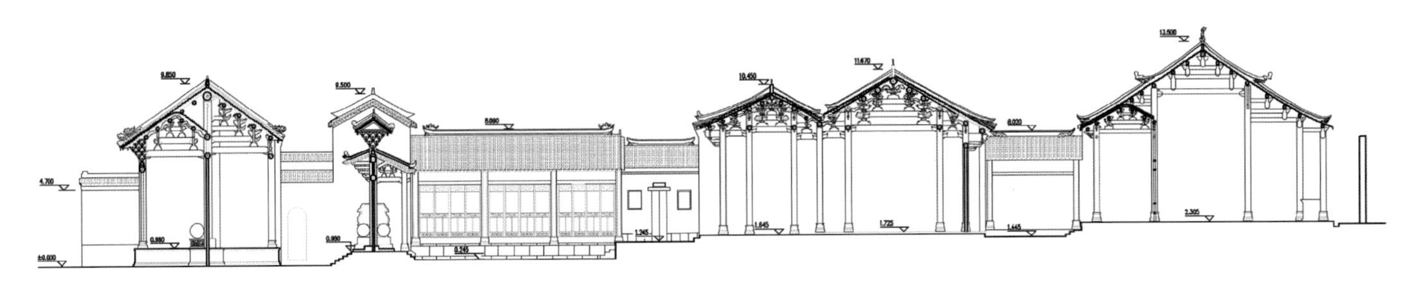

图 2-2　沙湾何氏大宗祠留耕堂纵剖面图

（图片来源：根据华南理工大学东方建筑文化研究所《番禺传统建筑测绘图集》整理）

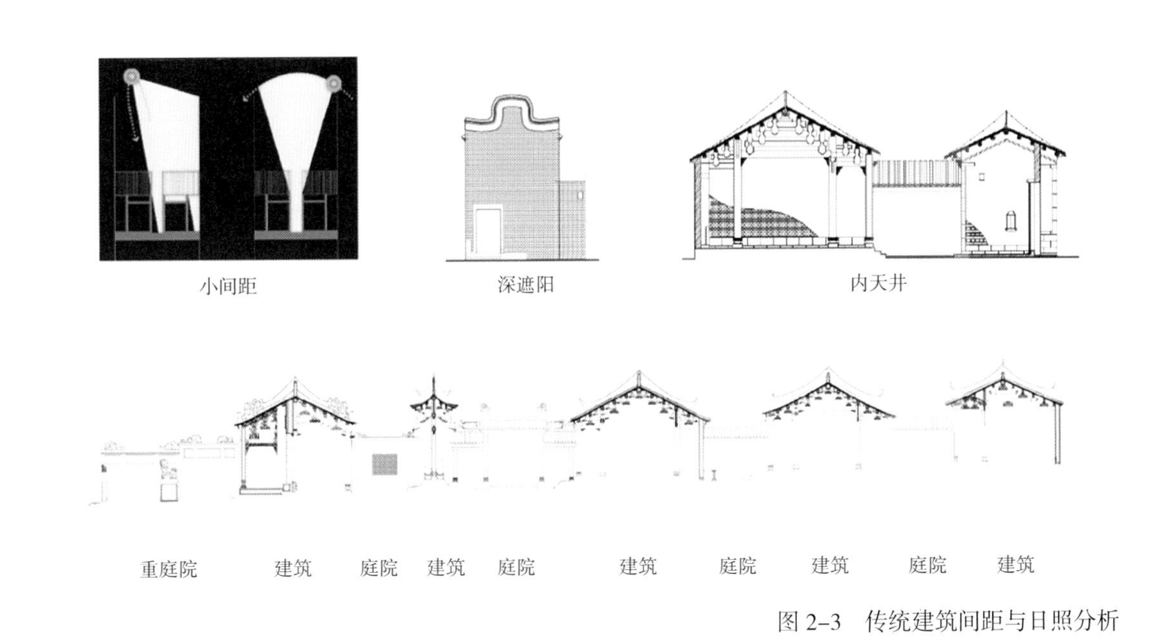

图 2-3　传统建筑间距与日照分析

2.1.3　清末、民国时期的近代建筑

2.1.3.1　1990 年代：清末的近代化与舶来建筑

从 20 世纪开始，随着清末近代化，岭南地区的中西方交流在动荡中进一步加强。此时岭南建筑表现出的特征是舶来功能和形式。与欧洲工业建筑最先近代化不同，广州的工业因为是舶来的，所以建筑上采用了自己所理解的西方建筑的元素，往往是折衷形式。

自 1905 年岭南大学马丁堂（图 2-4a）建成之后，舶来的洋砖、士敏土（水泥）（图 2-4b）、混凝土成了新的建筑材料，多用于洋行、公司、工厂、电讯大楼、俱乐部、教堂、教会学校、

（a）岭南大学马丁堂

（b）广州士敏土厂

图 2-4　1905—1908 年新式建筑和材料厂

医院等功能建筑的建造（图 2–5），但在屋顶做法上较多借鉴广府传统建筑的工艺。岭南建筑的性格开始转变，此时，出现了主要来自南洋的殖民地建筑风格，以明快的竖直线条和几何形纹样为特征的新艺术运动风格也受到青睐。

（a）五仙门发电所 /1905

（b）广东兵工总厂

（c）东亚公司 /1905

（d）葛理孚福住宅 /1905

（e）瑞记洋行 /1905—1908

图 2–5　1900 年代的舶来建筑
（图片来源：李穗梅，《帕内建筑艺术与近代岭南社会》）

2.1.3.2　1910 年代：民国的建立与建筑类型之变

随着新的国家形式的构建，以及在向西方借鉴科学技术和宪政体制的过程中，邮政大楼、海关大楼、火车站、银行等公共建筑陆续建成（图 2–6），岭南的重要建筑更多地表现出古典复兴的色彩，以西方人眼中曾经象征庄严和崇高的建筑形式向国人显示权威和秩序感。岭南大学等教会学校坚持借用中国传统官式建筑的形式，骑楼开始出现，多采用融合了民俗装饰的殖民地样式。

（a）粤海关大楼 /1913

（b）广东邮务管理局大楼 1913/1916

（c）广九铁路大沙头车站 /1911

图 2–6　1910 年代的古典复兴式样建筑
（图片来源：李穗梅，《帕内建筑艺术与近代岭南社会》）

2.1.3.3　1920 年代：市政建设与隐约的首都意象

随着辛亥革命的成功和民国的建立，广州成为民国的革命策源地和中心城市，经历了民国初期的市政公所及之后市政厅的成立、国民政府的设立，广州拆城墙、修马路、建骑楼、

图 2-7　中山纪念堂

开辟中轴线，完善水陆联运现代交通体系，建立现代城市规划管理体系，成为民国第一个现代意义上的“城市”①。

在具有鲜明意识形态色彩的纪念性建筑（图 2-7）和公共建筑中，西方现代建筑的材料、古典主义建筑的格局和本土的琉璃瓦、大屋顶、纹饰一起出现在建筑师的蓝图中，建筑师们试图以“中词”和“西曲”谱写新的“交响曲”，技术虽已日益西化，形式尚在努力维系中国传统文化的传承，由此营造了红砖碧瓦的建筑形象（图 2-8a、b）。由竹筒屋改建而成的城市骑楼和商业建筑（图 2-8c）显示了时人对其所理解的现代化都市图景的追逐。具有现代主义倾向的建筑实践已经出现，但未成主流。

2.1.3.4　1930 年代：广州城市建设的黄金时期

在陈济棠主粤的时期，广东的经济发展带来了大量的建设活动。在功能性较强的教学、办公等建筑中，显示出早期现代主义建筑的影响。在居住建筑中，风格混杂的洋楼、碉楼大量出现。骑楼得到了快速的发展。由官方兴建的图书馆、大学、政府办公楼等公共建筑中，民族固有样式仍然被视为建筑形式的正统（图 2-9）。

（a）广东台山县立中学 /1922

（b）仲元图书馆

（c）新亚酒店

图 2-8　1920 年代的公共建筑和商业建筑

（a）中山图书馆 /1932

（b）勷勤大学 /1937

（c）爱群大厦

（d）越秀北路林克明住宅

图 2-9　1930 年代的建筑形式

（图片来源：（a）（d）杜汝俭、陆元鼎，《中国著名建筑师林克明》；（b）（c）《广东省立勷勤大学概览》）

2.1.3.5　1940 年代：沦陷时期的凋敝

岭南地区的建筑发展经历了抗日战争胜利后的短暂复苏，在内战时期又重新陷入停顿。

2.1.4　中华人民共和国成立后的岭南现代建筑

1949 至 1990 年间，在建筑预算十分有限的情况下，建筑师们创造和发展了具有强烈地域色彩的岭南现代建筑，在清新的形式和灵动的空间中，蕴含了他们对建筑性格和建造技艺

① 冯江．广州变形记：从晚清省城到民国第一座现代城市［J］．城市与区域规划研究，2013，（1）：107-128.

的艰苦探索，而这源于对建筑的科学性、文化传承与创新、抽象审美、设计品质等普遍价值的执着追寻。

老子说："凿户牖以为室，当其无，有室之用。"正是因为演绎了建筑中的那些"无"，如虚空的庭园、难以捉摸的气候，又比如基地的起伏与环抱，岭南现代建筑才在中国近现代建筑史中留下了浓墨重彩的一笔，成为国内现代建筑创作的引领者。

遗憾的是，在其后的数十年中，许多岭南现代建筑杰作都遭遇困境，有的被拆除，有的被改造得面目全非，抽象而简洁的现代建筑往往被迫屈服于各种现实的利益诉求和庸俗的审美习惯，原来的品格难以维系，这与岭南现代建筑的成就是十分不相称的。与此同时，岭南建筑日渐丧失了地域色彩，认同感的缺乏至今仍困扰着生活在这块炎热土地上的人们。如果我们希望从过往的建筑智慧中寻找到对今天的启迪，破解我们当下面临的环境、城市和社会难题，就应该尊重那些充满智慧的建筑原作及其建筑师。

2.1.4.1 设计结合气候

在寻求新的国家认同、构建文化性格的最初年份里，受到苏联影响的社会主义古典主义风格开始主导公共领域的建设，成为主流意识形态的建筑表达。岭南地域主义建筑的形成与兴盛成了国家主义背景下的特殊现象，将气候适应性设计、对基地地形与环境的尊重、乡土技术和园林空间引入岭南的地域建筑实践（图 2–10），以夏昌世为代表的建筑师将现代主义深植于岭南大地。

地域意识的觉醒首先源于广州的气候，尤其是夏季的烈日和暴雨。这一时期的建筑设计充分考虑了通风、遮阳、隔热、防湿等技术，并主动从乡土建筑中寻求答案，同时，建筑师们塑造了岭南建筑轻逸、通透、明朗的新性格，融入地域建筑的血脉。这些实践与当时多位

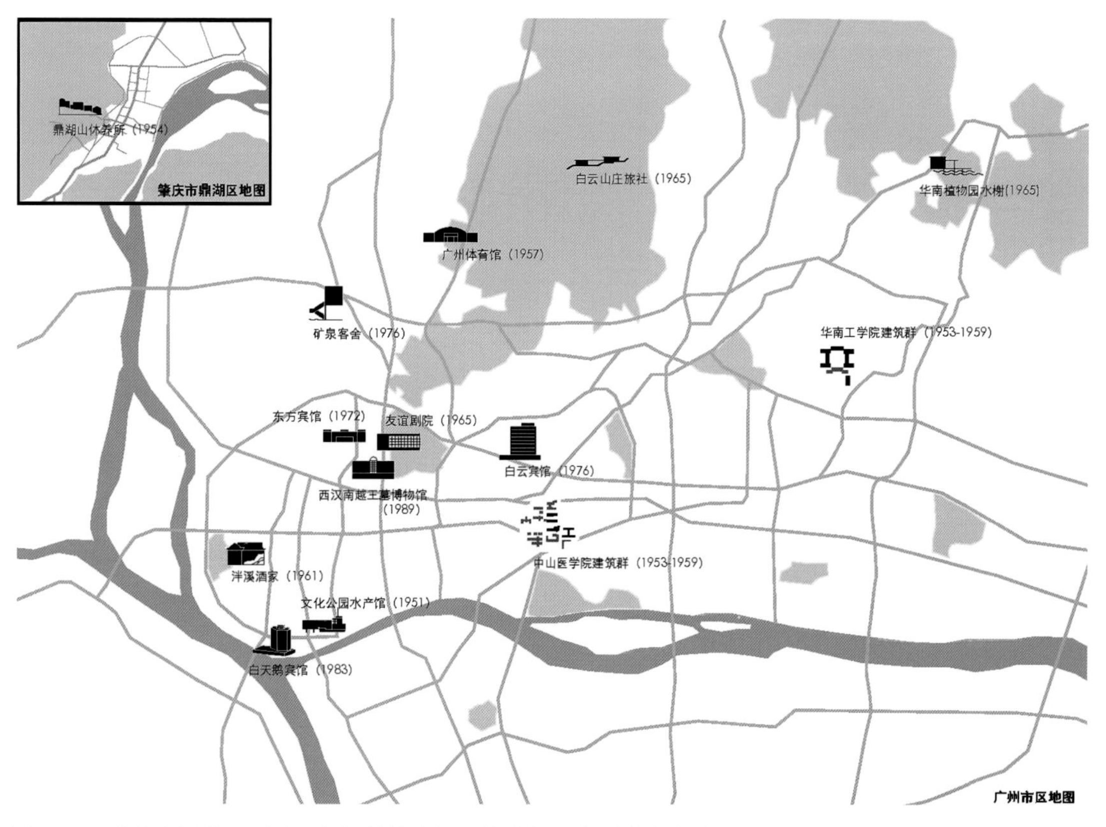

图 2–10 中华人民共和国成立初期的岭南派现代建筑（主要集中在广州）

建筑大师在印度、巴西、北非的作品遥相呼应，几乎与勒·柯布西耶（Le Corbusier）的同类作品同步。即使是林克明的古典形式的设计，也开始充分考虑气候适应性（图 2-11）。

因为建筑技术观念的转变，加之当年的建筑造价低廉，不能满足后来者对舒适性的更高要求，在人工的空气调节技术日益普及之后，气候适应性建筑变得不再重要，基于气候原理的建筑设计也就逐渐式微了，许多基于自然采光通风而设计的佳作遭到严重破坏。

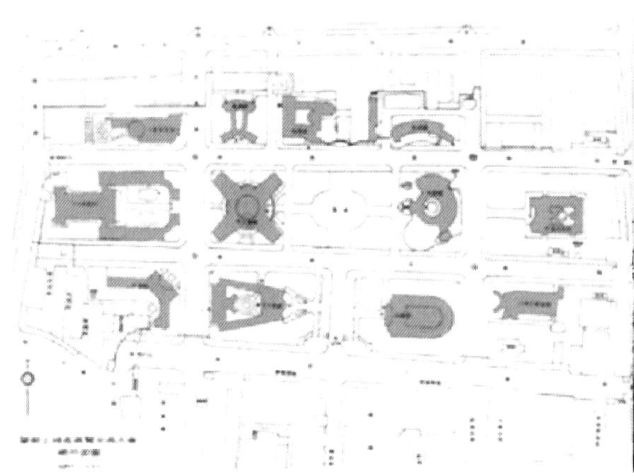

（a）华南土特产展览会总平面图

（b）华南土特产展览会门楼

（c）华南土特产展览会工矿馆

（d）华南土特产展览会鸟瞰

图 2-11　华南土特产展览交流大会建筑群

（图片来源：石安海，《岭南近现代优秀建筑·1949—1990 卷》）

2.1.4.2　设计结合庭园

从 20 世纪 50 年代末开始，一直延续到 70 年代中叶，庭园在岭南现代建筑师的手中复活。

此时许多经典的作品都是位于山林间、湖湾畔等优美环境之中的小体量建筑（图 2-12、图 2-13），很容易令人联想到美国现代主义大师弗兰克·劳埃德·赖特（Frank Lloyd Wright）“让建筑从环境中长出来”的观点。传统庭园成为当时的岭南建筑师们最重要的灵感来源，建筑设计结合庭园成为显著特色，风行一时。莫伯治、佘畯南、吴威亮、陈伟廉、林兆璋、郑祖良等建筑师的典范设计中均有意识地结合了庭园。

传统庭园的空间感受与德国现代主义建筑大师密斯（Ludwig Mies Van der Rohe）所提倡的流动空间不谋而合，也许这正是岭南现代建筑当时能够在国际国内获得广泛认可和赞许的重要原因。

值得注意的是，此一时期设计庭园的建筑往往处于特殊环境之中，其使用者和鉴赏者大多不是普通市民。庭园曾经像邓丽君的歌声一样，带来了格外清新的感受。

图 2–12 广州白云山庄旅舍蛇廊
（图片来源：《其有其无——岭南现代建筑作品选展》）

图 2–13 广州泮溪酒家小岛餐厅
（图片来源：石安海，《岭南近现代优秀建筑 · 1949—1990 卷》）

2.1.4.3 设计结合线条

在相对封闭的二十世纪六七十年代，广交会是整个国家重要的国际贸易活动。围绕着广交会，产生了面向海内外参会宾客的建设需求，包括展馆、宾馆和文化建筑等。1974 年，广交会会馆从海珠广场搬到流花，火车站也移至流花，一大批与广交会紧密相关的建筑应运而生。

这些建筑体量较大，虽然也有对气候和庭园的考虑，但如何设计矩形平面建筑的立面成为更重要的问题。无论是广州宾馆、流花宾馆、东方宾馆新楼（图 2–14），还是当时最高的建筑白云宾馆，都选择了水平长窗作为最明显的立面特征，水平线条大行其道。

岭南建筑师群体（图 2–15）数十年来在气候适应性和园林空间精神上的努力得到了延续和发展，加之受惠于广东在外贸上的特殊地位和设计团队的组织化，在全国的建设活动相对低迷之时，岭南建筑创作至 1970 年代末渐臻顶峰，诸多轻快、明丽、结合庭园的作品备受国内建筑界的瞩目，涌现了佘畯南、莫伯治、蔡德道、黄远强、何镜堂、林兆璋、麦禹喜等一批优秀的建筑师，产生了广泛的国际影响力。

目前，广交会已经转战琶洲，产生了又一个时代的广交会建筑。

图 2–14 广州东方宾馆
（图片来源：石安海，《岭南近现代优秀建筑 · 1949—1990 卷》）

图 2–15 岭南建筑师
（图片来源：《其有其无——岭南现代建筑作品选展》）

2.1.4.4 设计结合体积

从 1980 年代初开始，得风气之先和地利之便，岭南大地的建造热情在短时间内迸发，建筑创作部分延续了岭南派建筑特点，同时逐渐多元化。建筑师对造型雕塑感的重视程度大为提高，景观的尺度、开放性和人工化程度提高。社会对建筑审美的偏好远离了岭南建筑所崇尚的抽象和简明，也逐渐疏远了围合空间中的园林意趣。

因为勇于实践，除久负盛名的佘畯南和莫伯治之外，何镜堂、郭怡昌、伍乐园、郭明卓、林永祥、林兆璋等岭南地区的中坚建筑师们完成了大量的设计作品，如白天鹅宾馆（图 2–16）、西汉南越王墓博物馆（图 2–17）、天河体育中心、星海音乐厅、广东美术馆、华南理工大学逸夫人文馆等，获得了许多重要的全国设计奖项。

岭南大地的建设活动更加频密，来自我国内地其他省市、我国香港和国外的建筑师纷纷进入沿海地区的建筑设计市场，建筑探索日趋多样，诞生了许多风格上大相径庭的建筑作品，也不乏光怪陆离之作。同时，岭南的建筑师也走出岭南，将地域主义的思想应用于其他地域的建筑设计，贡献了钓鱼台国宾馆 12 号楼、中国工艺美术馆、南京大屠杀遇难同胞纪念馆扩建工程、上海世博会中国馆、北京奥运会多座场馆等作品。

因为借用了更多世界性的语言，建筑的地域性格反而被削弱，20 世纪 90 年代以来的岭南建筑性格已经难以找到恰当的形容词来描述。很明显，公众和建筑师都对地域建筑的形式性格和精神认同产生焦虑。

反思岭南现代建筑的发展历程，理解其要义，传承其精髓，保护代表性作品，此其时也。

（a）外立面图

（b）内庭透视图

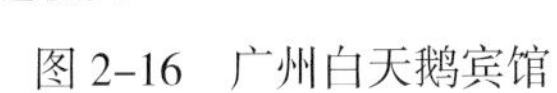

图 2–16　广州白天鹅宾馆

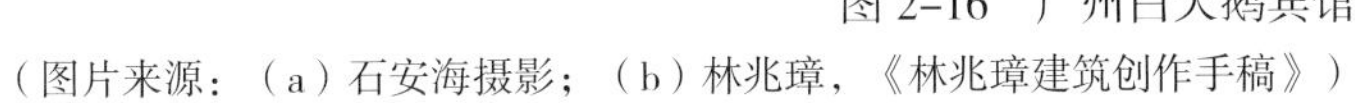

（图片来源：（a）石安海摄影；（b）林兆璋，《林兆璋建筑创作手稿》）

图 2–17　西汉南越王墓博物馆

（图片来源："梁思成建筑奖"获奖者何镜堂作品）

2.2　岭南历史建筑的地域适应性特征

2.2.1　岭南历史建筑材料的地方性

岭南历史建筑材料有土、木、石、砖、瓦、竹、铁、灰、沙、沥青、蚝壳、陶瓷、海月、糯米浆以及其他特殊材料，其中最常用的是木、石、砖、瓦，独特的地方性材料则是蚝壳、海月、陶瓷等。木材大多选用来自热带、亚热带等湿热条件下生长的树种，而使用蚝壳、海月则是因为珠江三角洲沿海地区的丰富出产。这些建筑材料的地方性主要体现在岭南地区潮湿、多雨和多台风的气候条件下材料的防潮、防雨、防蛀，更加坚固、耐久。

2.2.1.1　木

屈大均的《广东新语》卷十二"木语"中记载了广东常见之木七十余种。尽管多种木材并非产于本地，大量的木材需要从周边地区购买甚至从国外进口，但是在岭南地区各类建筑中还是被广泛使用。

木材作为传统建筑中主要的建筑材料，多用于梁柱、门板、檩条及各类装饰性构件等。

又因岭南地区气候潮湿，木材的防腐及白蚁的防治尤为重要，故产自东南亚的略带酸性的致密木材得到了广泛的应用。其中，以坤甸木、东京木、铁力木等最为常见。

（1）坤甸木

结构细匀，材质硬重，强韧耐腐，抗蛀力强，俗称铁木。分布于东南亚的马来半岛、加里曼丹岛、菲律宾和南亚的印度等地。木材本身呈黄褐至棕褐色。坤甸木强度高，耐久性强，且不怕潮湿，置于潮湿处不会腐蚀，心材可以不必进行防腐处理，而浸于水中则更坚实，岭南地区将坤甸木作为主要建筑用材。在珠江三角洲，人们也常用坤甸木来制作竞渡的龙舟。

（2）东京木

或称格木，木材暗褐色，质硬而亮，纹理致密，出产于非洲、东印度、越南等地。格木是较早进口的名贵木材之一，过去大都从越南进口，越南北部红河三角洲地区旧称东京，广东遂将此种木材称作东京木。东京木有深棕色和灰棕色的条纹，心材红褐或略带黄，边材黄褐色，木材纹理交错，质地坚硬，难以切削，刨光和油漆后光亮良好，抗蛀耐久，具有良好的抗弯能力和抗压能力。东京木可作造船的龙骨和房屋建筑的柱材等。

（3）铁力木

亦称铁木，分布于亚洲南部和东南部热带地区，我国云南南部、西部和广东、广西等地也有出产。铁力木是热带硬木中相对密度最大的树种之一。材质优良，木材有光泽，结构均匀，纹理交错密致，强度大，耐磨损，抗腐，抗虫蛀，不易变形，耐久性强。常用于家居、建筑及造船业，建筑中常见用于梁柱及屏障等。岭南地区有许多典型建筑使用铁力木，如肇庆梅庵、顺德碧江的五开间尊明祠等主要用材均为铁力木。

（4）波罗格

金黄色泽，系工艺木材。波罗格结构较粗而质坚，为参差短直沟纹木材，油漆光亮度好。由于木材重而硬，强度高，耐腐性强，并且具有一定的花纹，所以多用于要求木材耐久、强度大和有装饰性的建筑构件、高级家具、细木工、地板等。在岭南地区的传统建筑中常用于有较多雕刻的雀替、柁橔、水束、挂落、花格等部位。

（5）花梨木

又称花榈柚木，产于山谷阴湿之地，木材颇佳，边材色淡，质略疏松，心材色红褐，坚硬，纹理精致美丽，适于雕刻和家具之用。其中明代常用的为“黄花梨”，广州称为“降香”，清代中叶以后因黄花梨日益稀缺而被新花梨取代。清代中叶以后大量花梨木材输入广州等地，且进口的多为重达数吨的巨材，主要用于制作硬木家具、乐器和工艺品，亦用于建筑装饰。岭南地区的祠堂建筑大门常用花梨木做门扇。

除以上木材之外，岭南地区历史建筑中也采用樟木、松木、柏木、椿木等木材，家具则采用更多种类的红木如鸡翅木、酸枝等。

根据不同木材的不同纹理、质地、色泽、价格等多种因素，具体的木材品种在岭南历史建筑的使用部位上逐渐形成了较为固定的传统，详见表 2–1。

表 2–1　木材品种与其常见使用部位

木材品种	建筑使用部位
坤甸木	多用于梁柱和重要结构构件
东京木	多用于梁柱、檩、大门板等
铁力木	多用于梁柱、斗拱与屏障等
波罗格	多用于雀替和装饰性构件
花梨木	多用于建筑装饰、大门和家具等
柚木	多用于带雕刻的装饰性构件

2.2.1.2　*石*

岭南地区多雨，而石材耐潮湿，所以在许多容易遭受雨水侵蚀的部位多采用石构件，例如檐下的石柱、柱础、勒脚等处；为避免水分通过毛细作用导致木门窗变形，门边和窗户四周都用石头包边；石材的热物理性能有利于地面降温，故庭院、天井、青云巷等处的室外地面都采用石材铺砌。

岭南传统建筑中的石构件主要包括基座台明、塾台、月台、踏步、垂带石、抱鼓石、石勒脚、前后檐柱（包括侧廊檐柱）、柱础、石柁墩、石雀替、虾公梁、门边包石、窗边包石、石门臼、水井四周、露明地面的铺地条石、石阑干、夹杆石、水井、集水口以及各处的石雕（石狮、貔貅、柱头人物等）。

岭南传统历史建筑中常用的石材有红砂岩、鸭屎石、花岗石多种，其中红砂岩和鸭屎石的大量使用是主要特点，且可依此帮助判断历史建筑的建造年代。岭南历史建筑中有大量祠堂和民居都使用了红砂岩，用作塾台、檐柱、勒脚、隅石、门边包石、庭院及青云巷的铺地等的材料。得取材之利，东莞、番禺的红砂岩建筑相对更多。岭南地区的祠堂和民居在明代和清初广泛采用红砂岩，清中后期才开始使用硬度更大、更为致密的花岗石（麻石）。目前保留的使用红砂岩的建筑普遍有明显的风化迹象，遭受雨水冲刷的地方常泛出黑色，表面有粗疏的孔洞（图 2–18、图 2–19）。

（1）鸭屎石

又称咸水石，采自海边。鸭屎石的硬度偏软，因此较易开采，但多杂质，深灰色中泛鸭屎绿。《端溪砚谱》中曾提到："子石嵓中有底石，皆顽石，极润不发墨，又色污杂不可砚，端人谓之鸭屎石。"鸭屎石虽然不是制作砚台的好材料，但在建筑中却有着比较广泛的应用。

（2）花岗石

民间又称麻石。天然花岗石由长石、石英和云母组成，其成分以二氧化硅为主，属酸性岩石。天然花岗石为全晶质结构的岩石，按结晶颗粒的大小，有细粒、中粒和斑状数种，常呈浅灰色、米黄色和红色等。优质的花岗石晶粒细而均匀，构造紧密，石英含量多，云母含量少，不含黄铁矿等杂质，长石光泽明亮。天然花岗石岩质坚硬密实，硬度高，密度大，很难风化。因为这些物理性能，花岗石被用于建筑中需要坚固、隔绝潮湿和表达永恒性的部位，在清代中期以后被广泛应用，逐渐替代了红砂岩和鸭屎石。

（3）红砂岩

也称之为红石红，主要集中在我国南部省区。在我国南部各省广泛存在的泥岩、砂质泥岩、泥质砂岩、砂岩及页岩等沉积岩类的岩石，因含有丰富的氧化物，故呈红色、深红色或褐色，这类岩石统称为红砂岩。它具有防潮的特性和吸收噪声的作用，缺点是容易崩解破碎，甚至泥化。主要应用于建筑方面，同时在装饰中也有广泛应用。广州番禺莲花山和东莞石排燕岭都曾经是红砂岩的采石场，而且明清时期都处于开采之中。清代中叶以后由于被禁止开采，红砂岩较少在当时的建筑中出现。

图 2–18　鸭屎石、麻石和红砂岩的应用

图 2–19　岭南传统建筑中的部分石构件
（图片来源：华南理工大学东方建筑文化研究所）

2.2.1.3　*砖*

（1）青砖墙（图 2–20、图 2–21）

青砖是一种广泛用于广东民居的建筑材料，因其烧制过程与红砖略有差异，故而颜色也有所不同。青砖在明清至民国期间的广府传统建筑中比较常见，讲究的祠堂和民居还会用水磨青砖。

（2）清水红砖墙（图 2–22）

清水红砖墙在清末民国时期较为流行。其砌法种类较多，有英国式、荷兰式等，勾缝有凹缝、凸缝、方缝、元宝缝、三角缝等做法，可在墙面起到很好的装饰作用。

（a）毛砖

（b）磨面

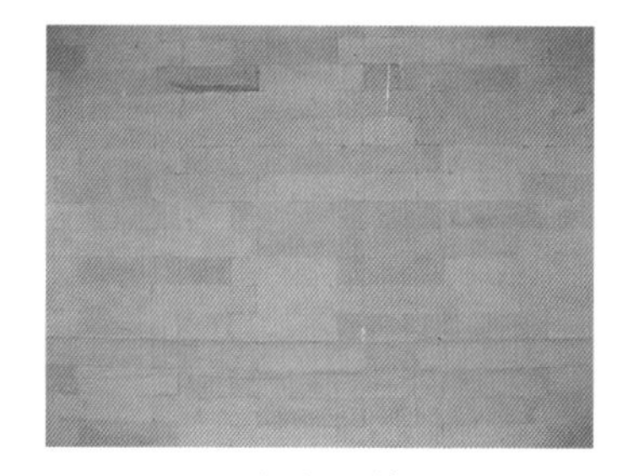
（c）丝缝

图 2-20　青砖墙
（图片来源：华南理工大学东方建筑文化研究所）

图 2-21　青砖墙面
（图片来源：华南理工大学东方建筑文化研究所）

广州竹丝岗四马路 1 号住宅（新庐）

广州启明四马路 11 号

广州溪峡街 13、13-1 号民居

图 2-22　清水红砖墙

2.2.1.4　瓦（图 2-23、图 2-24）

明清时期广府地区传统建筑使用的陶制瓦件有板瓦、筒瓦、瓦当、滴水等多种，与客家地区和江西、江南所用的黑色小青瓦不同。广府地区大量历史建筑屋顶采用浅赭色的板瓦和筒瓦，用凹面向上的板瓦做底瓦，用半圆形的筒瓦做盖瓦，有些会在筒瓦外表面用灰浆包抹成筒状。不过因为裹垄灰外常常刷成黑色，所以容易误以为广府地区的宗祠建筑瓦顶为黑色，而忽略了真实的浅褐色。

少许的历史建筑也使用琉璃瓦剪边和釉面的瓦当、滴水等，例如番禺练溪村萧氏宗祠等，但很少见到大面积使用琉璃瓦面甚至完全使用琉璃瓦面的明清宗祠。今天看到的多个实例如东莞横坑钟氏祠堂、石排塘尾李氏大宗祠等都是近年来重修时更换了瓦面材料，只有南社百岁坊的较为可信，瓦垄和剪边用琉璃，正脊亦用陶塑瓦脊，但瓦沟处仍然使用平常的板瓦。

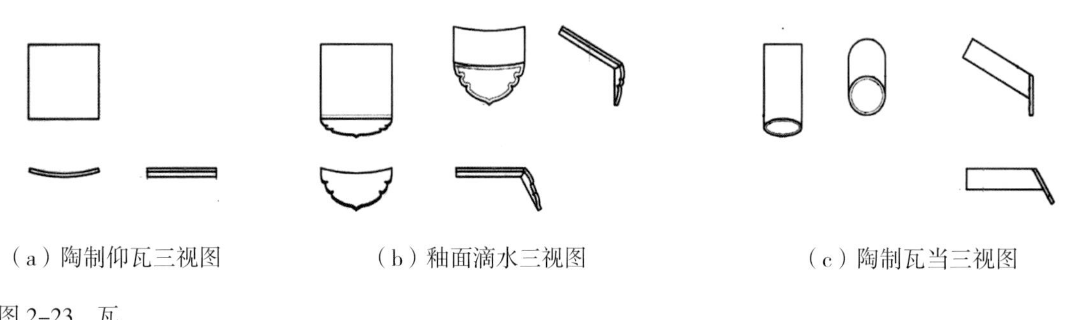

（a）陶制仰瓦三视图　（b）釉面滴水三视图　（c）陶制瓦当三视图

图 2-23　瓦

图 2-24　瓦垄

2.2.1.5　蚝壳、海月

由于广东有着漫长的海岸线，且大量的田地都是在海边沉沙造田而成的，沿海虽有海岸残丘，但石少而贝多，因此就地取材，一些海洋动物的壳就被用于建筑，尤其在番禺、顺德、香山、东莞等地，蚝壳和海月成为富有地方性特色的建筑材料。

（1）蚝壳

蚝是广东极为常见的海鲜，既有大量的天然所生，也有人工所养，东莞、新安等地皆有蚝田，蚝壳随处可得且坚硬、耐久，俗语有“千年砖、万年蚝”的说法，此造价低廉而颇实用。

现存历史建筑中使用成片蚝壳墙的实例有番禺石楼大岭村两塘公祠和朝列大夫祠（及斋堂）、沙湾留耕堂等。蚝壳大多用于砌筑山墙、后墙和院墙。番禺临珠江口一带使用的蚝壳较大，一般长可超过 20 cm，宽 6 ～ 8 cm，可砌高墙（图 2–25），其灰白的色彩在黝色的民居群中有灿然之感，墙面在阳光下呈现出良好的层次感和自然的肌理，格外动人。蚝壳还可用于砌筑井壁，壳中蚝光可砌照壁，但已罕见遗迹。

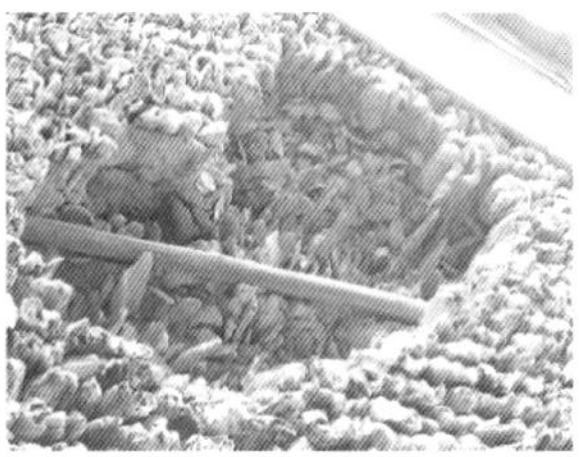

图 2–25　蚝壳墙

（2）海月

又名海镜、蠔镜，圆形而扁平，壳质薄，透明，因其可镶嵌在屋顶或门窗上，故又称“窗贝”或“明瓦”。《宝庆四明志》卷四载：“海月，形圆如月，亦谓之海镜。土人鳞次之，以为天窗。”福建、浙江的多处地方志和笔记均有相似的记载。在岭南地区以海月为天窗是较为普遍的现象。

因为海月的尺寸并不大，常见的直径为 5 ～ 8 cm，因此镶嵌海月片而成的窗户通常有较密的木格，最常见的是连续的六边形和三根沿对角线的木格交织而成的形状（图 2–26）。

图 2–26　海月窗

（图片来源：冯江，《明清广州府的开垦、聚族而居与宗族祠堂的衍变研究》）

2.2.2　基于材料的工种与工艺

基于不同的建筑材料，产生了不同的加工工艺，即古建筑中所说的“作”。本书中传统历史建筑主要涉及大木作、小木作、砖作、瓦作、石作、土作、陶作、彩画等，此外清末和民国时期的近代建筑中尚有部分地方独特的工艺，如意大利批荡、上海批荡，体现出材料与构造的地方性特点。

2.2.2.1　木作（图 2–27）

大木作是指木构架建筑中的结构构件体系。明清时期的岭南传统建筑绝大多数是硬山建筑，因此大木作主要包括了柱、梁、瓜柱、檩、桷、斗拱、雀替、柁墩、水束等构件。梁，包括了纵横两个方向。其中与进深方向平行的横向梁架是主要部分，普遍采用抬梁式，由架在柱间或者墙与柱之间的大梁以及其上的层层瓜柱、梁、柁墩等构成；与开间方向平行的纵向梁架，其作用主要为加强各横向榀架之间的联系。屋架部分的大木作包括檩、桷板和桷头等。檩分为撩檐檩、檐檩、金檩、脊檩等；脊檩之上铺设桷板；承担檐口部分瓦面重量的是桷头，类似官式建筑中的飞椽。岭南传统建筑的斗拱常见于各卷棚顶下，如意斗拱见于各头门或仪门的檐下。

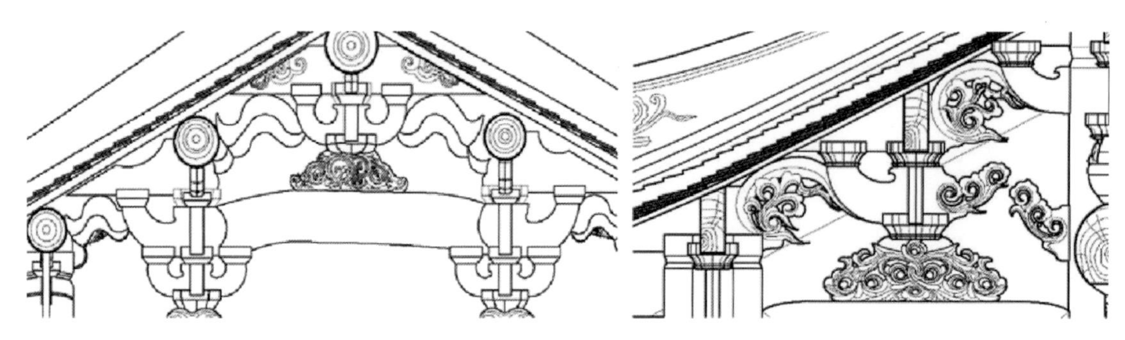

图 2-27　木作

小木作包括门、窗、罩、挂落、花格、封檐板、屏风、独立的装饰性木雕以及神橱、神楼、神主牌、供桌等室内的陈设（图 2-28）。其中，门的做法较具地方特色（图 2-29）。“九十九道门”是岭南传统建筑术语中常提到的，规模较大的祠堂往往设有很多门。中路上有正门、仪门、中堂屏风门、寝堂槅扇门和各座建筑通向青云巷的边门。青云巷正面一般设有巷门。

（a）神橱　（b）趟栊门　（c）清式家具

图 2-28　小木作

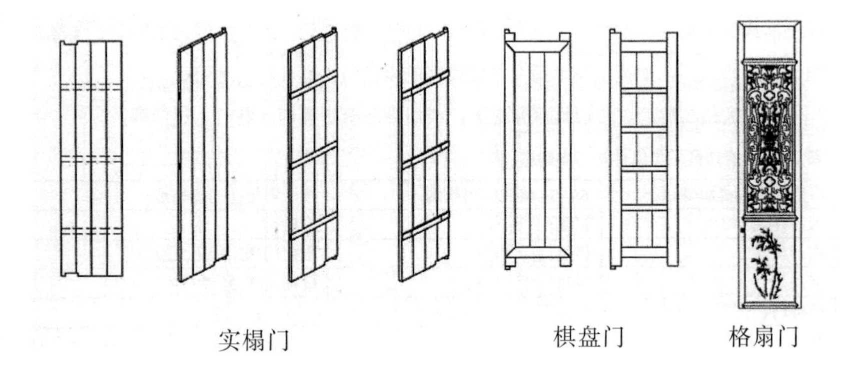

图 2-29　岭南传统建筑门扇

（图片来源：杨湄，《广府地区传统厅堂建筑空间与小木作形制研究》）

2.2.2.2　砖作

明清时期的传统建筑，其砖作工艺多样，例如砖墙有多种厚度，山墙形式较丰富（图 2-30），脊饰类型更生动，头门正面较多采用磨砖对缝的水磨青砖墙面；使用砖雕的部位较多，面积较大，雕工更精细；在清代初期较多使用青砖花格窗等。

根据青砖种类的不同，砖作的工艺有所区别。水磨青砖常用于头门的外墙正面，作为装饰。其做法分为切块、修边、粗磨、开槽、细磨等工艺流程，然后用糯米浆黏结起来。水磨青砖一般厚度为 10 cm 左右，但由于其规格在高度、厚度、长度等方面与承重墙所用青砖不同而影响了墙体的整体厚度。一般单面使用水磨青砖磨砖对缝的墙体厚度为 32 ~ 34 cm，而双面使用水磨青砖磨砖对缝的墙体厚度为 46 ~ 48 cm，如佛山兆祥黄公祠头门山墙。

青砖规格与空斗墙砌法相适应，这也对墙体的整体厚度造成了影响。一块丁砖厚度的空斗墙厚度为 26 ~ 28 cm，这种情形较为常见；采用一顺一丁的青砖作为厚度的空斗墙厚度为 39 ~ 42 cm；两块丁砖厚度的空斗墙厚度为 52 ~ 56 cm。最厚的墙通常出现在头门和正厅的两侧，此处正是放置墀头砖雕的位置。岭南传统建筑的空斗墙通常采用多层一丁的有眠空斗墙做法，且以五、七、九层一丁的做法最为常见。空斗墙因为空气层的存在，减缓了外墙的热量传递到室内，起到了良好的隔热作用。而建筑之间的狭小间距，使得巷道和天井中的微风带走了外墙所蓄的部分热量，形成了良好的微气候，有利于室内温度的调节。内墙因为不需要承担很强的承重和隔热作用，因此一般不用砌空斗墙，其墙体厚度也就相应较薄，一般采用全顺的砌法，砌法多用丝缝或淌白。

（a）方耳山墙

（b）水行山墙

（c）镬耳山墙

（d）人字山墙

图 2-30　不同的山墙形式
（图片来源：华南理工大学东方建筑文化研究所）

岭南传统建筑的墙面灰缝较多使用细腻的贝灰，以隔绝潮气。在建筑布局相对致密与整齐的村落中，镬耳山墙有效地起到防火和导风的作用。

除了墙体，砖作还涉及铺地、砖雕、脊饰和花格窗等部分。大阶砖广泛用于铺地，且可作为墙檐和阳台栏杆的压顶。而传统建筑的正脊往往由砖作与瓦作结合而成。青砖花格窗则时常采用规格特殊的青砖。

2.2.2.3　瓦作

瓦面铺设于各建筑单体的屋顶、室内的卷棚顶、镬耳山墙的两侧、正脊和侧脊。瓦面一般由仰瓦（板瓦）、筒瓦、瓦当和滴水构成。岭南传统建筑的屋面做法较为简明，板瓦直接放在桷板上，朝室内露明，因此对其的要求是整齐、美观且施工细致，筒瓦上抹黑色的裹垄灰。瓦从心间起铺，中轴线上铺瓦坑，施工误差在两尽端分配，而瓦坑的数目以“桁”计。由于瓦面之下无其他防水构造，因此只铺设单层板瓦的屋面一般采用叠七露三的铺法，至檐口（图 2-31）时或密铺为叠八露二。而部分传统建筑采用铺两层瓦面的做法，采用叠六露四甚至露出更多的铺法。瓦作中有时会产生一些特殊的做法，例如因为采用勾连搭、风兜等形式而需要采取相应的瓦面铺法，有时也会采用海月作为亮瓦以增加室内的亮度。

图 2-31　檐口构造
（图片来源：冯江、郑莉，《佛山兆祥黄公祠的地方性材料、构造及修缮举措》）

2.2.2.4　石作（图 2-32）

在岭南传统建筑中，石材有重要的结构、构造和装饰作用，工艺做法较为成熟。

完整的石材经加工处理，常作为结构构件中的条石基础、石柱、柱础、虾公梁和磉墩间的连接条石。传统建筑中的檐柱大多采用石柱，以适应多雨、潮湿的岭南气候。而作为铺地和踏步的条石、栏杆（包括望柱和栏板）、墪台台明、旗杆夹石、门墩石、抱鼓石、石柁墩等也采用有一定厚度且较完整的石材，有连接需要时一般采用榫接。门臼、牵边、貔貅、窗框包边石等尺寸相对较小，对雕工要求精细，但便于加工。

（a）条石铺地

（b）石制集水口

（c）栏杆

（d）石雕

（e）门枕石

图 2-32　石作

较具地方性特色的是门边的贴脸石、框顶石、勒脚等部位的石作，多为较薄的石板包裹于砖墙之外。一些传统建筑中的石雕非常丰富，大多结合结构构件如柱、梁、雀替、柁墩、柱础等。

2.2.2.5　雕、塑、绘（图 2-33 ~ 图 2-35）

在岭南传统建筑的其他工艺中，蚝壳墙的砌筑极具地方特色。蚝壳墙不仅能承重、防盗贼撬墙进屋，还能挡风雨、防虫蛀。其热物理效果良好，在近海一带的传统建筑中应用较为普遍。蚝壳墙的做法是先做好青砖墙脚，然后将数个蚝壳黏结在一起，侧向竖立起来整齐排放。为形成稳固的墙体，内侧使用生土与蚝壳灰混合筑成的墙体，有时也用清水砖墙。蚝壳较尖锐的尾端嵌入土中，较钝的一端则朝外。垂直方向上，每隔一段距离水平放置木棍以加固墙体，墙隅也多用青砖墙体。蚝壳墙体的厚度一般为 50 ~ 60 cm，最厚可达 80 cm 左右。

雕作和绘作在岭南传统建筑中大量存在，这些主要用于装饰的工艺虽然发达，却需要专门的匠人来完成。

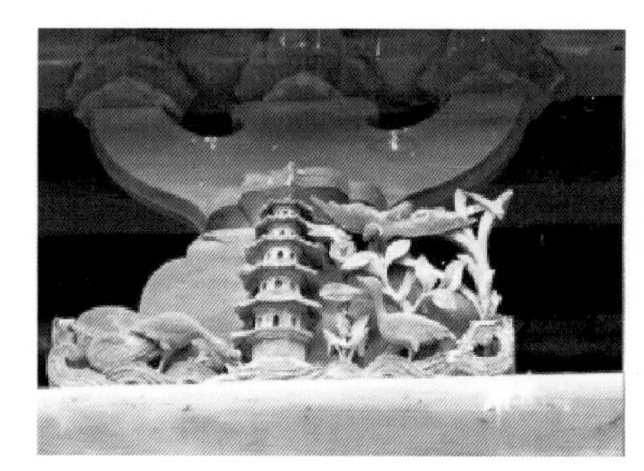

图 2-33　木雕

（a）陶塑

（b）灰塑　（c）石雕雀替　（d）砖雕神龛

图 2–34　雕、塑

图 2–35　彩绘

2.2.3　微气候原理下的传统建筑构造

2.2.3.1　隔热

岭南传统建筑中的隔热技术常见于屋顶、外墙与地面的散热与保温构造做法。

屋面常采用双层屋面的做法（图 2–36、图 2–37），是为了在两层屋面之间形成静态的空气层，降低空气对流的频率，从而成为导热系数低的屋顶构造。

另一种为架空层瓦屋面（图 2–38），其隔热原理主要有二：一是利用屋顶设置通风间层，利用其外层遮挡阳光，如带有封闭或通风的空气间层遮阳挡板；二是利用风压和热压原理，将空气接触的上下两个瓦面所吸收的太阳辐射热转移到空气而随风带走，风速越大，带走的热量越多，隔热效果也越好。

外墙常采用空斗墙进行隔热（图 2–39）。在青砖特有的尺寸影响下，几顺一丁的砖砌法使两层青砖墙体之间产生了空气层，空气层阻隔墙外的部分热量，且青砖颜色较深，能吸收热量，保持了室内的温度。

图 2–36　双层屋面

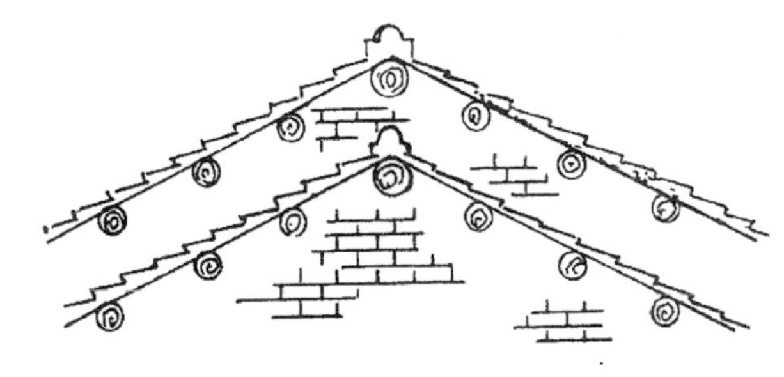

图 2–37　双层屋面的剖面

（图片来源：汤国华，《岭南湿热气候与传统建筑》）

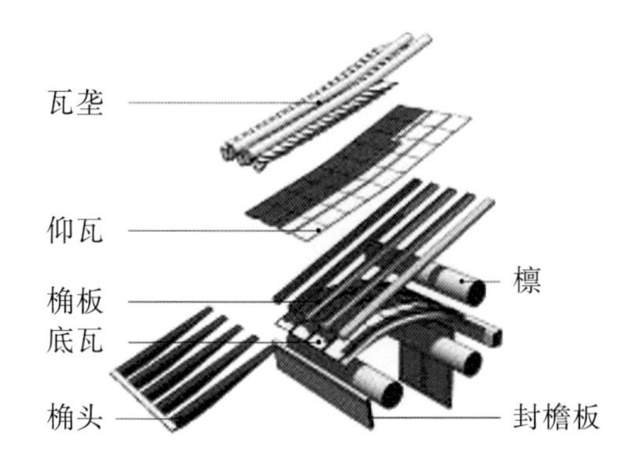

图 2–38　坡屋顶带卷棚的檐口构造示意图

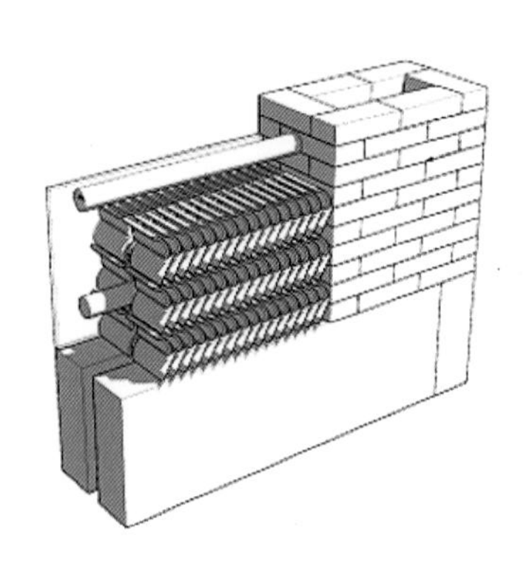

图 2–39　蚝壳墙构造示意图

2.2.3.2　通风

岭南地区的传统建筑前常见有鱼塘，而其余三面有树林围绕。夏天凉风从鱼塘吹向建筑，通过巷道、庭院、天井进入室内，降低了空气温度；而冬天的寒气被后山阻挡，保持了室内的温度（图 2–40）。传统建筑山墙较高，且建筑与建筑之间致密的布局形成了风压，在阳光引起的热压作用下，使得巷道起通风作用（图 2–41）。像沙湾古镇留耕堂的几进院落的布局，其多庭院、天井的空间，也是形成良好通风效果的设置。

在传统建筑单体中，青云巷、庭院与小天井的做法形成了良好的微气候，而屋面则有风兜的构造做法达到通风作用（图 2–42）。

由于岭南地区阳光强烈、空气温度高，青云巷、庭院、小天井这些小间距有助于气压的上升和气流的产生，达到通风效果。白天，狭窄的青云巷在建筑自身的阴影下形成“冷巷”，温度较低，而庭院接触阳光面积大，温度相对较高，此时温度差使得空气产生对流。夜晚，冷巷的温度变化小，而庭院开始降温，形成反向的空气对流。

风兜是通过两层不同标高的屋面来引导顺坡而起的凉风进入室内的做法，是增加自然通风的有效方式（图 2–43）。此外，岭南建筑中常见的趟栊门也有很好的通风作用（图 2–44）。

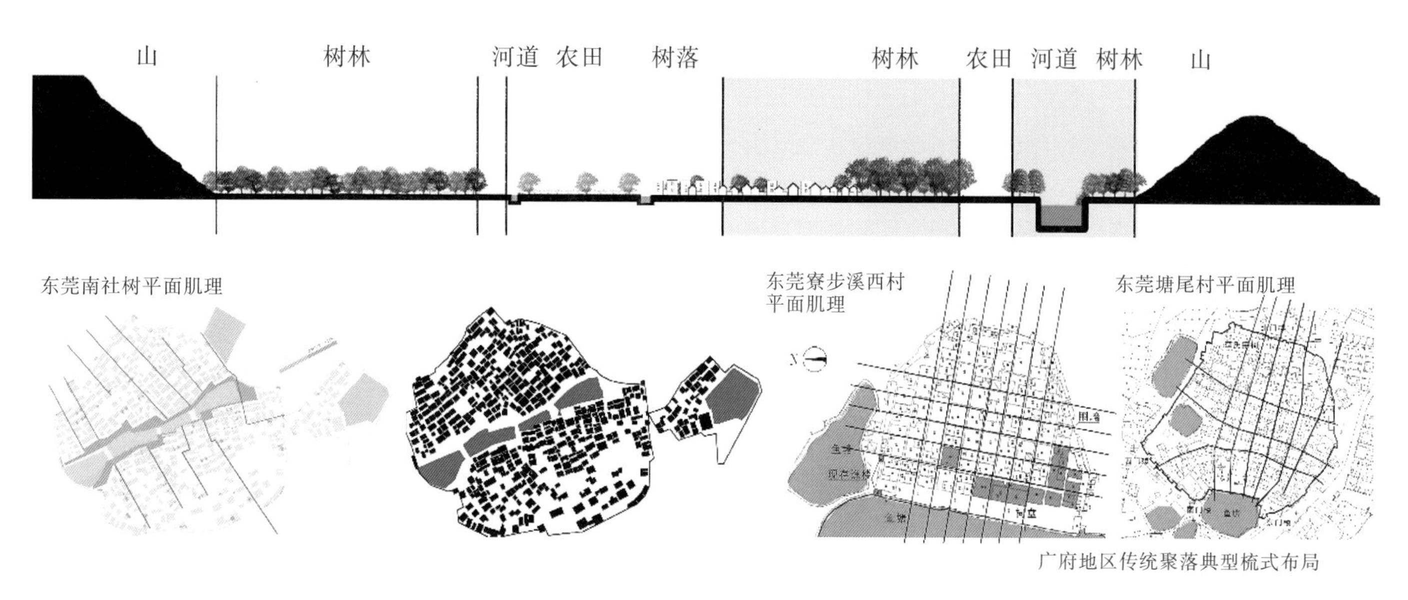

图 2-40　地形特点对历史建筑聚落选址的影响

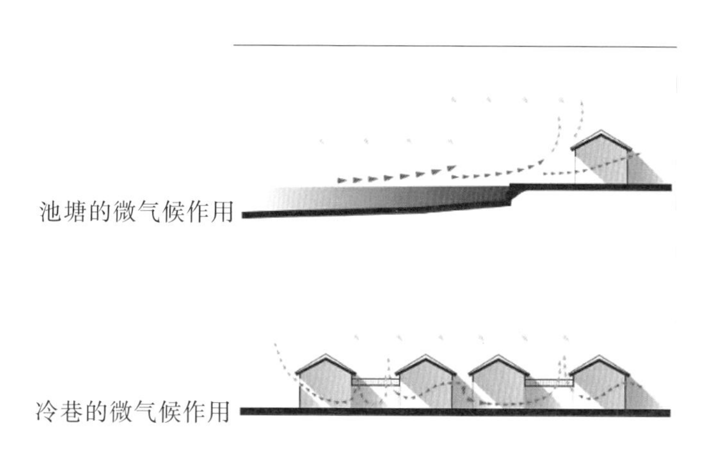

图 2-41　微气候形成及作用

（a）青云巷

（b）庭院

（c）天井

图 2-42　建筑中的通风效果

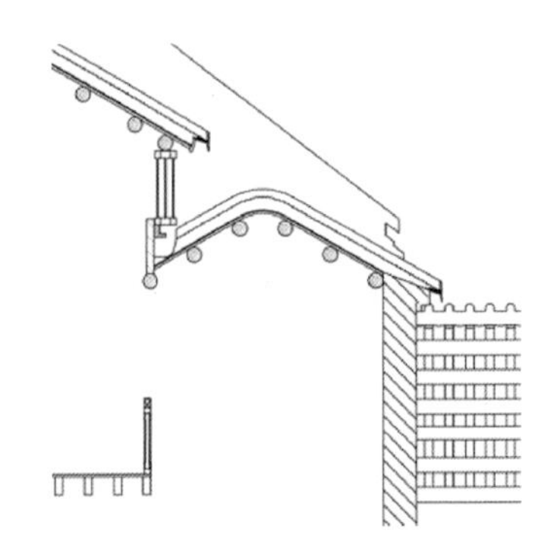

图 2–43　兆祥黄公祠二进厢房屋面的风兜构造
（图片来源：冯江、郑莉，《佛山兆祥黄公祠的地方性材料、构造及修缮举措》）

图 2–44　通风构件趟栊门
（图片来源：杨淯，《广府地区传统厅堂建筑空间与小木作形制研究》）

2.2.3.3　遮阳

岭南传统建筑的梳式布局，其排列密集，通过建筑间距、高低廊檐设置等手法，产生大面积的阴影，直接或间接地遮挡阳光。岭南历史建筑群中的青云巷、庭院、天井，三者形成微气候的原理不同，其产生作用的基础主要有两点：一是从日出到日落，全部的屋面不可能都同时受到日晒；二是当太阳辐射最强时，光线对屋面是斜入射的（图 2–45）。

对于单栋建筑而言，其主要通过屋顶遮阳来阻挡太阳辐射，其次为外墙与门窗口遮阳。岭南传统建筑屋面瓦的样式与其铺叠方法对遮阳效果有关键性的作用。根据瓦垄遮阳计算，在广州地区大暑日的下午 3 点，某南坡面（β =27°）瓦垄高 8 cm 时，瓦坑上遮阳阴影宽度 8.5 cm，此时，遮阳效果最为明显。此外，传统建筑的封火山墙越高，在太阳投射下所形成的阴影面积越大，对屋面的遮阳效果越好。

外墙的自身遮阳也造就了建筑的遮阳作用。蚝壳墙依靠其排列方式，形成一定的空气间隙以隔绝外墙的热量，使得室内冬暖夏凉。海月窗因为其交织致密的木窗格，对室内产生了遮阳作用。而百叶窗（图 2–46），是后期的传统建筑中出现的窗口形式，其致密的木百叶在特定的开启角度范围内（图 2–47），对建筑产生良好的遮阳效果。

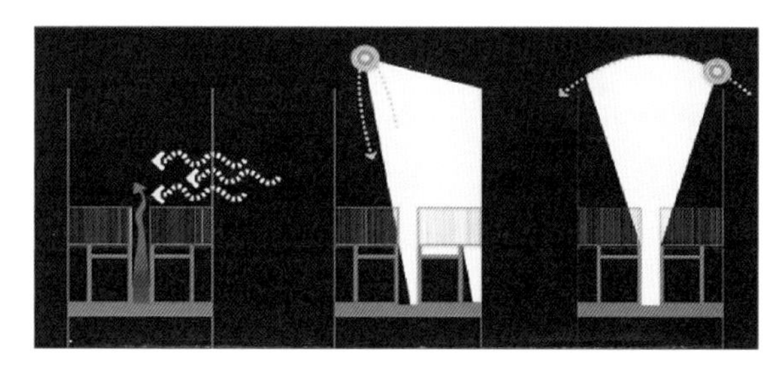

图 2–45　岭南传统建筑遮阳作用的基础
（图片来源：华南理工大学东方建筑文化研究所）

图 2–46　百叶窗

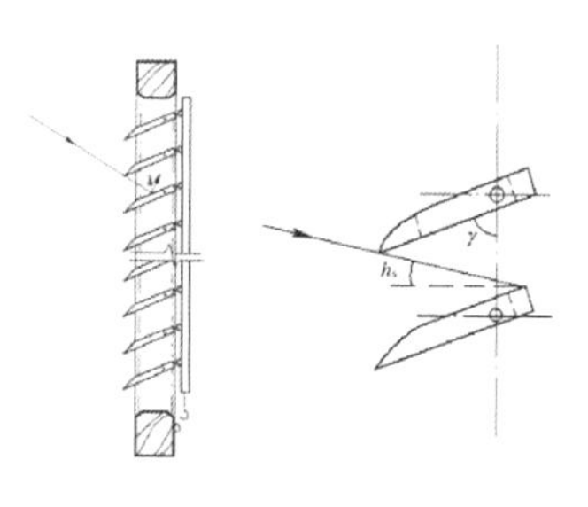

图 2–47　百叶窗开启角度计算示意图
（图片来源：汤国华，《岭南湿热气候与传统建筑》）

2.2.3.4　地面与墙面防潮

岭南地区因为常年湿度高，降雨频繁，所以建筑的地面与墙面构造产生了特定的做法以隔绝湿气，阻止毛细作用对构件带来的破坏。

岭南传统建筑的地基、地面及台基，其防潮设计的要点是隔绝水汽来源，防止地下潮气的入侵。其具体手法是设置夯实的地基，有效阻止地下水的毛细蒸发作用，克服或减缓室内地面潮湿，且地基“放大脚”及正负 0.00 以上的 1 cm 多用石砌；设置“防潮层”，在建筑建设之前在地基上铺一层砂石，砂石导水性差、透气性良好，可以有效地隔离地下潮气的浸入；建造台基，把建筑建在台基上面，增强房屋的坚固性与防潮性能。此外，传统建筑的围墙，甚至其巷基、路面，都以石为基础。地面面层材料的选用也会影响防潮效果，材料以多微孔材料为宜，这类材料对湿空气有良好的呼吸作用，利于保持室内地面的干燥。当空气湿度高时，材料会吸入表面水蒸气；而空气湿度低时，则释放出吸入的水蒸气。例如广州西关大屋主要功能房间的地面大量采用优质田泥制作的大阶砖，墙脚使用大青砖，两种材料具有良好的吸湿和防潮作用，表面极少出现凝结水。

图 2–48　首层石柱、二层木柱的实例

岭南传统建筑的墙身、柱子等部分，需防雨又需隔水汽。岭南传统建筑中墙面的防潮设计主要采用天然的防潮材料，其中包括了三合土墙、青砖空斗墙、蚝壳墙及珊瑚石墙。利用导水性差的材料抬高墙身时，一般需在墙裙部位进行加固处理。常用的加固手法是铺设条石，由于条石的抗撞击、防水、防潮、防风化能力都大大地超过墙体自身，从而取得了良好的防潮效果。

图 2–49　一半石柱、一半木柱的实例

石材通常被用在柱础、台基、栏梁等部位。在岭南传统建筑中，几乎所有的柱子都采用石质的柱础；临水建筑的木柱常用石柱代替；建筑首层用石柱，而其他层为木柱（图 2–48）；在容易受风雨侵袭的檐柱和天井周围的廊柱设置石柱。还有一种较为特殊的情况，即半石柱（图 2–49），其灵活的设计在提高了柱子的防潮性能的同时，节约了建筑建造的成本。除了石材，木材也是常见的使用材料，但需采用受潮后不易腐烂、变形、被蛀蚀的类型。墙面的基脚、门窗边框也较多采用红砂岩（图 2–50），以防止受潮。

图 2-50 墙面上的红砂岩基脚与门窗边框

在防潮性能薄弱的细节和节点，通常会采用涂抹防潮材料、加固防潮节点与采用防潮性能较好的材料等方法。搁在外墙上的桁、梁端部和檐柱等易腐部位，采用浇涂桐油的方法来防腐。

2.3 岭南历史建筑改造中的常见问题

2.3.1 政策层面

岭南的历史文化遗产，是在独特的气候、地理和区位条件下产生的，传统城镇风貌的独特性在全国范围内相当显著，因此与自上而下的城乡规划技术标准体系的矛盾也相对突出，几乎很难有妥协的余地。

例如，多层高密度的建筑肌理是岭南传统城镇聚落的重要空间特征，体现了对亚热带气候的适应，体现了商业城市尺土寸金的特点。但受制于较低的建筑密度上限和较高的绿地率下限，岭南传统城镇内部的新建建筑，几乎都以严重破坏传统空间形态和风貌为代价。

例如，骑楼街是岭南近代城镇商业街形象的典型代表，也见证着近代化对整个华南地区城镇的历史影响。但受制于目前的建筑间距要求以及建筑退让距离的不一，不少骑楼街的新建建筑即使保持骑楼形式，也无法实现与既有骑楼街的连续，实际上同样对传统风貌造成破坏。

例如，房屋滨河涌而建是珠三角传统水乡聚落的普遍做法，由此形成鲜明的水乡特色。但对河道蓝线的建筑退让要求，实际上让这种传统风貌无法延续。

岭南尤其珠三角区域是改革开放以来全国经济发展和城镇化起步最早、城乡建设需求量最大的地区之一。新建设求量求快，缺乏特色，在城乡规划技术标准体系的影响下，与传统城乡特色风貌难免格格不入，“规划性破坏”的问题因此尤为突出。

另外，城乡建设无序蔓延，城不像城，村不像村，在一些具体场合，现行土地制度、政策与遗产活化更新存在一定矛盾。

为应对建设用地的不足，推进节约集约用地，广东省和国土资源部合作，推出了针对旧城镇、旧村庄和旧工厂的“三旧改造”政策。但是，三旧改造片区往往也是历史文化遗产所在地带。通行的三旧改造流程中没有历史文化遗产普查环节，势必带来误拆的隐忧。

由于一户一宅的宅基地政策的严格执行，为解决日益增长的自住需求，部分历史文化名镇名村、传统村落的居民将具有保护价值的住宅拆除重建的行为时有发生，难以遏止。而加高的楼房往往对历史遗产片区整体风貌造成较大破坏。

2.3.2　建筑功能

岭南历史建筑更新改造过程中常面临原有功能不再适应现实的使用需求，原有历史建筑功能单一与建筑使用者需求多元化之间矛盾等问题。

如将私有的民居改为公共服务、商业办公等场所，则需要新建、改建、扩建必要的基础设施和公共服务设施。

又如利用原有传统民居发展文化创意、旅游产业，开展地方文化研究，开办展馆、博物馆，开展经营活动等合理活化形式，但原有建筑内部分隔过小、布局不合理，不适用于新的功能。

所以，在岭南历史建筑改造过程中，应要求新建、改建、扩建建筑在使用性质、高度、体量、主立面、比例、材质、色彩等方面不得破坏历史建筑风貌。新建、改建、扩建过程中应当维护历史建筑原有有历史价值部位，保持传统格局完好，在此前提之下寻求与功能的匹配。

2.3.3　结构与材料

不少岭南历史建筑由于长年缺乏对建筑本身的维护及管理，并且使用年限已经接近建筑设计使用年限，如今面临着建筑结构、建筑材料等方面老化腐蚀的问题，为保证建筑的安全性，急需对建筑结构和材料进行维护和改造更新。有结构安全隐患的岭南历史建筑，改造难度大，需要结构专业的团队配合进行专业指导和整体提升。

由于建筑材料的耐久性不同，以及建筑质量和使用周期的差异，并且长年受到大气污染、酸雨腐蚀，不少历史建筑外墙材料松动剥落，需要对历史建筑进行老旧材料的修补与替换。

然而不少传统建筑材料现已稀缺，难以在市场上获得，改造过程中需要使用新材料，如钢铁、玻璃、钢管、混凝土等，并产生了新的建筑观念、创作方法、艺术形式，以及与新材料相适应的结构科学。

2.3.4　构造与工艺

岭南历史建筑改造过程中的细部设计问题，应基于建筑新旧关系来考虑。改造中新观念和新材料的应用，带来构造与工艺的协调处理以及新旧衔接体的艺术化处理，是在可持续利用的情况下体现历史价值的同时，彰显现代技术进步和时代特色的重要手段。

借助现代科技手段，通过调研和测绘，应有针对性地保留建筑原有的构造与工艺，使其有层次地保存并被展示，使岭南历史建筑的历史清晰可读。改造对象既不是建筑的原初状态，也不是建筑的最终状态，设计思路应从片面、静态的观念转变为整体的、动态的改造观念①。

2.3.5　其他方面

岭南历史建筑在更新改造过程中仍面临着大量现实具体的问题。如城市化发展与更新改造的利益矛盾，使得不少文物、历史建筑被蓄意破坏甚至拆除，造成负面的影响。已经改造过和正在更新的历史建筑也可能面临“简单拆除”“简单改造”“粉饰一新”等问题。

---

① 郑宁．关于建筑改造之中西比较研究［D］．天津：天津大学，2007：第五章．

第3章
岭南历史建筑的绿色智慧改造技术体系

3.1 传统岭南建筑的特色建筑技术

3.1.1 传统岭南建筑的通风设计元素

3.1.1.1 岭南村落梳式布局

梳式布局是岭南地区最典型的村落民居群组布局方式，它的建筑组成以三合院或四合院民居为主，并有祠堂、家庙、私塾等。民居单体排列规矩方整，通常沿村落纵深方向排布成列，两列民居建筑之间留一巷道作为群落内主要交通通道。若聚落纵深方向太长，则会沿横排方向设置若干小横巷作为辅助交通连接。整个群组布局排列的平面形状犹如一把梳子，布局规律性强，肌理明确，能适应聚落人口规模在合理范围内自然扩张，因此成为岭南地区最典型的村落群组布局方式。广州增城新墩村（图 3–1）、东莞塘尾村（图 3–2）均是梳式布局的典型例子，以下以新墩村为例分析梳式群落布局通风情况。

图 3–1 增城新墩村卫星图

图 3–2 东莞塘尾村卫星图

梳式村落朝向范围一般取东向至南向，这恰好顺应了岭南地区以东南向为主的夏季季风。当村落与东南季风垂直或接近垂直时，夏季季风可沿村内街巷进入，由于街巷方向与风向几乎平行，气流在村落内流动阻碍小，风力衰减亦不大，从而使整个村落，包括下风区，都可得到良好的通风环境（图 3–3）。

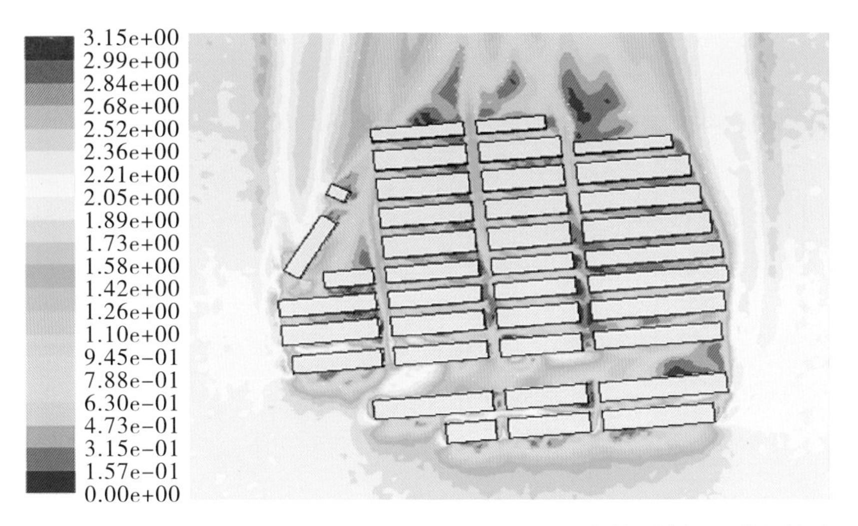

图 3-3　增城新墩村通风模拟结果

3.1.1.2　趟栊门

传统岭南民居普遍采用“趟栊门”（图 3-4），它主要由三重门组成，从里到外分别为板门、趟栊和腰门，俗称“三件头”。板门由大块实木所制，向内平开，主要用于防盗；趟栊是下部装有滑轮的圆木栏栅门，水平推拉；腰门是带有木雕装饰的小木门，高度稍高于人眼视线，向外平开。趟栊门有三种开启方式（图 3-5），第一种可将板门、趟栊和腰门全部打开，可最大限度获取与外界的联系；第二种是日常生活中最常见的，可将板门和腰门打开，仅趟栊门关闭，这样等于敞开了整个门洞通风，同时又能兼顾保证户内安全；当户内需要一定私密性时，居民关上外面的腰门，由于其高度过人眼，外人看不进来，保证一定隐私性，同时可保留一定的通风面积。

图 3-4　传统岭南民居趟栊门

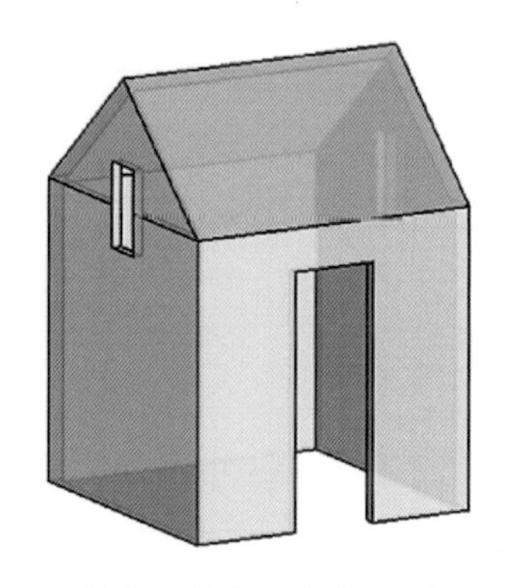

趟栊、腰门、板门全开

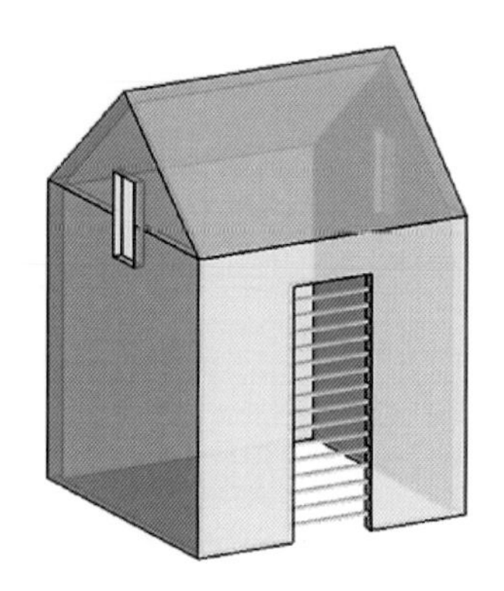

趟栊关闭，腰门、板门开

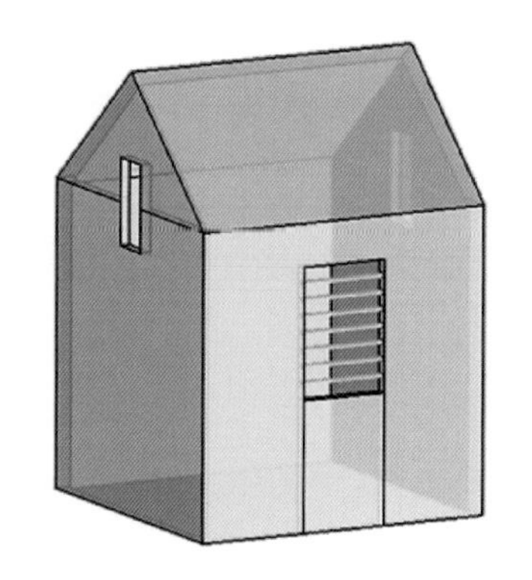

趟栊、腰门关闭，板门开

图 3-5　趟栊门三种开启方式

在相同的外部风环境条件下（正面迎风，1 m/s），对三种开启方式进行 CFD 通风模拟，如图 3-6 所示。发现第二种趟栊门开启方式，即腰门、板门开启，仅关闭趟栊时，室内通风效果最好，一方面是室内整体风速得到提高；另一方面，距门较远的区域通风得到明显改善。其原因在于，关闭细条形趟栊不会对气流形成明显阻碍，并且对气体流动具有一定的扰动作用，提高通风风速，使室内通风反而优于三道门全开的第一种开启方式。而关闭趟栊及腰门时，室内通风效果则大打折扣，这是由于，腰门为全封闭门板，可阻碍下部空气使其无法进入室内，使得室内风速在垂直方向分布十分不均匀，使人员舒适度大不如前两种情况。第三种开启方式的优点在于，上部风速在狭缝效应下有所提高，可在满足室内用户私密性的同时保证足量新鲜空气进入室内。

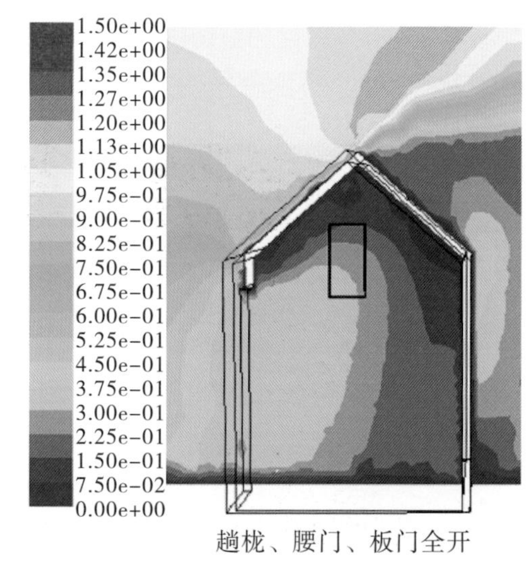

趟栊、腰门、板门全开

趟栊关闭，腰门、板门开

趟栊、腰门关闭，板门开

图 3-6　趟栊门三种开启情况室内通风

3.1.1.3　满周窗与满洲窗

满周窗（图 3-7）的“满”是“全部”，“周”是“周边”，“满周”是“沿周边以内全部面积”的意思，也就是说在需要开窗的那面墙体除窗下墙（或护栏）不开窗外，其余墙全部开窗。从结构上看，开窗的墙不是承重墙，所以可以满周开窗。“满周窗”占满了该层从左向右的整个开间，等于除了窗槛墙以外，整个正墙面都可以打开通风，可开启面积近似于 100%。由于岭南建筑首层中置“趟栊门”后，没有足够的空间开“满周窗”，“满周窗”常设于建筑二层以上，通常可视通风需求打开部分或全部窗扇。

图 3–7　传统岭南建筑满周窗

“满洲窗”（图 3–8）是在清代岭南地区较为流行的一种窗扇形式，“满洲”有两层含义，一层是地域含义，是指历史上关外满洲地区；另一层是时代含义，是指由满族人统治的清代。“满洲窗”可以说是满族人南下岭南带来的窗扇形式。“满洲窗”的实质是可上下推拉开启的方斗窗，一般由 2 ~ 3 扇方形窗扇构成，窗扇可上下推拉开启，因此又称为“上落窗”。“满洲窗”打开时，滑动的窗扇集中于最下面的一格，可开启面积占整窗的 1/2 ~ 2/3，窗扇多采用毛玻璃或彩色玻璃，可遮挡室外行人的视线，确保窗扇打开通风时室内仍保持一定的私密性。

图 3–8　传统岭南建筑满洲窗

在传统岭南民居中，“满周窗”与“满洲窗”被广泛地运用。本书采用数值模拟的方法说明两种开窗形式对室内通风的作用。图 3–9 为简化的二层建筑模型：二层迎风立面开“满周窗”，开启面积 100%；两侧立面均采用三窗扇“满洲窗”，可开启面积为 2/3。模拟得到的二层房间剖面来流速度如图 3–10 所示，可以看出，当“满周窗”全部打开时，室外气流可不受任何阻挡而自由进入室内，而“满洲窗”则可提供足够的通风面积使室内空气及时排出室外。在两种窗扇形式的共同作用下，为室内住户营造了舒适的通风环境。

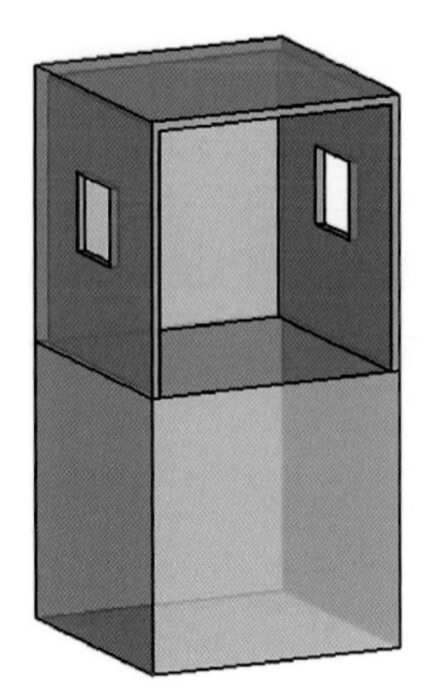

图 3-9 物理模型

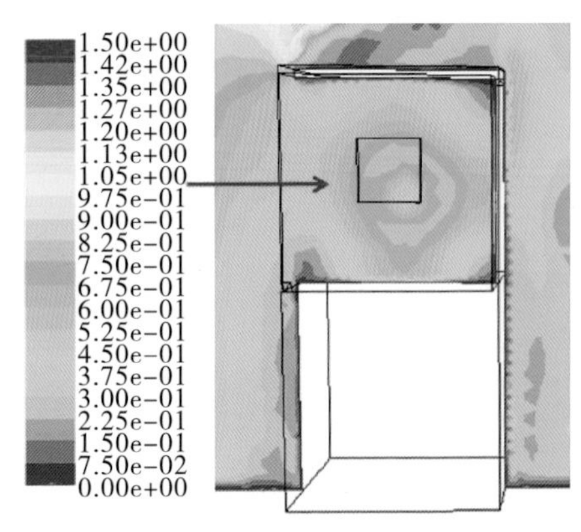

图 3-10 传统开窗形式通风模拟

3.1.1.4 通透隔断

通透隔断是岭南传统建筑中常见的一种建筑细部构造，其主要功能在于，既分隔了使用空间，又保留了让通风气流自由流动的通道。传统通透隔断主要分为两种（图 3-11）：一种用于外墙或庭院隔墙，以增加室内与室外的关联及空气对流活动，提高户内通风活力；此类隔断通常镂刻各种雕花，既美化建筑的外形又可起到一定的挡雨作用。另一种为室内不到顶隔墙，房间隔墙与顶棚之间断开而不相接，令各房间的空气可以经上部空间而自由流通。此类隔断通常镂刻雕花或设置可开合扇页，后者可根据住户需要调节开启面积。对两种隔断进行的 CFD 通风模拟结果表明，外墙隔断可将室外空气引入户内，有效改善户内庭院及室内通风（图 3-12）；而室内不到顶隔断可在保证各房间私密性的同时，使各房间通风环境得到明显改善（图 3-13）。

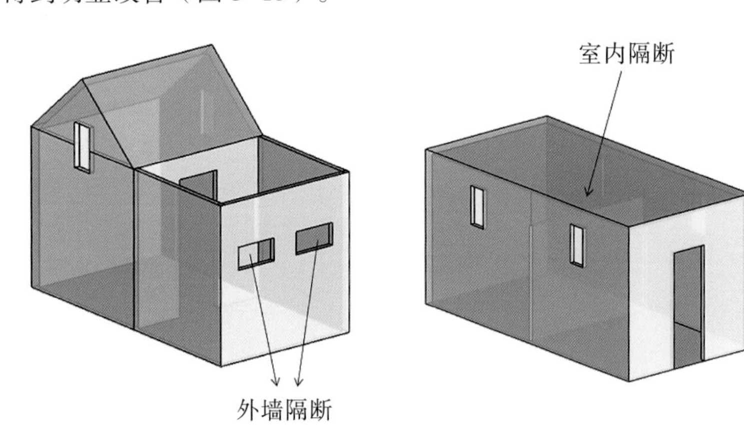

图 3-11 通透隔断物理模型

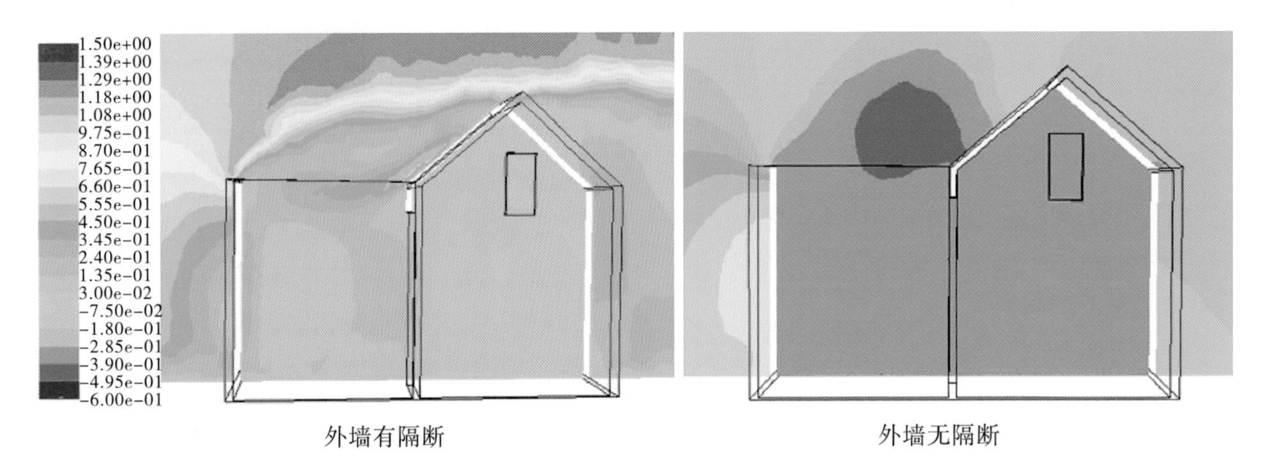

图 3-12 室外隔断通风模拟

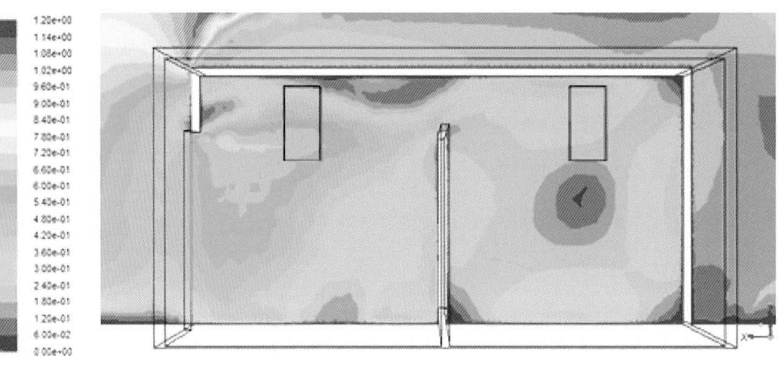

内墙有隔断

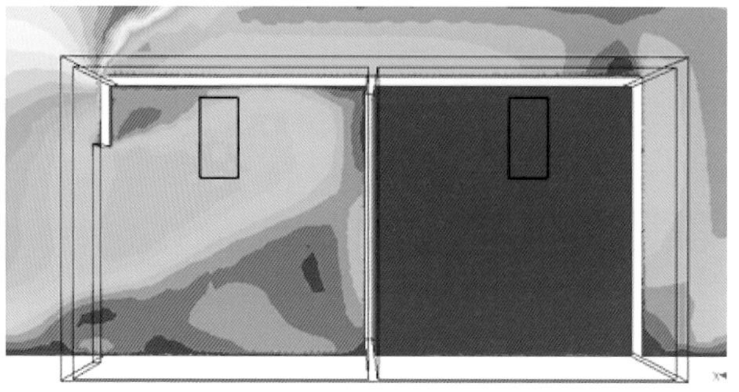

内墙无隔断

图 3–13　室内隔断通风模拟

图 3–14　多开间式骑楼

图 3–15　建筑挑檐

图 3–16　建筑外廊

3.1.1.5　建筑外遮阳

建筑外遮阳是传统岭南建筑的一大特色，不仅代表了传统的岭南建筑文化，而且对改善室内热环境和提高建筑节能效果有重要的作用。现代建筑应该继承和发扬岭南建筑的遮阳设计手法，并按照设计风格进行灵活变动。

（1）骑楼

骑楼是南方多雨炎热地区邻街楼房的一种建筑形式，不封下层作为柱廊或人行道，用以避雨、遮阳、通行，楼层部分跨建在人行道上（图 3–14）。骑楼首层架空形成的廊道，除了有利于组织气流形成自然通风，还对首层房间的外窗形成水平挡板遮阳，行人通道温度比室外温度低，加上自然通风，夏季的热舒适度有明显改善。

（2）建筑构件遮阳

在岭南建筑设计中，对于气候因素往往是综合考虑的，例如遮阳和避雨问题大多是结合处理的，这也是岭南建筑的一大特色。运用在传统岭南建筑中遮阳、避雨的建造手法主要有坡屋顶、连续廊、遮阳阳台等。例如坡屋顶屋檐一般出挑深远（图 3–15），在屋檐下形成大面积阴影，有效阻挡阳光对屋檐下空间的直射，同时也可保护屋檐下的墙面不受雨水侵蚀。而建筑外廊（图 3–16）不但可以形成通风通道，改善室外交通区域的热舒适度，同时可为外窗和外墙提供水平遮阳，也具有防雨功能。

（3）窗口构件遮阳

岭南传统建筑中的窗户结构完整，由窗楣、窗框、窗格和窗芯共同构成窗户（图 3-17），其中窗楣除了可以起到装饰美化的作用外，还可挡尘、遮阳、避雨。还有由石、砖、瓦、木等在窗框内拼接成满格空透的装饰性花纹的窗户，俗称漏花窗（图 3-18），可看作是格栅式的挡板遮阳；结合玻璃一起使用则可以明显提高外窗整体遮阳性能。蚝壳冰凌窗（图 3-19）则是另一种岭南地区独有的窗户形式。

图 3-17　窗户

图 3-18　漏花窗

（4）百叶窗

百叶窗是装有百叶的窗户，一般用于室内外的通风和遮阳（3-20）。传统的岭南建筑百叶窗多采用木材，色泽较深。有时候在使用百叶窗的同时使用玻璃窗，即只是把百叶作为遮阳构件使用，其整窗的遮阳系数更低，遮阳效果更好。百叶窗一般采用平开开启方式，开启面积比达到 100%，基本不影响自然通风效果。

图 3-19　蚝壳冰凌窗

图 3-20　百叶窗

（5）外遮阳综合应用

华南理工大学 6 号楼又称建筑红楼，其展现了岭南建筑的遮阳风格，把多种遮阳构造进行了有机集成。下面以建筑红楼正立面为例解读外廊外遮阳，详见图 3-21 ～图 3-23。

挑檐遮阳

外廊遮阳

图 3-21　建筑红楼外廊外遮阳

◆西向外廊外遮阳系数 SD=0.765

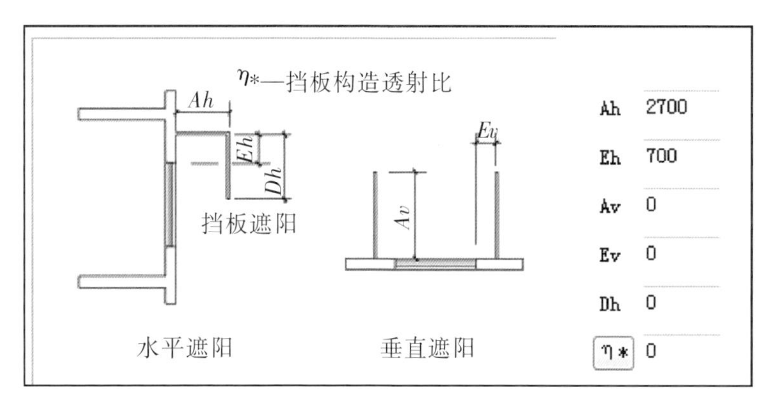

图 3-22　西向外廊遮阳系数计算

◆南向、北向外廊外遮阳系数 $SD_{南向}$=0.762，$SD_{北向}$=0.842

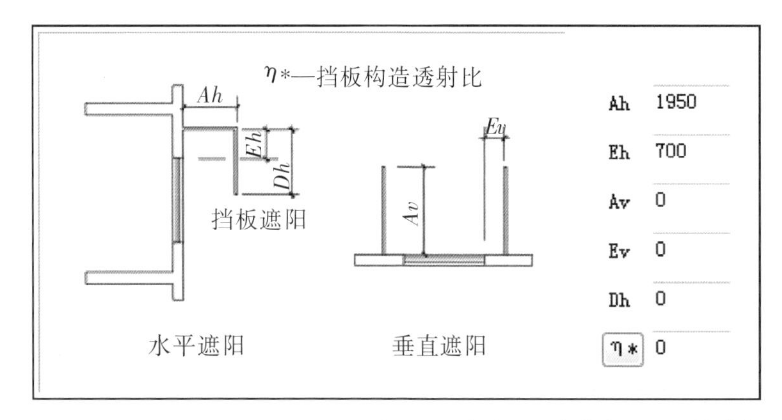

图 3-23　南向、北向外廊遮阳系数计算

3.1.2 传统南方民居村落的水系规划

虽然本书研究的重点是岭南历史建筑，但就民居村落的水系规划而言，南方地区由于相近的水文气候特征和民风民俗，古人在村落水系规划上具有明显相似的理念。因此，本节选择了皖南、湘南和岭南三种民居村落，来总结古人在水系规划上"天人合一、四水归堂"的古朴理念，从而达到削减雨洪、资源回用的目标。

3.1.2.1 安徽宏村传统民居

安徽宏村传统民居建筑的屋檐排水方式与当代建筑的坡屋顶建筑有组织的排水方式有非常惊人的相似之处。一般的传统民居建筑，当建筑采用坡屋顶的形式进行屋面排水时，多采用瓦当滴水排水的无组织排水方式；而宏村民居中，大量建筑采用坡屋顶形式进行屋面排水，同时又设置屋檐排水设施，采用有组织排水方式排水。

这与村落的整体规划有关，在村西有一座水坝将村西的虞山溪水位抬高，并引流从西向东顺势而下，经过村内民居，注入村中心的半月形水塘，最终汇入村南南湖（图 3-24）。而采用有屋檐组织排水方式的民居，其排水设施中的落水管多位于内院的水池或暗沟处，并与贯通整个村落的水系相连（图 3-25）。当下雨时，无组织排水会使雨水先滴落至地面再排入暗沟然后进入水系，水体的清洁程度则会受到室外地面干净程度的影响。而采用屋檐有组织排水，屋面雨水直接进入排水设施并排入内院水池或暗沟，水体受污染概率大大减少，水系清洁度也更高。

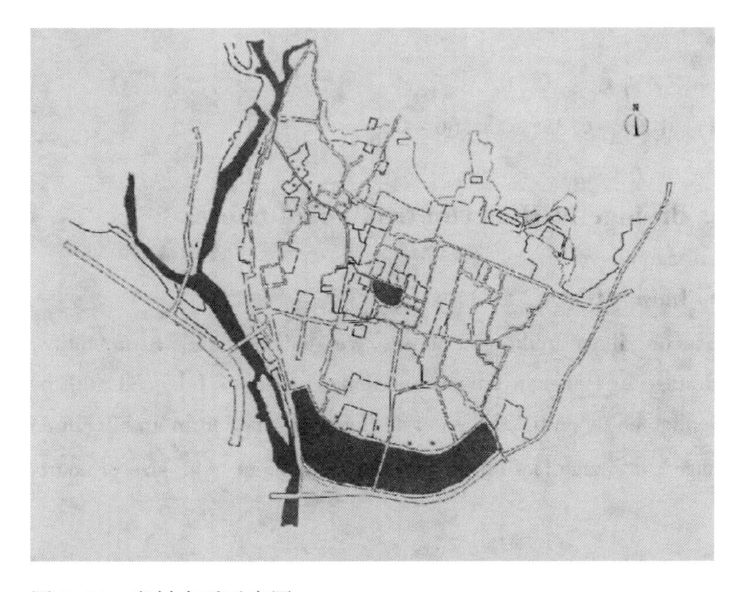

图 3-24 宏村水系示意图

（图片来源：刘典典，申晓辉，《宏村传统民居屋檐排水方式的分析与启示》）

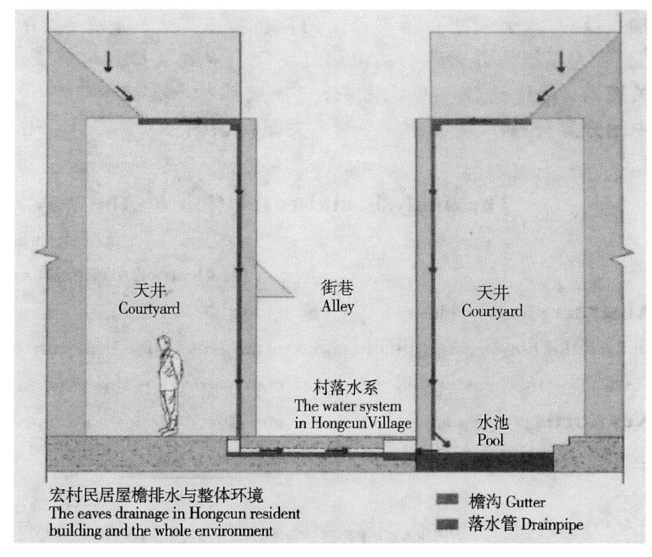

图 3-25 宏村民居屋檐排水与整体环境

（图片来源：刘典典，申晓辉，《宏村传统民居屋檐排水方式的分析与启示》）

相关研究表明，采用屋檐有组织排水的方式与天井的大小尺寸有关，多出现在大厅天井屋檐和环绕水榭的屋檐处。因有的大厅天井平面尺寸较小，多为 1.8 m × 6 m 的矩形平面，而垂直高度较大，两层大厅高度为 7 m 左右；若采用传统的瓦当滴水排水式的无组织排水，则需要在天井对应瓦当滴水的地面位置铺设明沟，同时在室内和天井地面间设置高差，然而在这样一个狭小的天井平面内设置高差会对日常行走使用带来不便。采用屋檐有组织排水方式排水则能避免以上问题，同时也避免了雨天屋檐落水对天井使用带来的不便。但在村内部分天井规模较大的民居中，采用的仍是传统瓦当滴水的无组织排水方式，并在地面铺设明沟与屋檐瓦当滴水对应。

3.1.2.2　湘南传统民居

由于受亚热带季风气候的影响，湘南地区的降水较为充沛。山区地带由于降水的作用多有山洪暴发的可能，因此湘南传统民居选址的第一要务就是考虑村落用水与防洪防涝，同时合理地利用水资源，为湘南居民的生活、耕作等提供便利。

所以，村落的选址首先考虑的是引水入村，开池掘井。例如永兴县板梁村（图 3–26），其格局分为上村、中村、下村三个不同的部分，每个村口都有一口泉井。村落中最常见的水井模式是三眼井。与丽江古城的三眼井类似，利用地下泉水源，依照地势的高低不同修建成三级水潭。三级水潭的使用功能及用法有严格的区分，并以约定俗成的方式成为民俗。各级潭水的用途与丽江古城的类似，最终泉水从第三潭的排水渠流入水沟内，流入地下过滤后完成一次循环利用。

图 3–26　湖南省永兴县板梁古村
（图片来源：肖琪，《湘南传统民居低技生态设计研究》）

湘南传统民居多位于山坡地区，为了解决排水问题，多引沟渠从村后经由村落两侧，再引入村前的水塘和溪流。当雨水较多时，山上的水流则能绕过村子流入村前池塘。例如湖南省永州市零陵区富家桥镇干岩头村周家大院，位于两山之间，背靠青山，面向一条宽阔的河流，村落所处地段为较为平坦的阔地（图 3–27、图 3–28）。大院前面开辟了一个生活水池，有暗渠从村前蜿蜒而过，暗渠内的水均为村后山上涌出的泉水，当地村民用以灌溉农田。上游水质更佳，村民常用于刷洗炊具等。村后设有一条宽阔的排水渠道，将过多的雨水和泉水引入村前的河流中。

图 3-27　湖南省永州市零陵区富家桥镇干岩头村周家大院
（图片来源：网易新闻 http://news.163.com）

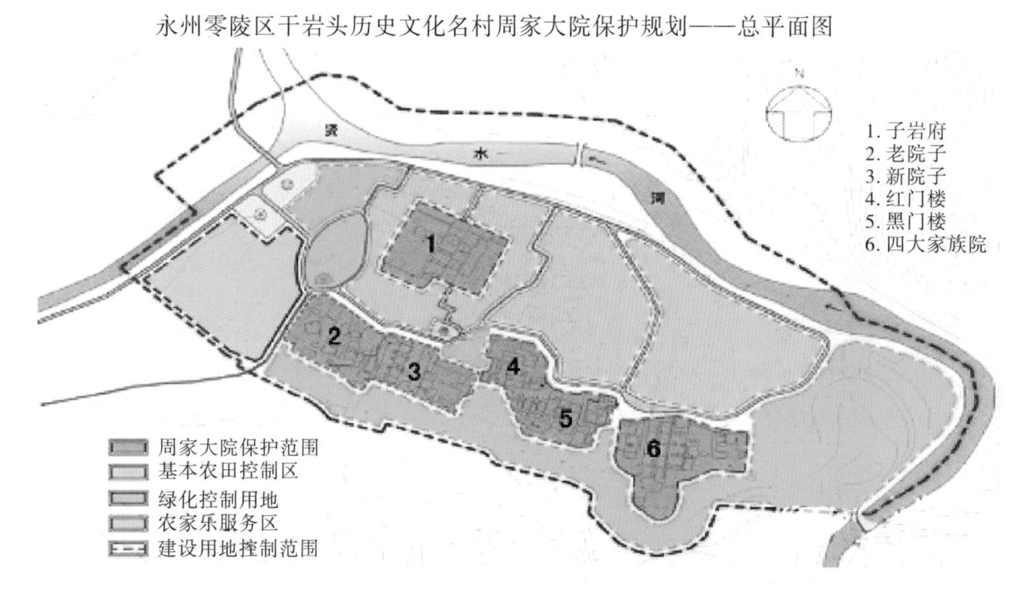

图 3-28　湖南省永州市零陵区富家桥镇干岩头村周家大院总平面图
（图片来源：永州网 www.0746news.com）

村内排水则是在石板巷道下面或侧面设有明沟暗渠，雨水经由坡屋顶流入屋檐下的明沟，经由屋内天井下的暗渠排向室外巷道的沟渠系统，流入村前的河流中。民居内的天井有一定的深度，可以积蓄部分的雨水，为排水系统减轻部分雨水所带来的压力。天井与暗沟之间设有通道，这些通道的数目视天井的大小而定，有四条、两条或一条。因民间视水为财，通道出口多以铜钱或元宝纹样的雕刻装饰，寓意招财进宝。通道呈现弯曲的结构，当水达到一定的深度时才会向室外的暗渠流动。天井的深度相较于室外的暗渠要高出一定的高度，而室外的暗渠相较于巷道的阴沟更高，这样既能保证雨水的顺利流动，最终将水流全部排入到村外的池塘及河流当中，同时也为天井内保留一定的水量来调节天井与建筑内部的相对湿度及温度。

3.1.2.3　岭南传统民居

岭南地区地势平坦，南濒南海，无高山阻挡，夏季直面来自南海的季风，而季风会带来大量的雨水，年降雨日约 150 天，年降雨量 1600 mm 以上。4 至 9 月是雨季，其降雨量占年降雨量的 80%。夏秋常有台风袭击，出现大风、暴雨。全年气温较高，全年日最高气温大于 30 ℃的有 120 天。因此岭南的气候最显著的特点是炎热、潮湿、多雨、多台风。岭南传统民居的建筑特色也因地域气候而独树一帜，建筑排水也需更多考虑多雨天防洪防涝的问题。

有学者探访了位于佛山地区的东华里，东华里在广东省佛山市禅城区福贤路，是佛山现存最完整的清代庄宅式府第建筑群组，小巷两旁各有 4 条横巷，石砌路面，两旁房屋用水磨青石砌墙，极为规整。

东华里的建筑具有典型的岭南传统民居特色，连片的锅耳屋层层叠叠（图 3–29），锅耳山墙呈曲线状，屋顶上以正脊为中线，山墙前后对称。脊檩至檐檩呈一条直线。锅耳山墙又叫镬耳墙，具有防火、通风性能良好等特点。火灾时，高耸的山墙可阻止火势蔓延和侵入，并可挡风入巷道，进而通过门、窗流入屋内，同时防止台风对屋面的直接吹袭。因岭南地区夏季多雨，将屋面设计得较为陡峭，更利于排泄雨水。

图 3–29　锅耳山墙
（图片来源：百度图片 http://image.baidu.com）

在部分坡屋顶上，有一横向砌筑的瓦面，与高出檐口屋面约 30 cm 的山墙形成了一道水槽（图 3–30）。下雨时屋顶上的雨水就被这一道水槽拦截，然后顺着流向进入藏于房屋墙体内的暗管或紧贴房屋墙体开的沟槽，将雨水导向天井、低洼处或流入街巷，最终由街巷流进河涌。

北方的建筑通常向院子内的屋面坡长较长，有的房屋甚至是单坡屋面，仅向内一侧有屋面，使雨水尽可能地流向院子内。而岭南地区的建筑，包括廊庑，其面向院子的屋面坡长通常较短，向外一侧的屋面坡长较长，这种设计方式是为了应对岭南多雨的天气，使雨水尽可能地外排到院子外面，避免因雨势较大、排水不及而造成院子积水。雨水从屋顶沟槽流向了藏于房屋外墙内的暗管（图 3–31），到达天井地面，通过滴水石漫流散排，流向低洼处。

有一些岭南传统民居的内侧暂未发现雨水的外排沟管，因而排入建筑天井的雨水，基本以渗漏的方式排入地下。在紧贴滴水石外侧构筑一条排水小沟槽，在沟槽的底部靠天井方向石板下，留下若干个排水缝隙，雨水通过缝隙流进天井前部的地下渗井。另一部分传统民居中，没设排水沟槽的天井，而是将渗井设置在天井地面相对较低的区域，渗井口上的石板接缝不封堵，雨水通过接缝流入渗井，再从渗井渗透外排。渗井没有口沿，有的直接以地面石板压口，有的在地面石板下面加横向石板压口。

图 3-30　瓦面水槽
（图片来源：南方网 http://news.southcn.com）

图 3-31　排水管
（图片来源：南方网 http://news.southcn.com）

有学者认为，渗井只是起缓冲作用，先将雨水从地面迅速排除，进入渗井之后，再从干砌的井壁缝隙慢慢渗漏出去。由于岭南地区靠近海域，地表主要是泥沙淤积而成，建筑地基主要是由铸造废料泥模渣夯填，有良好的通透性，一般的降水，均可以通过渗井将天井里的雨水顺利排出。

街巷也承担着排水的功能，为防止暴雨导致雨水倒灌进建筑内侧，房屋地面筑起高于街巷地面 30 ~ 50 cm 的台基，防止建筑内侧空间经常或长时间被水浸泡。街巷多采用石板板材，透水性强，同时通过冷巷通风进一步蒸发累积在街巷的雨水。

回观不同地域传统民居的排水，传统村落的下水道排水系统非常合理，大致相同却各有特色。从屋檐的雨水排到天井小巷再泄入暗渠，经暗渠全部排入水塘，最后汇入河流。小巷多以条石铺砌，方便清理暗渠和疏浚下水道。注重“四水归堂（塘）”的表象，雨水排水策略遵循的步骤一般为屋顶瓦垄—天井—内排水管道—外排水管网—聚落整体水系。利用聚落水系对雨洪进行调蓄，降低村落的雨洪灾害影响，同时为雨水的有效利用提供条件。

3.2　岭南传统建筑技术特色与绿色建筑评价标准的对比

在绿色建筑评价过程中，“对标分析”是指将待评价建筑的绿色技术与评价标准的要求进行对比，确定待评价建筑的绿色建筑技术的实施程度。在评价岭南建筑技术特色时，也可以采取“对标分析”，总结岭南建筑在绿色建筑技术方面的优势和不足，为技术改造提供指引。按照绿色建筑评价标准“四节一环保”章节，将岭南传统建筑技术特色与绿色建筑方面的对标分析结果汇总，如表 3-1 所示。

表 3-1　岭南传统建筑技术特色与绿色建筑评价标准对标分析汇总

指标		条文编号	规范内容	岭南传统建筑技术特色体现
节地与室外环境	室外环境	4.2.6	场地内风环境有利于室外行走、活动舒适和建筑的自然通风，评价总分值为 6 分，并按下列规则分别评分并累计： （1）在冬季典型风速和风向条件下，按下列规则分别评分并累计： ①建筑物周围人行区风速小于 5 m/s，且室外风速放大系数小于 2，得 2 分； ②除迎风第一排建筑外，建筑迎风面与背风面表面风压差不大于 5Pa，得 1 分。 （2）过渡季、夏季典型风速和风向条件下，按下列规则分别评分并累计： ①场地内人活动区不出现涡旋或无风区，得 2 分； ② 50% 以上可开启外窗室内外表面的风压差大于 0.5Pa，得 1 分	通常来说，岭南建筑布局表现出以下特色： （1）岭南村落的建筑布局以梳式和中心式布局最为常见。村落的巷道形成联通的通风通道，且主要巷道垂直于开敞的聚落水体，使得气流可以深入村落内部。 （2）岭南庭院的理水布局采用通透玲珑的空间形式，常见形式有环水线状式、聚合面状式和几何点状式。建筑周边的水体形成开放的空间，有利于气流顺畅通过，改善室外通风效果。 （3）岭南建筑中青云巷和庭院是一种典型的空间组合形式，除了冷巷的热压拔风，也可以形成建筑组团的穿堂风，改善组团内部的自然通风。 对常见的岭南建筑布局形式进行 CFD 分析，结果表明：室外通风效果完全满足绿色建筑的评分要求，可以获得 5 分以上得分
		4.2.7	采取措施降低热岛强度，评价总分值为 4 分，并按下列规则分别评分并累计： （1）红线范围内户外活动场地有乔木、构筑物遮阴措施的面积达到 10%，得 1 分；达到 20%，得 2 分。 （2）超过 70% 的道路路面、建筑屋面的太阳辐射反射系数不小于 0.4，得 2 分	岭南园林不但具有美学欣赏价值，并且在改善室外热舒适方面也有独特实用的亮点。 （1）多采用连廊、凉亭、绿化棚架的方式为室外活动提供庇护性场所。这些庇护性场所一般采取开敞布局，通透性较强，良好的室外通风配合遮阳措施，室外热舒适状况良好。 （2）岭南园林的植被配置体现亚热带气候特征。木类植被高大挺拔，枝密叶茂，如各种榕树和果树。用植物学术语描述就是树冠直径大，叶面积指数高，能够起到良好的地面遮阳效果。 （3）岭南园林的地面铺装多采用青石、青砖、条石材料。当然古代的材料热反射系数不一定满足现行标准的要求，但是石材直接铺装在裸露的地表，也是一种朴素的透水地面铺装方式。并且石材蓄热系数超过 20，在太阳暴晒下，蓄热效应明显，减缓气温迅速提升，和水分的被动蒸发效应共同作用，起到调节并改善局部微气候环境的作用。 按照绿色建筑评价条文，岭南建筑在室外热环境改善方面，至少可以得到 2 分。如果利用 CFD 软件进行热环境模拟，常见的岭南建筑布局和园林设计在降低室外热岛强度方面，可以完胜现代建筑，平均热岛强度均可以不超过 1.5 ℃

续表 3-1

指标		条文编号	规范内容	岭南传统建筑技术特色体现
节地与室外环境	场地生态	4.2.12	结合现有地形地貌进行场地设计与建筑布局，保护场地内原有的自然水域、湿地和植被，采取表层土利用等生态补偿措施，评价分值为 3 分	（1）一般而言，不仅仅是岭南建筑，中国传统建筑所采用的因地制宜、低造价和减少对环境破坏的适宜技术，都包含着朴素的生态哲理。一方面是受限于农业文化的发展程度，另一方面也是中国传统的伦理文化强调自然、社会和人诸多因素的和谐。 （2）纵观古代聚落遗址和古村落的环境空间特点，大多数是依山傍水，体现出一种原始的结合现有地貌的村落布局特点。 （3）岭南传统建筑表现出来的“桑基鱼塘”农耕模式更是体现了岭南气候、水文特征、本地植被和农耕生活模式的高度统一，体现了朴实的生态哲理。 相比于现在房地产开发中的盲目盈利与生态破坏，中国传统聚落的开发在生态利用和补偿方面可以得满分，尽管我们的祖先并不知晓“生态补偿”等词语
		4.2.13	充分利用场地空间合理设置绿色雨水基础设施，对大于 10 hm^2 的场地进行雨水专项规划设计，评价总分值为 9 分，并按下列规则分别评分并累计： （1）下凹式绿地、雨水花园等有调蓄雨水功能的绿地和水体的面积之和占绿地面积的比例达到 30%，得 3 分。 （2）合理衔接和引导屋面雨水、道路雨水进入地面生态设施，并采取相应的径流污染控制措施，得 3 分。 （3）硬质铺装地面中透水铺装面积的比例达到 50%，得 3 分	（1）岭南建筑强调理水设计，注重“四水归堂（塘）”的表象。雨水排水策略遵循的步骤一般为：屋顶瓦垄—天井—内排水管道—外排水管网—聚落整体水系。利用聚落水系对雨洪进行调蓄，降低村落的雨洪灾害影响，同时为雨水的有效利用提供条件。 （2）岭南古典园林地面铺装材料主要包括乱石、鹅子石（鹅卵石）、瓦片、石板、青板石、青砖等，其中嵌草铺装、碎石和卵石等透水铺装是最为常见的铺装方式。岭南园林常用的铺地类型有花街铺地、雕砖卵石铺地、卵石铺地、方砖或条石铺地、嵌草铺地等，铺装面积比为 30% ~ 90%。 按照现行绿色建筑评价条文的要求，岭南聚落和岭南建筑的理水设计在雨水利用方面可以得 9 分

续表 3-1

指标		条文编号	规范内容	岭南传统建筑技术特色体现
节地与室外环境	场地生态	4.2.14	合理规划地表与屋面雨水径流，对场地雨水实施外排总量控制，评价总分值为6分。其场地年径流总量控制率达到55%，得3分；达到70%，得6分	梳式布局是岭南村落采用的典型布局，建筑像梳子一样南北排列，前为小广场和池塘，巷道大多垂直于水体，便于快速将雨水排至水塘。以村落和园林为分析对象，岭南建筑的“四水归堂（塘）”设计理念使得水塘、水池形成天然的调蓄手段，减少雨水外排量。按照10000 m^2 的硬化地面设置500 m^3 的调蓄容积来评价，岭南村落的聚落水系是可以满足调蓄要求的。如此控制雨量在19 mm左右，满足场地年径流总量控制率达到55%的要求（对应15.1 mm）。 按照现行绿色建筑评价条文的要求，岭南聚落和岭南建筑的理水设计在控制雨水径流方面至少可以得3分
		4.2.15	合理选择绿化方式，科学配置绿化植物，评价总分值为6分，并按下列规则分别评分并累计： （1）种植适应当地气候和土壤条件的植物，采用乔、灌、草结合的复层绿化，种植区域覆土深度和排水能力满足植物生长需求，得3分。 （2）居住建筑绿地配植乔木不少于3株/100 m^2，公共建筑采用垂直绿化、屋顶绿化等方式，得3分	（1）岭南园林的植物配置与建筑、叠山、理水融为一体，物种具有典型的当地气候适应特性，包括木类（热带和亚热带乔木）、果类、竹类、香花类的复层绿化。 （2）岭南园林的种植方式多表现为孤植、丛植和群植三种，种植空间分庭院绿化和藩篱绿化两类，形成风格独特的立体绿化。 按照现行绿色建筑评价条文的要求，岭南园林和岭南建筑的绿化植被配置方面一般可以得6分
节能与能源利用	建筑围护结构	5.2.1	结合场地自然条件，对建筑的体形、朝向、楼距、窗墙比等进行优化设计，评价分值为6分	（1）由于岭南地区属于高温、多雨的热带、亚热带季风气候，因此岭南建筑和园林采取“畅朗轻盈”的体形设计来应对湿热气候。 （2）岭南建筑多采取南向和东南向的建筑朝向，并且在主朝向上开大窗，甚至是直接利用开敞的外廊设计，以使得更多的主导风能够进入建筑内部。 （3）岭南建筑常采取巷道、天井、庭园等空间设计手法来解决建筑通风和采光问题。岭南建筑中的青云巷、西关的竹筒楼是利用建筑空间通风的典范，二者利用建筑空间组合和深巷形成热压拔风与遮阳，改善通风和热舒适性。 （4）岭南建筑在控制窗墙面积比方面也很注重气候适应。在迎合主导风的主朝向开大窗，例如满周窗，将主导风直接引入建筑内部。对于承重的东西山墙，基本不开窗，以避免东西晒。 按照现行绿色建筑评价条文的要求，岭南园林和岭南建筑在建筑朝向、体形、窗墙面积比优化方面一般可以得6分

续表 3-1

指标		条文编号	规范内容	岭南传统建筑技术特色体现
节能与能源利用	建筑围护结构	5.2.2	外窗、玻璃幕墙的可开启部分能使建筑获得良好的通风，评价总分值为 6 分，并按下列规则评分： （1）设玻璃幕墙且不设外窗的建筑，其玻璃幕墙透明部分可开启面积比例达到 5%，得 4 分；达到 10%，得 6 分。 （2）设外窗且不设玻璃幕墙的建筑，外窗可开启面积比例达到 30%，得 4 分；达到 35%，得 6 分。 （3）设玻璃幕墙和外窗的建筑，对其玻璃幕墙透明部分和外窗分别按本条第 1 款和第 2 款进行评价，得分取两项得分的平均值	由于技术局限，岭南建筑中无幕墙设计元素，以下从建筑门窗开启的角度来说明岭南建筑是如何完胜现代建筑的： （1）岭南建筑在门的开启处理上，颇具特色。一般大门外增加一道通透的木栅门，俗称“趟栊门”，兼具通风、防御和保护隐私的功能。趟栊门的开启比例可以达到 60% 以上。 （2）岭南建筑的窗形式多样，丰富多彩，代表形式为满周窗和满洲窗。满周窗沿整个外墙立面布置（扣除下部的固定栏板），采用边轴开启，可开启面积比达到 100%。 本条可以得 6 分
节水与水资源利用	非传统水源利用	6.2.12	结合雨水利用设施进行景观水体设计，景观水体利用雨水的补水量大于其水体蒸发量的 60%，且采用生态水处理技术保障水体水质，评价总分值为 7 分，并按下列规则分别评分并累计： （1）对进入景观水体的雨水采取控制面源污染的措施，得 4 分。 （2）利用水生动、植物进行水体净化，得 3 分	（1）在古代岭南地区，没有现代社会发达的供水管网，故而水景的补水一般靠雨水补充。岭南建筑注重“四水归堂（塘）”的表象，雨水排水策略遵循的步骤一般为：屋顶瓦垄—天井—内排水管道—外排水管网—聚落整体水系，因此雨水自然而然成为水景的补水水源。 （2）传统的岭南客家聚落保留养乌龟进行水体净化的做法，更常见的是在水庭养殖锦鲤，不但有观赏价值，而且也可以净化水体。 （3）在岭南园林中，采用挺水植物、浮叶植物、漂浮植物、沉水植物净化水体的做法更为常见。挺水型水生植物植株高大，花色艳丽，直立挺拔，下部或基部沉于水中，根或地茎扎入泥中生长发育，具有过滤自净功能。浮叶植物根系发达，对污水的适应能力较好，常被用于湿地的净化处理。 本条基本可以得 3 分
节材与材料资源利用	材料选用	7.2.13	使用以废弃物为原料生产的建筑材料，评价总分值为 5 分，并按下列规则评分： （1）采用一种以废弃物为原料生产的建筑材料，其占同类建材的用量比例达到 30%，得 3 分；达到 50%，得 5 分。 （2）采用两种及以上以废弃物为原料生产的建筑材料，每一种用量比例均达到 30%，得 5 分	在废弃物利用方面，岭南建筑的典型运用是“蚝壳墙”。“蚝壳墙”大多用于砌筑山墙、后墙和院墙。蚝壳墙体的厚度一般为 50 ~ 60 cm，最厚可达 80 cm 左右，占砖墙类建筑材料比例可以达到 30% 以上。 本条基本可以得 3 分

续表 3-1

指标		条文编号	规范内容	岭南传统建筑技术特色体现
室内环境质量	室内空气质量	8.2.8	采取可调节遮阳措施，降低夏季太阳辐射得热，评价总分值为 12 分。外窗和幕墙透明部分中，有可控遮阳调节措施的面积比例达到 25%，得 6 分；达到 50%，得 12 分	岭南建筑的外窗遮阳是公认的特色，本处所指的外窗遮阳是可调节遮阳，挑檐和骑楼等措施不在此处叙述了。对于外窗的活动遮阳，大约有三种形式： （1）平开的满周窗。满周窗窗扇具有花格分隔，当其平开时，自身形成类似百叶窗的遮阳效果。 （2）百叶窗。岭南建筑的百叶窗是最常见的遮阳结构。百叶窗具有中西合璧的特点，就是在传统满周窗扇上卸去木花格和玻璃，装上活动百叶，形成具有调节功能的遮阳。同时百叶窗自身还可以平开开启，遮阳调节的范围更大。 （3）内卷帘遮阳。与现代的内卷帘遮阳不同，岭南传统建筑外窗的内卷帘遮阳是在外窗开启的前提下实现减光。常见的是竹帘。竹帘由无数条约 3 ~ 5 mm 粗细的竹条水平排列编织而成，竹条间距 1 ~ 2 mm，可以减少 60% 的太阳辐射的热量。 本条基本可以得 6 分
		8.2.10	优化建筑空间、平面布局和构造设计，改善自然通风效果，评价总分值为 13 分，并按下列规则评分： （1）居住建筑：按下列 2 项的规则分别评分并累计。 ①通风开口面积与房间地板面积的比例在夏热冬暖地区达到 10%，在夏热冬冷地区达到 8%，在其他地区达到 5%，得 10 分； ②设有明卫，得 3 分。 （2）公共建筑：根据在过渡季典型工况下主要功能房间平均自然通风换气次数不小于 2 次 /h 的面积比例，按表 8.2.10 的规则评分，最高得 13 分	1. 岭南民居： （1）岭南传统民居建筑单体的建筑原理主要为建筑单体通风原理：①室内特色空间对室外自然风的引入以及室内空间组合对户内穿堂风的导流。②以天井为主的特色空间带动的户内热压通风气流流动。两者相互补充，为单体户内带来良好的自然通风效果。特色空间及其组合体系包括天井空间、冷巷空间、高敞厅堂、“天井—敞厅”空间体系、“厅堂—冷巷—天井”空间体系。其原理的应用条件是：建筑内部能设置天井或冷巷等特色空间，天井的高深比不能低于 1 ∶ 1.4，冷巷尽量保持畅直以及尽可能与夏季风或局地风向平行。 （2）岭南建筑外窗代表形式为满周窗和满洲窗。满周窗沿整个外墙立面布置（扣除下部的固定栏板），采用边轴开启，可开启面积比达到 100%，可充分利用穿堂风。 2. 公共建筑： 岭南地区的公共建筑注重利用空间重组，实现穿堂风通道和拔风通道。从厅堂演变为首层局部架空、整体架空和空中花园，形成穿堂风通道。天井演变为中庭或者保留天井，形成热压拔风通道。组合体系为“首层架空—中庭”“入口门厅—中庭”“空中花园—中庭”“入口门厅—开放楼梯间”

3.3 岭南历史建筑绿色建筑设计标识评分分析

在岭南建筑现有被动技术的基础上，结合功能改造的技术极限，可以得到按照《GB/T 50378—2014 绿色建筑评价标准》评分体系的岭南历史建筑实得分和技术极限得分，分别按照节地与室外环境、节能与能源利用、节水与水资源利用、节材与材料资源利用和室内环境质量五部分绘制图，见图 3-32 ~图 3-36。

由图 3-32 可以看出，依照现代的绿色建筑评价标准，岭南历史建筑在室外环境和场地设计与场地生态两部分可以得高分，在土地利用和交通设施与公共服务两部分上得分较低，其中，土地利用和公共服务设置与改造对象的设计方案相关，尚有相当大的改造潜力，而交通设施则依赖外部市政配套的完善程度。

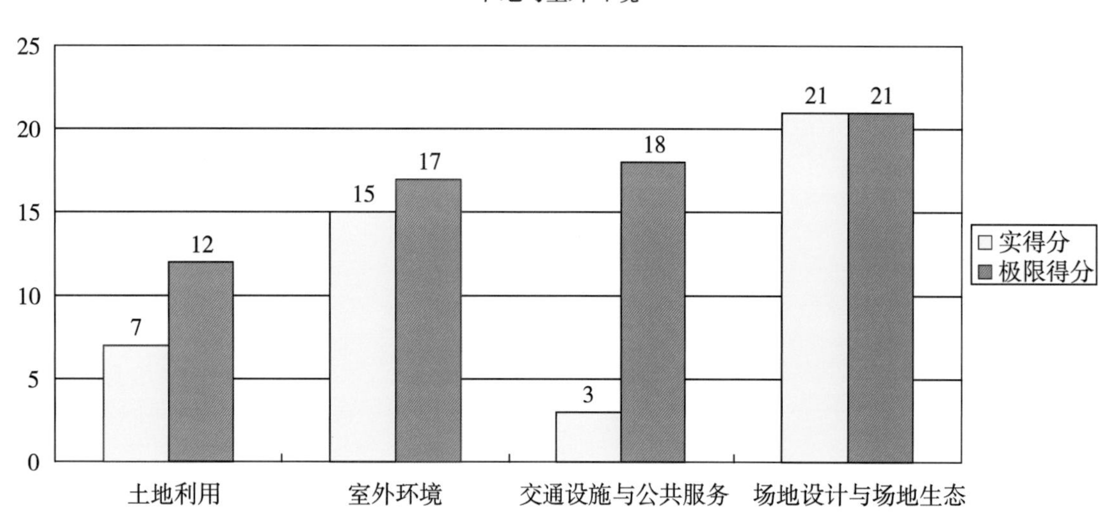

图 3-32　节地与室外环境实得分和极限得分

由图 3-33 可以看出，依照现代的绿色建筑评价标准，岭南历史建筑在建筑与围护结构方面可以得高分，其余涉及设备系统方面的得分为空白，尚有很大的改造潜力。

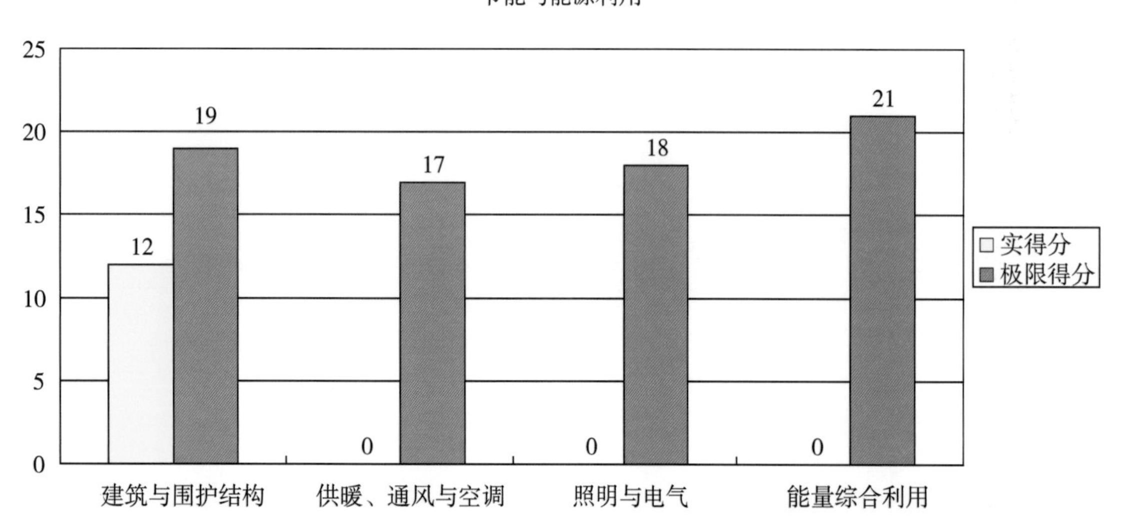

图 3-33　节能与能源利用实得分和极限得分

由图 3-34 可以看出，依照现代的绿色建筑评价标准，岭南历史建筑在非传统水源利用方面存在得高分的可能，但仅限于存在自然水体的项目有这种可能，其余得分为空白，尚有很大的改造潜力。

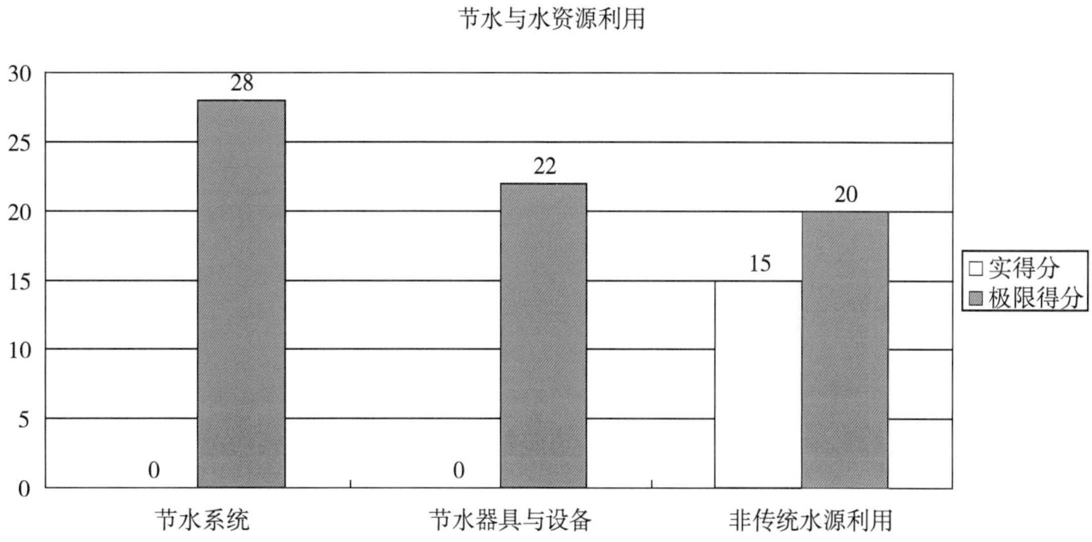

节水与水资源利用

	实得分	极限得分
节水系统	0	28
节水器具与设备	0	22
非传统水源利用	15	20

图 3-34　节水与水资源利用实得分和极限得分

由图 3-35 可以看出，依照现代的绿色建筑评价标准，岭南历史建筑在节材与材料资源利用方面得分为零，这主要受当时结构类型和材料的限制。岭南历史建筑利用了废弃物建材，但是这项在设计阶段不参与评分。在岭南历史建筑改造中，旧建筑的结构加固和新建筑的结构优化将是节材设计的重点。

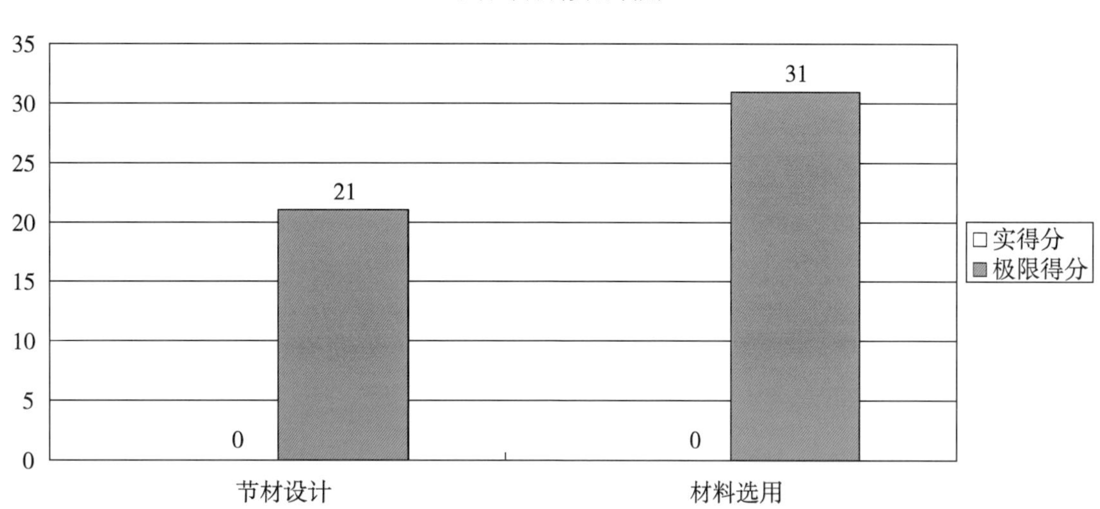

图 3-35　节材与材料资源利用实得分和极限得分

由图 3-36 可以看出，通过被动技术，岭南历史建筑可以在改善室内光、热湿环境质量和空气品质方面获得一定得分，但距离现代评价标准还有一定距离。在室内声环境质量方面，传统建筑还比较薄弱，存在改造空间。

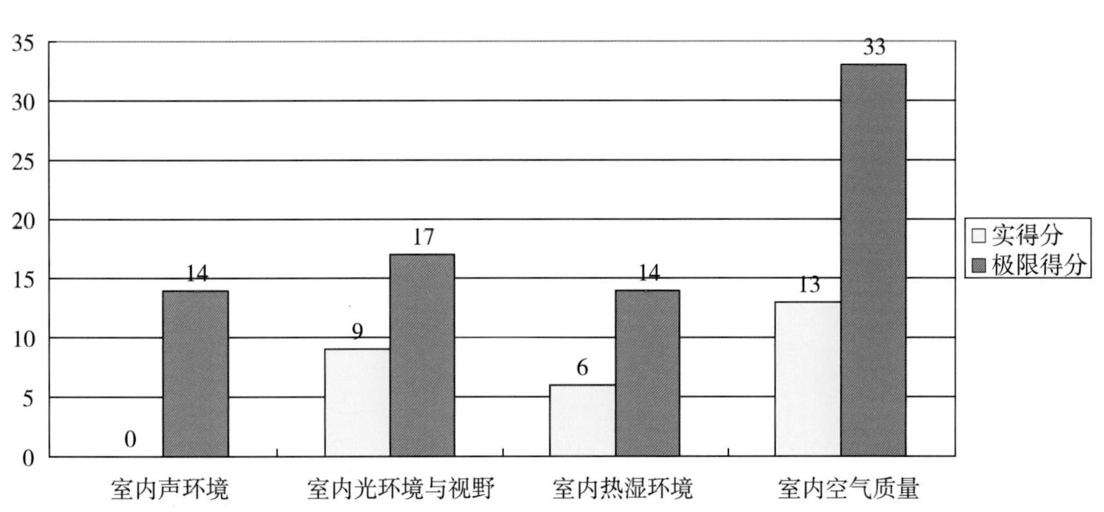

图 3-36　室内环境质量实得分和极限得分

针对得分不足项目，按照《GB/T 50378—2014　绿色建筑评价标准》的要求，岭南历史建筑在绿色建筑评分方面的劣势和改造难易程度汇总如表 3-2 ~ 表 3-4 所示。

表 3-2　节地与室外环境部分得分劣势和改造难易程度

序号	子项	绿色建筑评分劣势	改造难易程度
1	土地利用	容积率不高，一般在 0.8 以下	受规划局限，很难改
		绿地率不高，一般在 35% 以下	可以改，难度一般，景观配合
		基本无地下室	可以改，难度较大
2	室外环境	无	无
3	交通设施与公共服务	场地内部基本没有无障碍设计	可以改，难度一般
		基本没有停车场所	可以改，难度一般
		建筑先于交通设施建设，接驳有难度	视外部市政交通设施的可达性而定
		建筑功能较为单一	可以改，难度一般
4	场地设计与场地生态	无	无

表 3-3　节能与能源利用部分得分劣势和改造难易程度

序号	子项	绿色建筑评分劣势	改造难易程度
1	建筑与围护结构	围护结构热工性能低于现行标准要求	可以改，容易实施
2	供暖、通风与空调	基本无暖通空调系统，无法评价设备效率	可以改，容易实施
		基本无暖通空调系统，无法评价系统节能效果	可以改，容易实施
		基本无暖通空调系统，无法评价系统部分负荷工况下的能耗	可以改，容易实施
3	照明与电气	照明系统基本无节能控制措施	可以改，容易实施
		照明功率密度值基本达不到现行值要求	可以改，容易实施
		无电梯，无法评价节能效果	可以改，容易实施
		基本无变压器、风机，无法评价节能效果	可以改，容易实施
4	能量综合利用	无再生能源利用措施	可以改，难度一般，主要根据需求增加再生能源利用措施

表 3-4　节水与水资源利用部分得分劣势和改造难易程度

序号	子项	绿色建筑评分劣势	改造难易程度
1	节水系统	无管网防漏损措施或者采用措施不能满足现行标准的要求	可以改，容易实施
		无用水分项计量措施	可以改，容易实施
		系统存在超压现象	可以改，容易实施
2	节水器具	未采用节水器具或者节水等级不满足要求	可以改，容易实施
		未采用节水浇灌方式	可以改，容易实施
3	非传统水源利用	采用了雨水回用，但是回用比例偏低，不满足标准要求	可以改，容易实施

表 3-5　节材与材料资源利用部分得分劣势和改造难易程度

序号	子项	绿色建筑评分劣势	改造难易程度
1	节材设计	原有结构加固	可以改，容易实施
		新建部分结构优化	可以改，容易实施
		精装修与改造一体化设计	可以改，容易实施
		大空间采用灵活隔断	可以改，容易实施

续表 3-5

序号	子项	绿色建筑评分劣势	改造难易程度
2	材料选用	新建部分采用预拌混凝土和预拌砂浆	可以改，容易实施
		新建部分采用钢结构，提高 HRB400 等级以上钢材应用比例	可以改，容易实施
		提高可循环利用材料比例	
		提高可再利用材料比例	

3.4 岭南历史建筑绿色智慧改造的技术体系与导向

与一般的既有建筑绿色改造不同，岭南历史建筑自身具有一定的绿色建筑技术优势，主要体现在岭南园林、建筑布局和单体被动技术方面；同时，由于历史条件的局限，岭南历史建筑在地下空间利用、结构耐久性、机电设备等方面又存在较大的不足。因此，岭南历史建筑的绿色智慧改造技术方向应优先发挥原有的优势，特别是结合岭南园林和建筑的特有元素，充分利用被动技术降低建筑能耗，提高人居环境的舒适性，因地制宜地应用现代结构技术、建筑设备技术、智能控制技术加以辅助，实现绿色智慧改造的目标。

按照上述的绿色智慧技术改造方向，对各专业推荐的改造技术，汇总如表 3-6 所示。

表 3-6　各专业推荐的绿色智慧改造技术

专业	改造项目	技术要求	配合专业	推荐指数
景观	提高空间绿量	采用复层绿化，提高乔木的覆盖面积		★★★
		利用绿化墙体、挑檐花池、空中花园、屋面绿化等措施，提高空间绿量分布	建筑	★★★
		公共建筑的绿地对外开放		★★★
		条件可能时，尽可能提高绿地率		★
	修复岭南园林景观	多采用连廊、凉亭、绿化棚架的方式为室外活动提供庇护性场所	建筑	★★
		多采用树冠投影面积大、叶密度指数高的植被为活动区提供遮阳		★★★
		结合雨水调蓄，修复完善岭南园林的理水		★★
	实施海绵城市设计	优先利用和完善岭南园林原有的雨水基础设施，包括下凹绿地、生态冲沟、植草浅沟、滞留塘等		★★★
		充分利用下凹绿地的调蓄，要求占总绿地面积比例不宜低于 30%，且设排水设施		★★★

续表 3–6

专业	改造项目	技术要求	配合专业	推荐指数
景观	实施海绵城市设计	结合现有道路铺装材料，行车道、人行走道多采用透水沥青、透水混凝土铺装，并在垫层下部设置雨水排放措施	给排水	★★★
景观	实施海绵城市设计	结合室外水景工程，设置雨水调蓄容积，并适当实施雨水回收	给排水	★★
景观	实施海绵城市设计	室外绿化采用节水浇灌技术	给排水	★★★
建筑	围护结构热工改造	采用保温隔热屋面、绿化屋面，提高屋面隔热效果		★★★
建筑	围护结构热工改造	采用玻璃贴膜和涂膜技术，提高玻璃热工性能		★★★
建筑	围护结构热工改造	采用门窗整体置换措施，应用高效节能玻璃		★★★
建筑	立面改造	保留原有立面遮阳构件，并适当采用夏氏遮阳、花格遮阳等特征元素，强化立面的视觉效果与节能效果		★★★
建筑	立面改造	维持岭南建筑的满周窗、漏窗、趟栊门等促进室内自然通风的门窗开启方式		★★★
建筑	空间改造	增加地下室，设置地下停车库	结构	★
建筑	空间改造	设置多元化的建筑功能，实现功能混合		★★
建筑	空间改造	楼层平面空间合并，组合大开间，并采用灵活隔断，组织室内穿堂风		★★
建筑	空间改造	垂直空间组合，营造热压拔风效果，注重拔风出口与自然采光一体化设计	结构	★★★
建筑	空间改造	控制房间进深，对于大进深房间，利用双侧面或者天窗改善采光效果		★★★
建筑	成品构件应用	改造部件尽可能应用成品构件		★
结构	钢结构应用	加建部分采用钢结构	建筑	★
结构	钢结构应用	结构加固尽可能应用高强度钢筋		★★★
空调	空调系统的加设和改造	采用小型、紧凑、高效的空调机组，适应负荷变化		★★★
空调	空调系统的加设和改造	选用高效、部分负荷适应性较好的大型冷水机组替换原有旧机组		★★★
空调	空调系统的加设和改造	对于有稳定热水需求的改造对象，增加空调冷凝热回收系统，用作预热热水	给排水	★★★
空调	空调系统的加设和改造	条件可行的改造对象可以应用温、湿度独立控制系统		★

续表 3-6

专业	改造项目	技术要求	配合专业	推荐指数
空调	实现可再生能源综合利用	因地制宜应用水源热泵空调系统，提高系统效率		★
	增加空调系统的监控	加设室内空气品质监控，实现新风的需求控制	智能化	★★★
		将空调系统的控制纳入楼宇自控，实现设备监控与系统优化运行	智能化	★★★
建筑电气	应用节能设备	选用节能型电气设备		★★★
		采用高效节能灯具与照明节能控制方式		★★★
	实施用电分项计量	采用电力监控，实现用电分项计量		★★★
	实现可再生能源综合利用	采用太阳能光伏一体化设计，自发电量并入低压电网	建筑、结构	★
智能化	增加建筑能源综合管理系统	应用物联网技术实现建筑设备的监控与优化运行		★★
给排水	实现水系统综合规划	合理选择给排水系统形式，实现水资源综合利用		★★
	增加用水计量	实现用水管网三级计量，降低管网漏损		★★★
		实现不同性质用水分项计量		★★★
	选用节水设备	选用节水器具		★★★
		选用微灌、滴灌等节水型浇灌方式		★★
	实现水资源循环利用	设置雨水收集回用系统	建筑、景观	★★
		结合人工湿地和生物处理技术，实现中水回用	景观	★
	实现可再生能源综合利用	采用太阳能集热系统、水源热泵系统解决生活热水供应		★★

第 4 章
岭南历史建筑空间及围护结构改造技术

4.1 岭南地区的气候分析

4.1.1 地理位置

岭南地区指我国南部越城岭、都庞岭（一说揭阳岭）、萌渚岭、骑田岭、大庾岭五座山岭（五岭又称南岭）以南的广东、广西、海南三省全境，以及湖南、江西、福建等省的部分地区和越南红河三角洲地区。五岭在不同的历史时期有不同的指代，但岭南地区以广东、广西、海南三省为主要区域没有太大变化。其中广东是岭南的中心地区，因此，现今人们对“岭南”狭义上的理解是指广东地区。

岭南地区的自然地理环境在中国是比较有特色的，它地形复杂，地势上呈现北高南低的特点，区域内有多种岩貌，如粤北的红砂岩地貌，西樵山的火山地貌，七星岩的岩溶地貌等。岭南境内山脉起伏，河流众多，山脉有粤东的九连、莲花山脉，粤西的云雾山脉等，河流包括珠江三角洲水网体系、韩江三角洲水网。珠江是岭南最重要的水系，上源为东、西、北三江，其中东江、北江虽分别源出江西、湖南，但是却在粤东与粤北形成其主要流域，西江源出云南，经广西，由梧州进入广东西部，是珠江的主要支流。

岭南多山地、丘陵与河网密布的特征，使城镇与村落多结合地形、河流，城市规划也更加自然化、园林化。其中岭南园林的独特布局更是形成了岭南的独特意境。①

4.1.2 气候特点

岭南属东亚季风气候区南部，具有热带和亚热带季风、海洋性气候特点，其中，岭南的大部分属亚热带季风气候，而雷州半岛一带、海南岛和南海诸岛属热带气候，北回归线横穿岭南中部。以广东省广州市为例，年平均气温 21.9 ℃左右，最热月平均气温为 28.5 ℃，最冷月平均气温为 13.5 ℃。该地区气候特点如下：

（1）属典型季风气候，风向随季节交替变更。

（2）长夏无冬，温高湿重，气温年较差和日较差均小，终年不见霜雪。

（3）雨量丰沛，多热带风暴和台风袭击，易有大风暴雨天气。

---

① 王驰．当代岭南建筑的地域性探索［D］．广州：华南理工大学，2010.

（4）太阳高度角大，日照较小，太阳辐射强烈。

（5）树木茂盛，四季常青，植物资源非常丰富。

借助 Ecotect 软件中 weather tool 模块，在计算机对广州地区的气象数据和建筑舒适性要求进行分析而形成的焓湿图中（图 4–1），黄色所表示的区域为人体舒适区间。这一图纸表明在一年中，广州地区处于舒适区间的时间较短，但可以通过自然通风、围护结构蓄热、夜间通风等技术将舒适区间范围扩大（图 4–1、图 4–2）。通过进一步的数据研究发现，广州夏季需要降温的时间为全年的 58%，但其中约有 34% 的时间可以通过自然通风或建筑蓄热的方法实现热舒适性，其余 24% 则需要通过空调解决降温。在对其他城市的分析中，也有类似的情况（表 4–1）。因此，针对气候分析的结果可以得出该地区相关设计原则为：①控制太阳辐射得热；②加强自然通风。①

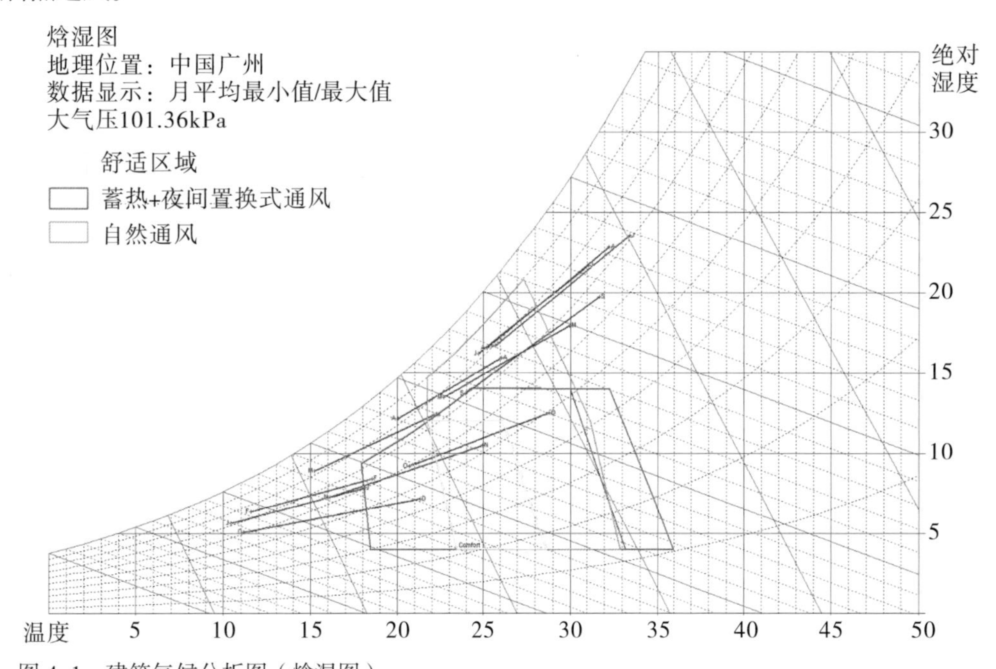

图 4–1　建筑气候分析图（焓湿图）

（图片来源：Ecotect 软件中的 weather tool）

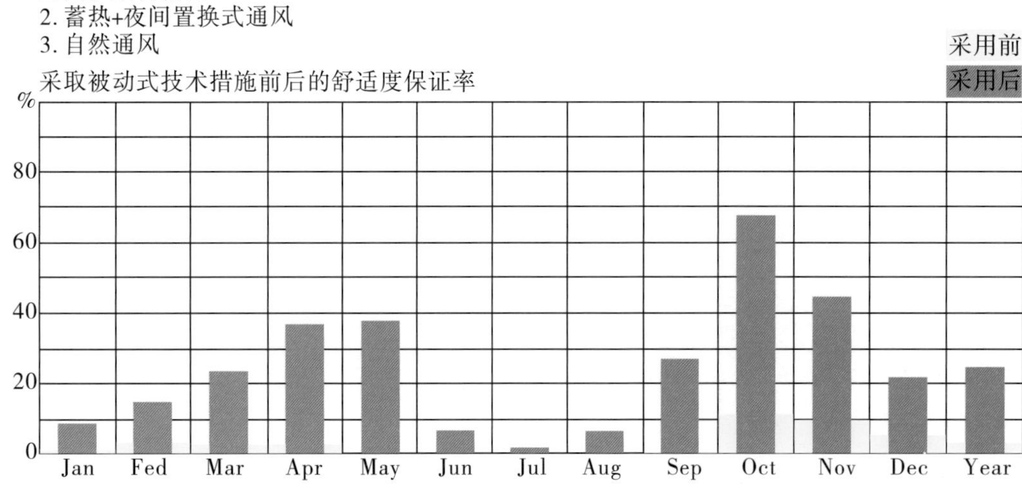

图 4–2　舒适度补偿保证率

（图片来源：Ecotect 软件中的 weather tool）

① 杨柳．建筑气候学［M］．中国建筑工业出版社，2010.

表 4–1　华南地区主要城市气候特点

城市	建筑类型	气候类型	年平均气温（℃）	最热月平均气温（℃）	最冷月平均气温（℃）	夏季需要降温时段占全年时段比例	自然通风或建筑蓄热解决降温比例	全年舒适时间所占比例
广州	通风、遮阳型	亚热带海洋性气候	21.9	28.5	13.5	58%	34%	6%
南宁		湿润的亚热带季风气候	21.6	28.3	12.7	58%	32%	6%
福州		亚热带湿润季风气候	19.7	28.8	10.8	42%	40%	11%
海口		热带海洋气候	24	28.5	17.6	75%	38%	7%

来源：杨柳．建筑气候学［M］．北京：中国建筑工业出版社，2010.

4.1.3　常用被动式节能技术措施

被动式节能强调的是在本地区气候特征和地质环境特征的基础上进行建筑设计，这一设计方式遵循建筑环境控制的基本原则，通过考虑建筑群体布局、建筑体形、建筑构配件设计等内容来满足人们对居住环境的适宜性要求。它对能源的使用要求基本保持在建筑自身和自然环境相互作用的范围之内，不依靠机械设备用能，是一种在建筑设计上技术含量很高，但在工程科技水平上低要求的一种低成本设计方法。①

对岭南地区气候进行分析，可归纳出以下常用的被动式节能措施（表 4–2）。

表 4–2　岭南地区常用的被动式节能措施

设计阶段		控制太阳辐射得热	促进自然通风
建筑群体	空间布局	合适的庭院尺度和建筑组合方式	利用庭院和体量组合引导通风 利用建筑阴影形成热压通风
	体形	增加形体之间的阴影遮挡	分散体量将盛行风引入建筑内部
	朝向	控制进入室内太阳辐射的时段	与主导风向保持合理角度
	环境景观	绿化遮阳	利用绿化种植引导自然通风 利用水体温差等形成热压通风
建筑单体	平面	根据热舒适性进行平面功能分区	合理的房间进深改善通风、采光
	立面	合适的窗墙面积比	立面导风设计
	剖面	根据热舒适性进行垂直功能分区	层架空或庭院引导自然通风
底材料构造		围护结构的保温隔热构造 外饰面材料太阳辐射吸收特性 屋面和垂直绿化	通风复合墙体

① 赵夏．住宅建筑被动式节能设计研究［D］．太原：太原理工大学，2013.

4.2 基于被动式节能的岭南地区传统建筑空间组合方式

岭南地区湿、热、多风的气候特点，要求建筑的总体平面和个体平面尽量开敞，室内外空间处理做到通透，既要做好建筑遮阳，又要形成良好的自然通风。

4.2.1 建筑群体组合

岭南地区由于山地丘陵多，河流密集，其中城镇和村落通常靠山面水，交通方便，防御设施完善。城镇格局多不规则，街道多顺应河流和山丘道路走向，曲直相映，建筑能与自然山水融合为一体。建筑布局多结合庭院，不同于北方庭院的松散格局，岭南庭院利用开敞或半开敞的廊道毗邻相连。开敞的廊道，一方面，减少了外墙，可减少接受室外暴晒的热辐射，也利于通风与景观视线上的可达性；另一方面，它有利于防御台风袭击，减少雨季时内部联系不便。① 考虑到水体对小气候的调节以及反映传统水乡人文特点，因此，岭南庭院多结合水体布置。（图 4–3、图 4–4）。

图 4–3 汕头程洋冈古村落

图 4–4 广州泮溪酒家

4.2.2 民居单体组合

传统民居为了满足气候的适应性，多采用梳式布局和密式布局两种方式（图 4–5、图 4–6）。这两种方式都利用了风压通风和热压通风的原理。平面布置中采取厅堂、天井、廊道、冷巷相结合的形式，通过空间组合的变化等方法创建复合的风道，达到调节小气候的目的。②

① 肖蕾. 岭南建筑与自然环境［J］. 热带建筑，2004（2）.

② 谢浩. 从自然通风角度看广东传统建筑［J］. 规划设计，2007（12）.

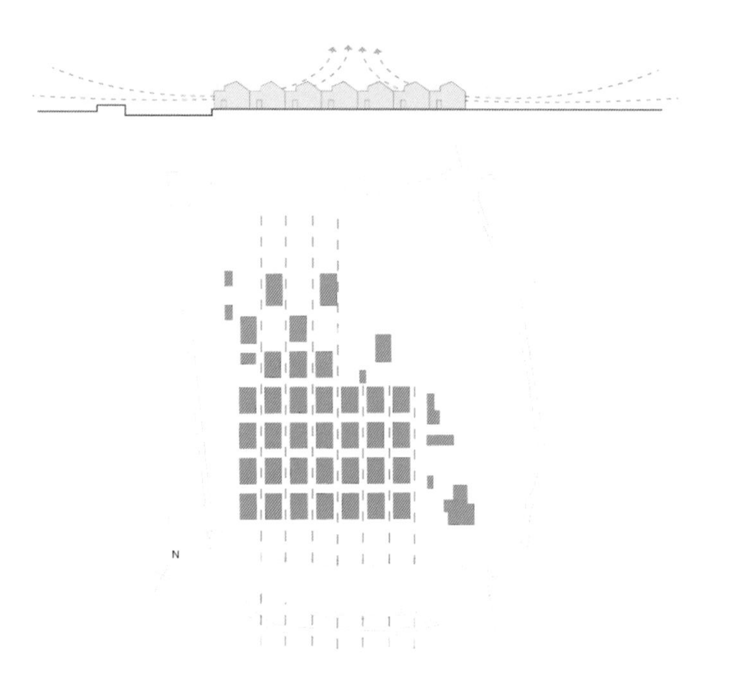

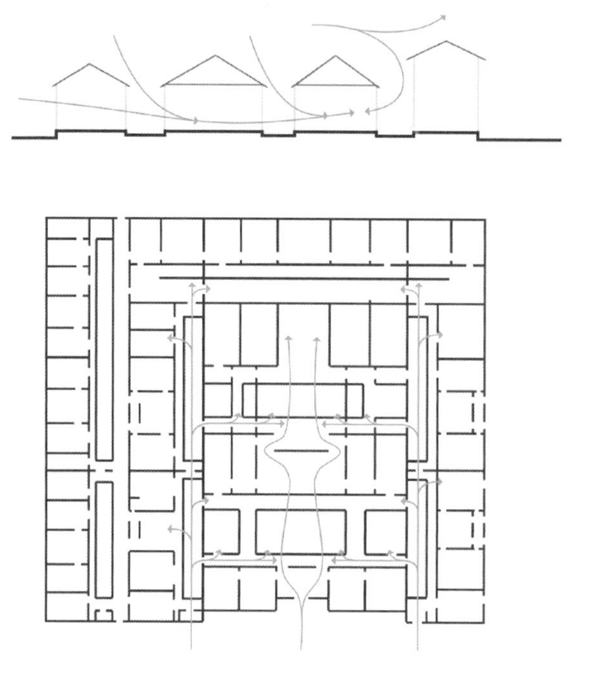

图 4–5　岭南传统民居梳式布局

图 4–6　岭南传统民居密式布局

在建筑单体空间组织中，多采用天井和冷巷形成点线结合的纽带。天井有单天井和多天井之分，由民居规模决定。单天井民居只有进风口，而无出风口，要靠公共出风口即巷道和街道解决。双天井民居中，前天井作进风口，后天井或侧天井作出风口，而当风向转换时，两者也可互换，冷风主要由廊道输送。密集式的多天井民居中，中轴院落布置几个天井作进风口，两侧屋巷都是狭长形的天井，起冷巷作用。城镇中，由于人多，密度大，很多民居做成楼房形式，但它的通风方式仍靠天井，或楼井。①

在细部设计中，岭南传统建筑采用了厅堂、通风屋面、骑楼与走廊、镂空墙等加强通风。

4.2.3　岭南地区传统建筑的热缓冲空间

在岭南地区，夏季白天的室外气温是相当炙人的，极端最高气温可达 38 ℃ ~ 42 ℃，加上常达 50% ~ 80% 的相对湿度，感觉异常闷热。在此外界条件下，岭南传统建筑中的天井、庭院、阁楼、冷巷、内外廊、镂空墙与蓄热墙等，在遮阳、隔热、自然通风等方面均可有效地改善建筑内部微热环境，成为建筑功能区本身与室外气候环境之间的一层过渡空间，起到了夏季热湿气候下的热缓冲空间作用。

4.2.3.1　天井与庭院

天井和庭院作为岭南传统建筑主要的室外空间，不仅承担着建筑主要使用空间之间的功能组合以及人们的日常生活起居，同时也是建筑自然通风与采光的主要组织者并起到一定的遮阳效果。

天井不同于庭院。在尺度方面，天井是室内的尺度，其周围为建筑的室内空间所包围，其尺度与人相近；而庭院是室外的尺度，庭院的四周比较开阔空旷，一般以围墙或建筑围合，它给人以置身自然的感觉。在空间形态方面，天井往往与明堂、厅堂融为一体，是介于室内

① 肖蕾．岭南建筑与自然环境［J］．热带建筑，2004（2）．

和室外的灰空间；而庭院则属于室外空间。天井通常承担着建筑单体的内部空间组织功能，而庭院通常维系建筑单体之间的布局，形成一定的图底关系。

对于天井来说，当室外风从建筑上方吹过时，在天井墙的导引下，部分气流就会沿着天井下行，由风压大的天井空间进入风压较小的廊道和室内，这时天井就成了引入自然风的主要风口，而廊道则成了出风口，室内能达到的冷风效果往往取决于天井风速和廊道风速之间的差异。①

适宜尺度的天井以及庭院四周建筑檐口的出挑可以阻挡大部分的太阳辐射，结合庭院中走廊和水体布置，使得建筑内外之间形成一定的温度差，产生热压通风（图 4–7）。

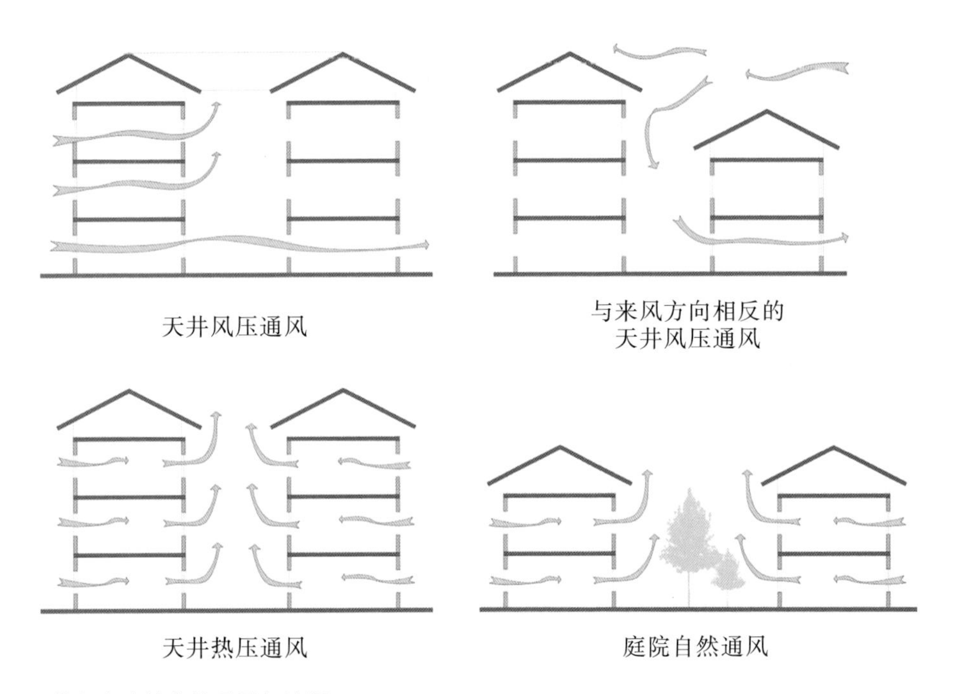

图 4–7　天井和庭院的自然通风与遮阳

4.2.3.2　阁楼与冷巷

阁楼旧称暗楼，多见于岭南传统建筑（图 4–9）。由于南方气候多雨、潮湿，住宅多采用坡屋面，为了充分利用顶部空间，人们便设计了阁楼。此外，阁楼空间相当于屋面与室内空间顶面之间形成的一个空腔，在炎热的夏季具有良好的隔热效果。当阁楼空间与下部空间连通时，通过在斜屋顶开窗，可以使室内的热空气上升到屋顶，通过斜屋顶排出室外，起到热压通风的效果（图 4–8）。

在岭南传统建筑中，对具有良好的遮阳和被动降温效果的冷巷使用十分广泛，并将其作为建筑中重要的气候缓冲层，应对夏季炎热气候环境。

冷巷分为内部冷巷和外部冷巷（图 4–10）。传统外部冷巷的常见形式是窄巷和骑楼式窄巷。窄巷狭长，两边是高墙屋檐遮挡，接收到的太阳辐射量少，温度较低；而天井院落空间大，接收到的太阳辐射量多，温度就高，当天井中的热空气上升时，巷道的较冷空气就补充进来，构

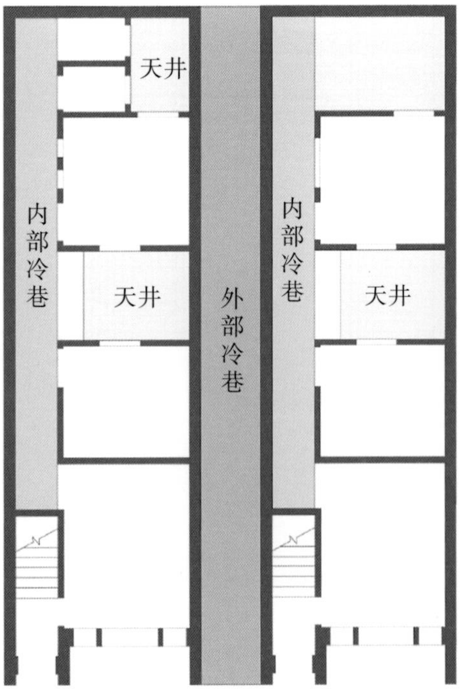

天井　内部冷巷　天井　外部冷巷　内部冷巷　天井

图 4–8　广州竹筒屋中的冷巷

① 曾志辉. 岭南民居天井的热环境价值［J］. 华中建筑，2010（3）.

图 4–9　阁楼

图 4–10　冷巷

成了热压通风（图 4–7）。传统内部冷巷的常见形式是边弄，它在很多传统建筑类型中都存在。内部冷巷遮阳更充分，得热更少，加上楼板和屋面作为热缓冲层，进一步减少了得热。广东竹筒屋中，这种通道叫青云巷；在闽南大厝中，它叫边弄或护借弄，其主要作用是交通和通风。传统建筑中进深方向有多重天井，建筑左右相互毗邻，密度高，建筑中普遍采用边弄和天井来解决采光通风问题。①

此外，岭南传统建筑惯用的骑楼廊道，不仅具有遮阳避雨的作用，而且使得骑楼空间与外部空间存在一定的温差，产生热压通风，起到降温效果。

4.2.3.3　外廊与镂空墙

外廊式建筑是岭南地区一种常用的建筑平面布局形式。外廊在功能上起到室内外过渡空间的作用，是应对岭南气候而形成的常见半室外空间，也是传统建筑空间组成的重要内容。早期外廊式建筑，风从外廊门的上部进入，从外廊门的下部出来；中期外廊加天窗式建筑或者后期外廊加天井式建筑，风从天窗或天井进入，从外廊门排出。建筑设置一圈外廊，除了可以较好地进行遮阳外，还可以组织通风。同时结合镂空墙的设置，通风效果更加明显。骑楼其实也是同一种外廊式建筑，广州旧街中的骑楼建筑，大多都是沿街布置的，所以都是外廊式建筑。骑楼建筑的外侧镂空柱，使得气流更容易穿堂过室（图 4–11）。这种自然通风的形式能够使建筑的外部空间与建筑很巧妙地结合在一起，既不影响立面层次，又能增加空间的穿透性。

镂空墙多见于传统建筑中，尤其园林建筑，经常使用。镂空墙可以用于限定空间，同时由于其镂空的效果可以保证景观和视线的渗透，也起到了良好的遮阳作用。在岭南地区，通常镂空墙结合庭院、天井、廊道等空间，增加了自然风的渗透，促进了自然通风（图 4–12）。

① 陈晓扬，仲德崑．冷巷的被动降温原理及其启示［J］．新建筑，2011（3）．

图 4–11　骑楼

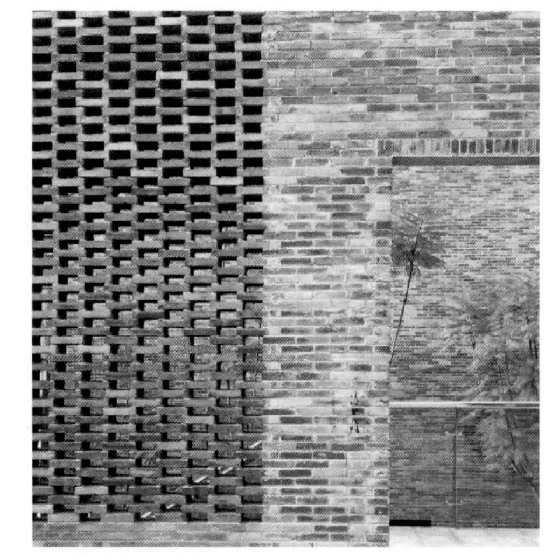

图 4–12　镂空墙

4.3　岭南传统建筑空间组合对自然通风的促进

4.3.1　典型空间组合形式

从岭南地区传统建筑的热缓冲空间可以看出，传统建筑的空间组织非常丰富，其空间组合模式以三间两廊式、竹筒屋式及庭院式为典型代表。

三间两廊是广府地区最基本的民居形态之一，由三开间主座建筑与前带两廊和庭院组成的三合院，典型平面如图 4–13 所示，其中庭院是户内核心空间，有风时可引导气流进入户内，无风时庭院内部形成垂直方向的热压拔风，促使户内热空气排出。图 4–13b 所示建筑在两侧增加巷道，由于建筑自身遮挡，巷道内将由太阳辐射不均而产生温度差，从而形成热压通风，即巷道风。

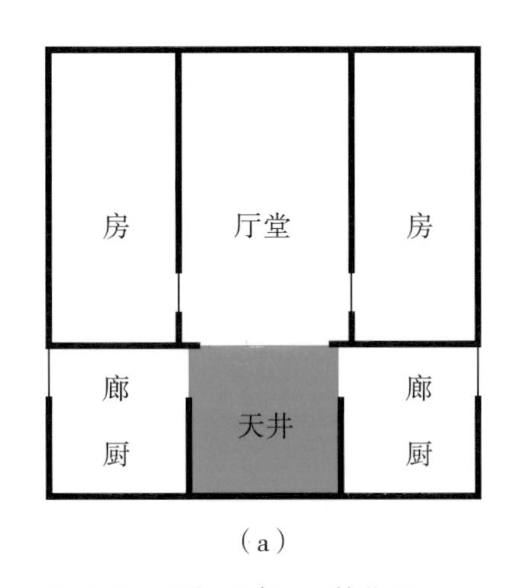

（a）

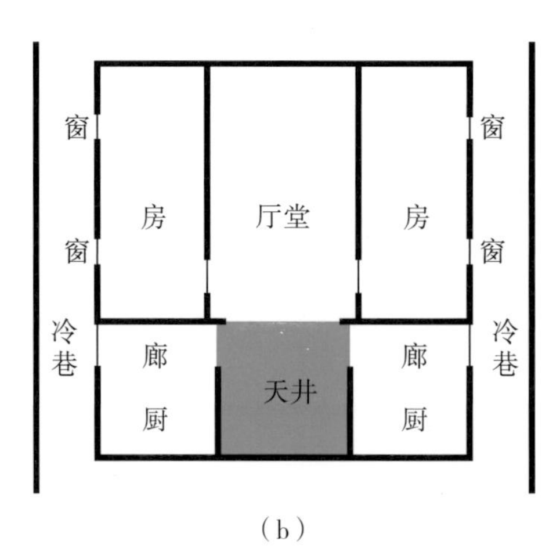

（b）

图 4–13　三间两廊民居简化图

竹筒屋是广府地区另一种重要的民居形态，其平面通常为宽 3 ～ 4.5 m 的单开间，主要沿纵深方向发展，主建筑依照“街巷 / 庭院—厅堂—主屋（冷巷）—天井”的顺序从前向后依次排列，形如竹节，故名“竹筒屋”，如图 4–14 和图 4–15 所示。竹筒屋形式的建筑，单体结构紧凑，在高聚集度的城镇得到广泛应用，现留存的竹筒屋多为 2 ~ 3 层。通常情况下，天井较为“高深”，以使其顶端受太阳辐射而在天井内部形成垂直方向较为显著的热压差，进而起到拔风效果，通过冷巷，主屋各房间连通，有效排出户内热空气，并由庭院补充新鲜空气。有风时，根据风向变化及建筑朝向不同，庭院和天井均可作为入风口将气流引入户内，通过窄小冷巷的狭缝作用，提高户内通风风速。

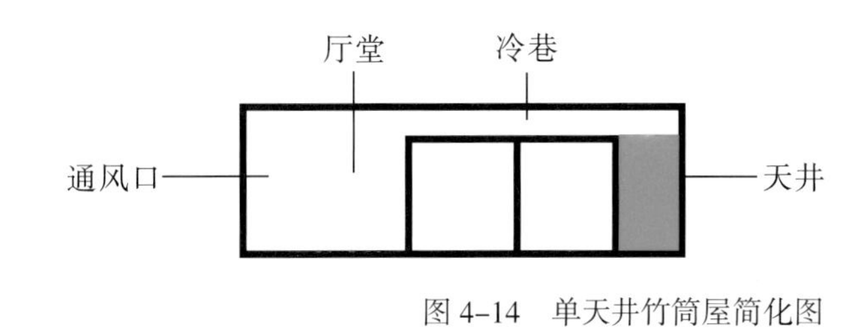

图 4–14　单天井竹筒屋简化图

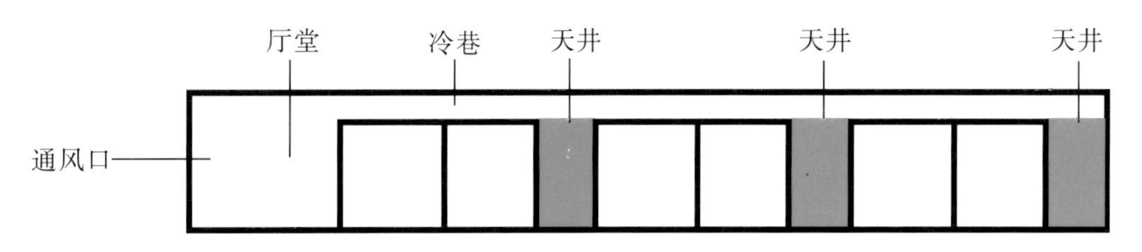

图 4–15　多天井竹筒屋简化图

庭院式民居多具私园性质，庭院面积相对较大，院与宅交错分布，通过合理的布局可形成畅通的风压通风。庭院内部多注重理水与花木栽植，可改善庭院局部热环境，同时由于局部温度差形成热压通风。

4.3.2　通风模式总结

前文所述三种典型建筑组合形式本质上均是通过一定的空间组合方法在局部形成垂直或水平方向的热压拔风，结合入风口、风道共同形成一个有效的热压通风系统。其中垂直方向热压拔风通常由高大的天井或中庭形成，水平方向热压拔风可通过引入巷道、水体或绿化以形成水平方向温度差。入风口通常为厅堂、前庭院或通向街巷的前门，风道即前面提到的冷巷，一般为不受太阳直射的长直的、畅通的巷道。

4.3.3　通风性能定量研究

“天井—冷巷—庭院”式热压通风系统可有效适应岭南地区湿热气候，改善住户通风环境，因此在岭南地区得到广泛应用。作为一种被动式通风方式，其通风效果受建筑朝向、建筑规模、当日气候等多种因素影响。天井热压拔风作为热压通风系统的“原动力”，其优化设计对于建筑的通风效果具有至关重要的作用。

4.3.3.1　热压拔风原理

根据流体静力学原理，大气压力与距离地面的高程有关，距地面越高，压力越小。另外，室内外空气温度不同，将导致室内外这种竖直方向上的压力差值不同，如图 4–16 所示。

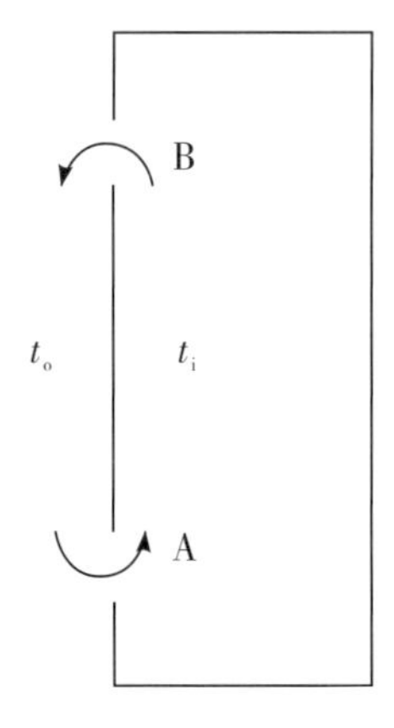

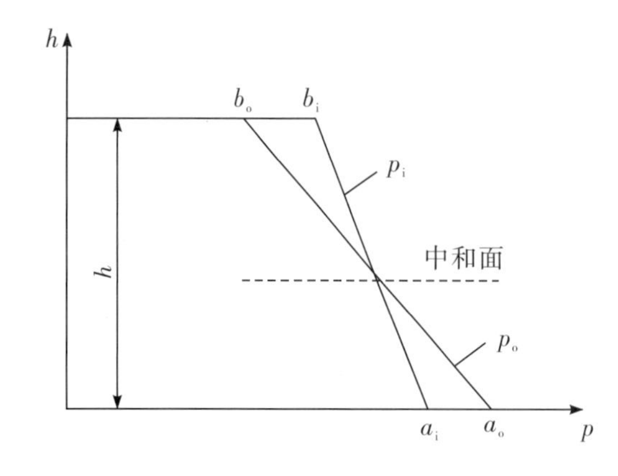

图 4–16　热压通风原理图

综合两者考虑，上部出风口处内外压力差可表示为

$$\Delta p = (\rho_o - \rho_i)\ hg \tag{4-1}$$

式中　Δp——热压，Pa；

h——进、出风口中心高度差，m；

ρ_o——室外空气密度，kg/m^3；

ρ_i——室内空气密度，kg/m^3；

g——重力加速度，m^2/s。

在热压 Δp 的作用下，室内空气将通过出风口流向室外，流量 Q 可由下式计算：

$$Q = \mu F\sqrt{\frac{2\Delta p}{\rho_o}} \tag{4-2}$$

式中　μ——出风口流量系数；

F——出风口面积，m^2；

ρ_i——室内空气密度，kg/m^3。

由以上两式可以看出，拔风效应的强弱取决于进出风口中心高度差 h 和室内外空气密度差 ρ_o–ρ_i。一般情况下，前者即天井高度，后者则与天井接收到的太阳辐射相关，通常取决于天井高度及横截面积的大小。

4.3.3.2　热压通风系统数值模拟

基于上述分析，天井高度及宽度的选取对热压通风效果起着决定性作用，为对其影响规律进行定量研究，本书作者采用 CFD 软件，对传统岭南竹筒屋建筑进行热压通风数值模拟，并计算其通风效果随天井高度及宽度的变化情况。图 4–17 为岭南地区常见的竹筒屋的剖面示意图。建立其物理模型如图 4–18 所示，其中图 4–18a 所示建筑朝向为坐北朝南，图 4–18b 为竹筒屋通风系统主体结构的简化模型。首先根据图 4–18a 所示竹筒屋模型计算其接收太阳辐射情况（夏至日 15:00），从结果中提取天井及庭院各内墙面平均温度，然后以上述计算结果作为天井、庭院的热边界条件，对图 4–18b 所示的通风系统进行模拟计算，冷巷内墙近似为绝热壁面，进、出风口均设置为压力入口。

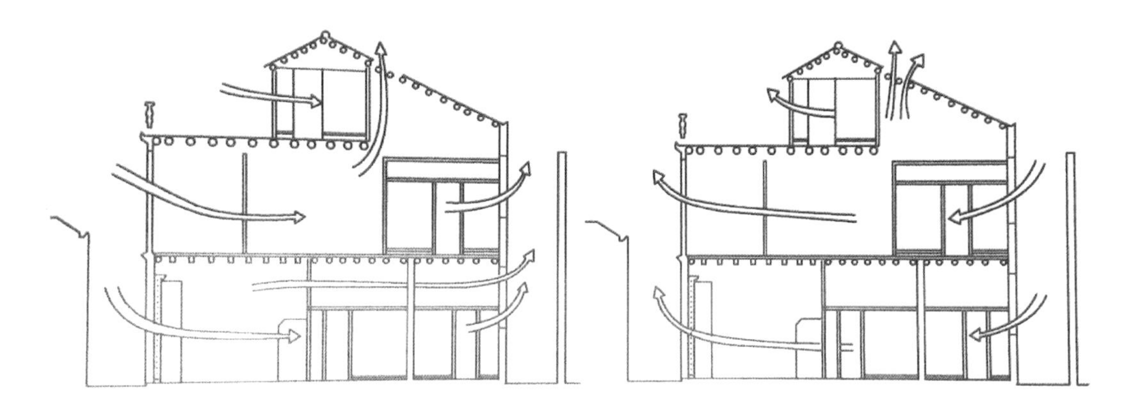

图 4–17 竹筒屋剖面示意图

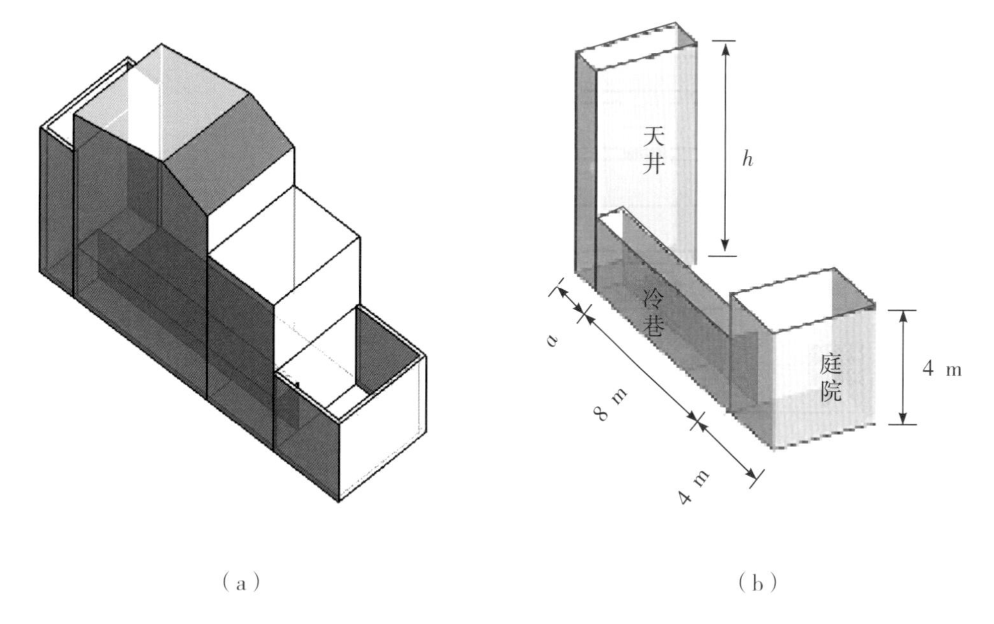

（a） （b）

图 4–18 竹筒屋热压通风系统物理模型

经模拟得到天井及庭院热边界条件如图 4–19 所示。可以看出，天井宽度 a=1.5 m 时，随着天井高度的增加，其所能接收到的太阳辐射受天井自身遮挡而减少，天井内墙平均温度降低；天井高度 h=7.5 m 时，随着天井宽度增加，其横截面积增大，更多太阳辐射进入天井内部，天井内墙温度有所提高。而庭院由于尺寸未变化，其温度值始终维持在一定波动范围。需要注意的是，计算中选取夏至日典型时刻 15:00 作为太阳辐射条件，并未考虑全天太阳高度角变化及围护结构蓄热的影响，因此该计算结果仅用于不同天井模型的对比分析。

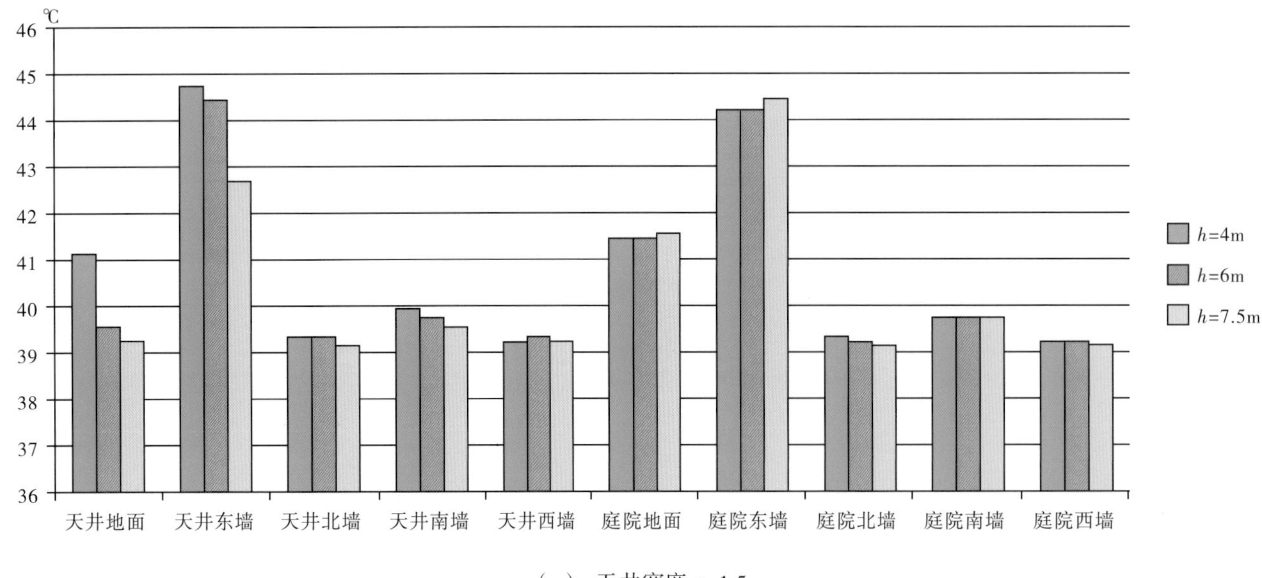

（a） 天井宽度 a=1.5 m

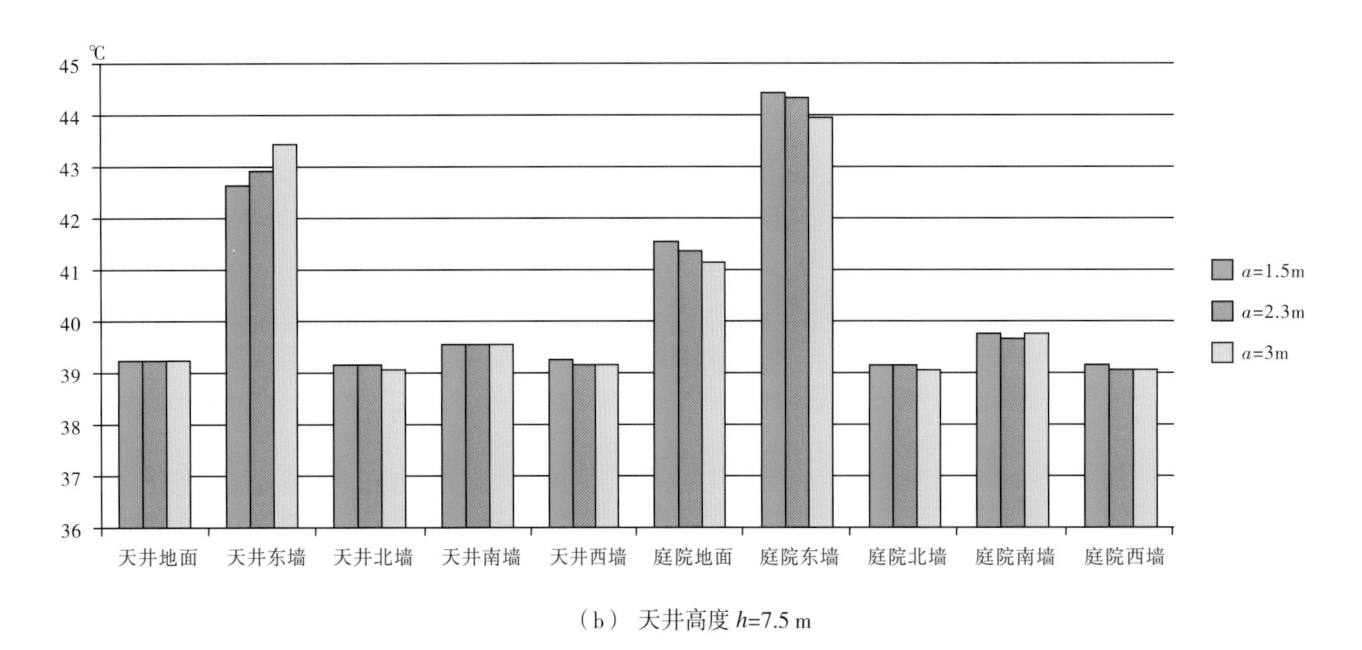

（b） 天井高度 h=7.5 m

图 4–19　天井及庭院热边界条件

基于上述热边界条件，对不同天井高度及宽度的热压通风系统模型（图 4–18b）的热压通风情况进行模拟，计算结果分别如图 4–20、图 4–21 所示。

图 4–20 是天井宽度 a 为 1.5 m，天井高度 h 分别为 4 m、6 m、7.5 m 时的通风模拟结果。当 h=4 m 时，天井及庭院内呈现一定的涡流，冷巷内部流速几乎为零，这是由于高程相当，天井及庭院的拔风作用相互抵消所致。随着天井高度增加，其内部竖直方向热压差逐渐增大，通风效果也愈加明显。根据式（4–1），尽管天井内平均温度有一定程度下降（图 4–19），天井内外空气密度差降低，但由于出入风口高程差同时增加，热压差仍得到明显提高。当 h 值达到 7.5 m 时，天井、庭院内空气流速均达到 0.5 m 以上，而冷巷内流速在狭缝效应的作用下更是达到 1 m/s 以上。

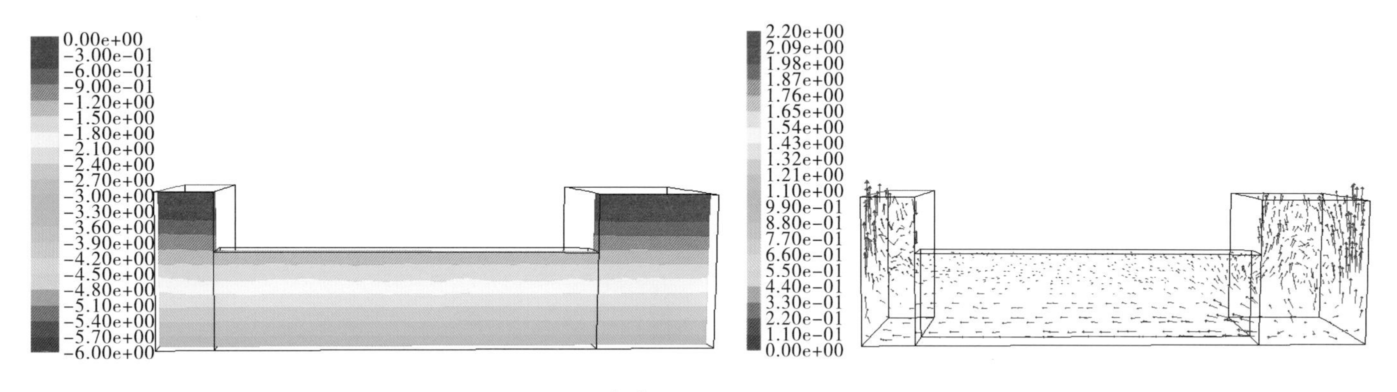

（a）h=4 m，a=1.5 m

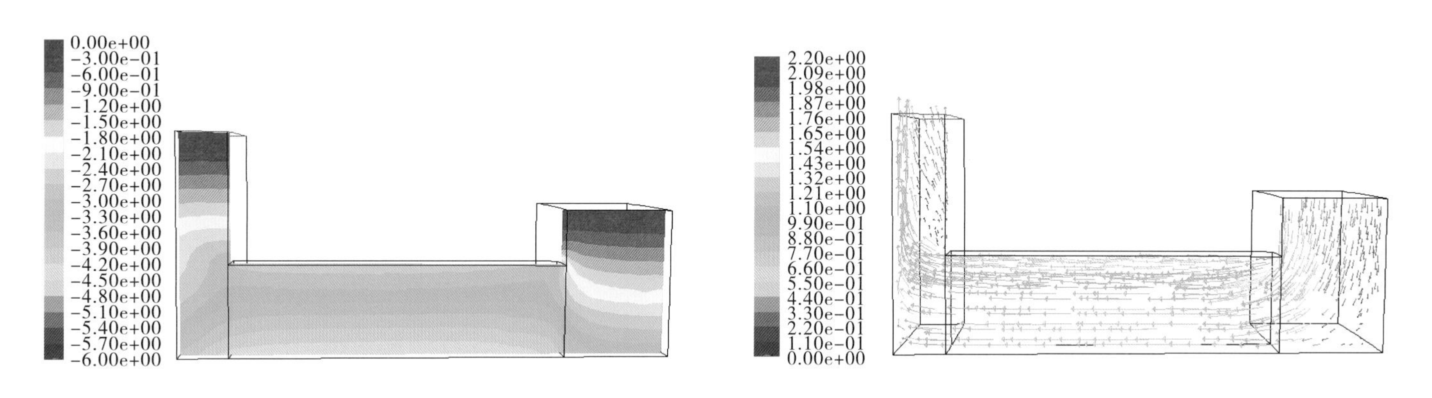

（b）h=6 m，a=1.5 m

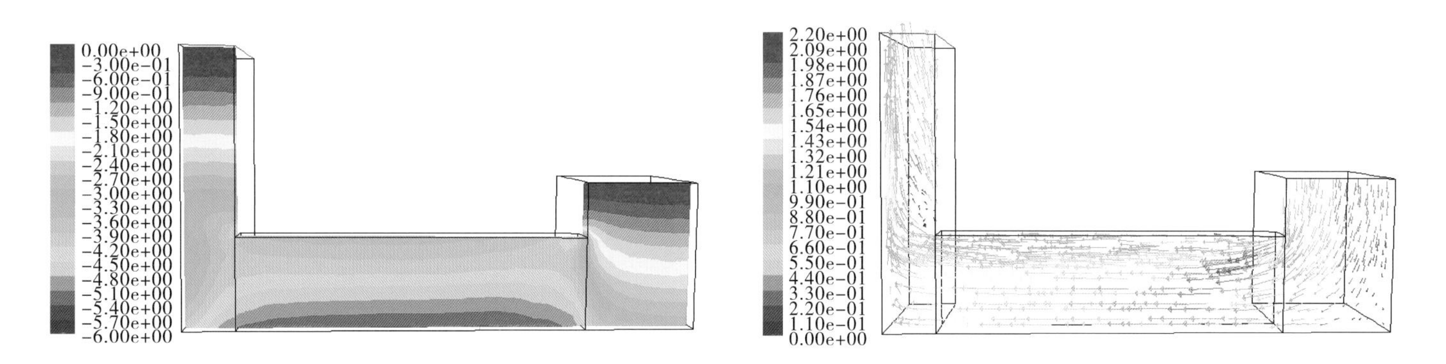

（c）h=7.5 m，a=1.5 m

图 4-20　不同天井高度情况下热压云图及通风风速

图 4-21 是天井宽度 h 为 7.5 m，天井宽度 a 分别为 1.5 m、2.3 m、3 m 时的通风模拟结果。随着天井宽度增加，天井内部平均温度逐渐提高（图 4-19），天井内外空气密度差增大，竖直方向热压拔风风速得到进一步提高，但提高幅度逐步降低，天井宽度大于 2.3 m 时，其宽度增加对拔风效应的影响不再明显。

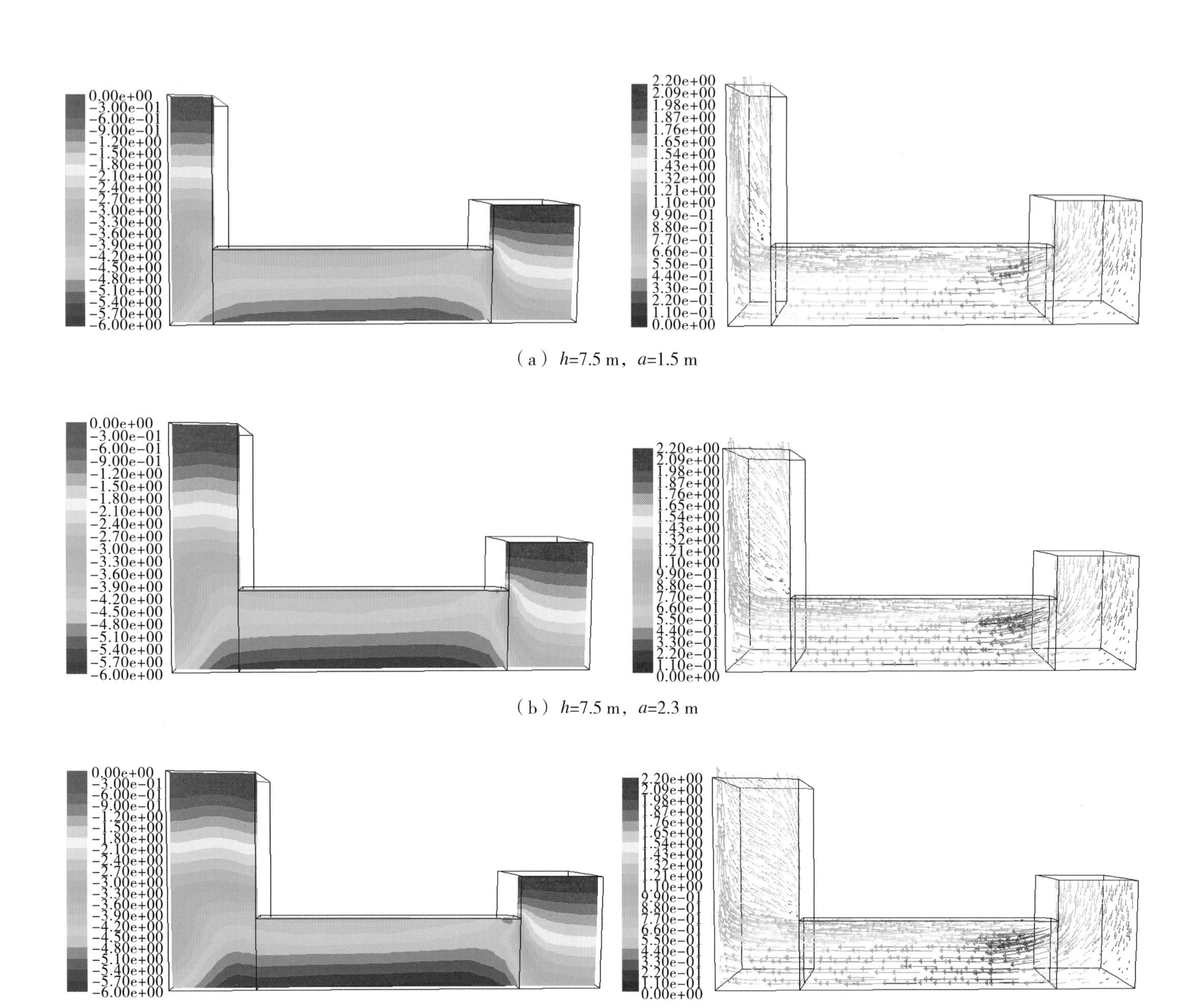

（a）h=7.5 m，a=1.5 m

（b）h=7.5 m，a=2.3 m

（c）h=7.5 m，a=3 m

图 4-21　不同天井宽度情况下热压云图及通风风速

综上所述，增加天井高度及宽度，均可以使竹筒屋通风得到改善，其中前者影响幅度相对较大。另外，竹筒屋通常建于用地紧张的城镇密集区，天井宽度的增加具有一定局限性，因此，增加天井高度可作为提高室内通风效果的首选方式。根据模拟计算结果，天井高度达到 7.5 m 时可达到很好的通风效果。

4.4　岭南地区历史建筑绿色改造的空间重组策略

4.4.1　历史建筑改造原则

历史建筑指的是具有一定的历史、科学、艺术价值，并反映城市历史风貌和地方特色的建（构）筑物。通常包括重点文物保护建筑和一般性历史建筑。从改造的角度出发，本书的研究对象通常是那些具有一定经济和物质功能价值，同时在文化上构成了城市及区域文化环境的建筑，其改造原则包括：

（1）使用适宜性原则。历史建筑的功能空间与现代使用之间一般存在一定的矛盾，改造设计首先评估建筑改造的可能性。现代对历史建筑的改造通常是基于功能的置换，所以需要考察建筑空间是否具有很大的兼容性，即一座历史建筑通过改造，能否提供符合现代使用需求的功能。

（2）结构保护原则。一般历史建筑有固定的内部空间组合与结构形式，随着寿命的增加，其结构荷载力存在不同程度的降低，在改造设计中，宜保留原有结构形式，对受力结构进行科学检测并适当加固，不宜通过大面积改变原有结构体系来满足功能需求。

（3）外观保护原则。建筑外观具有一定的历史人文价值，一般不宜进行较大的变动，如确实需要对立面进行调整或有新建建筑与其毗邻建设时，应考虑新旧之间的语汇共置。

（4）生态设计原则。历史建筑受当时技术水平与经济状况限制，其围护结构节能效果较差，改造的目的是提高其使用寿命，满足绿色生态要求，节约能耗，延长使用寿命，提高使用效率。

4.4.2　基于使用功能要求的空间组合改造策略

4.4.2.1　新旧建筑拓展与延续

1. 以中庭为中心

以中庭为中心的新旧建筑组合主要是将内院、天井或廊道等室外空间改造为中庭。历史建筑由于建造年代久远，受当时技术条件的限制，采光和通风大多依赖自然采光和通风，建筑的进深通常较小。宗教、医院等大型建筑则往往采用院落式布局，居住、办公等小型建筑则多在建筑中央设置天井或小庭院来解决通风采光问题。①

通过对内院、天井或廊道等室外空间的覆盖和封闭，将其由室外空间变为全天候的室内中庭空间，可直接使室内建筑面积增加。此外，在建筑改造中利用此类中庭来组织新旧建筑空间，不仅减少了对建筑原有形体和风貌的冲击，同时也能满足建筑内部空间的通风与采光。

在华南理工大学建筑设计研究院改造中，采用了非革命性的做法，在保留原有建筑与功能的基础上，在南侧沿山体拓展功能相同的新建部分，通过在新老建筑之间植入中庭来组织两者之间的空间，形成内部主要的通风与采光的腔体空间（图 4–22）。

华南理工大学 2 号楼原为学校办公楼与研究生院办公区，是 20 世纪 50 年代与 80 年代两代华工建筑师的作品，代表不同历史时期华工校园建筑风貌。其中 2 号楼南座部分由岭南建筑大师夏昌世先生主持设计，是典型的中国古典建筑形制；而北座为星海音乐厅总建筑师林永祥教授在 80 年代主持设计，以开敞式岭南庭院作为空间组合的中心。在其扩建设计中，采用植入、扩大中庭的方式来组织新旧建筑空间，形成与华工校园空间轴线一致的微空间序列（图 4–23、图 4–24）。新中庭上方设置可以灵活开启的天窗，在过渡季节作为周边用房气流组织的中心，改善自然通风效果，通过对气流出口的智能化控制，达到调节室内温度的效果。这一措施实际上也是对原有历史建筑空间的传承与优化。

① 倪文岩. 广州旧城历史建筑再利用的策略研究［D］. 广州：华南理工大学，2009.

原有建筑
扩建建筑
庭院或中庭
地下室疏散出口
加建地下办公空间
下沉庭院
天井
中庭

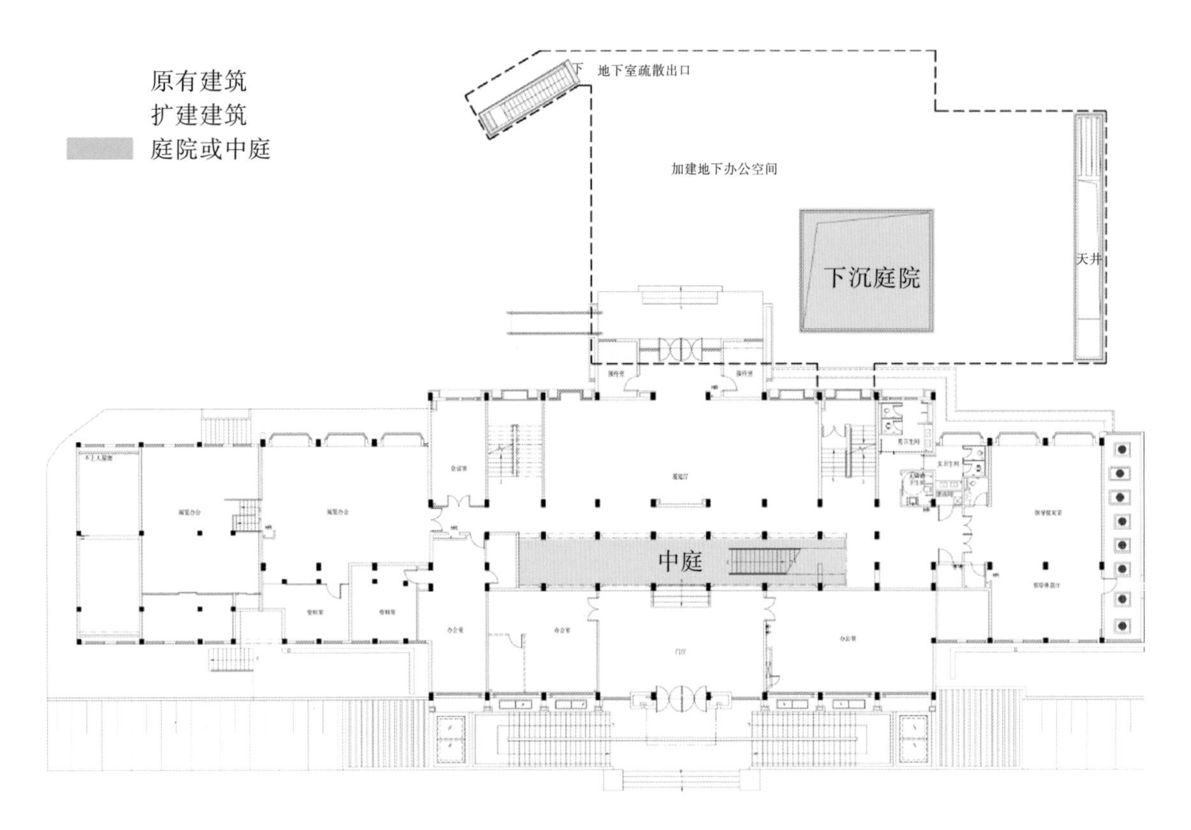

图 4–22　华南理工大学建筑设计研究院改造方案
（图片来源：华南理工大学建筑设计院五所）

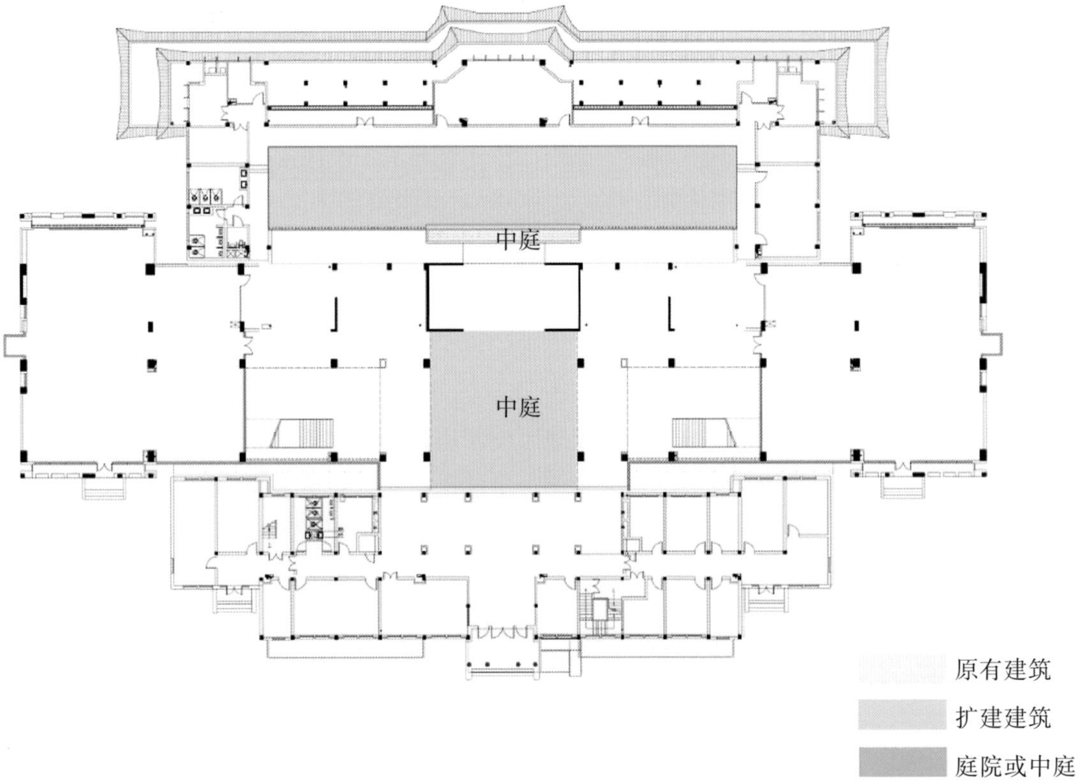

中庭
中庭
原有建筑
扩建建筑
庭院或中庭

图 4–23　华南理工大学 2 号楼扩建方案（平面分析）
（图片来源：华南理工大学建筑设计研究院五所）

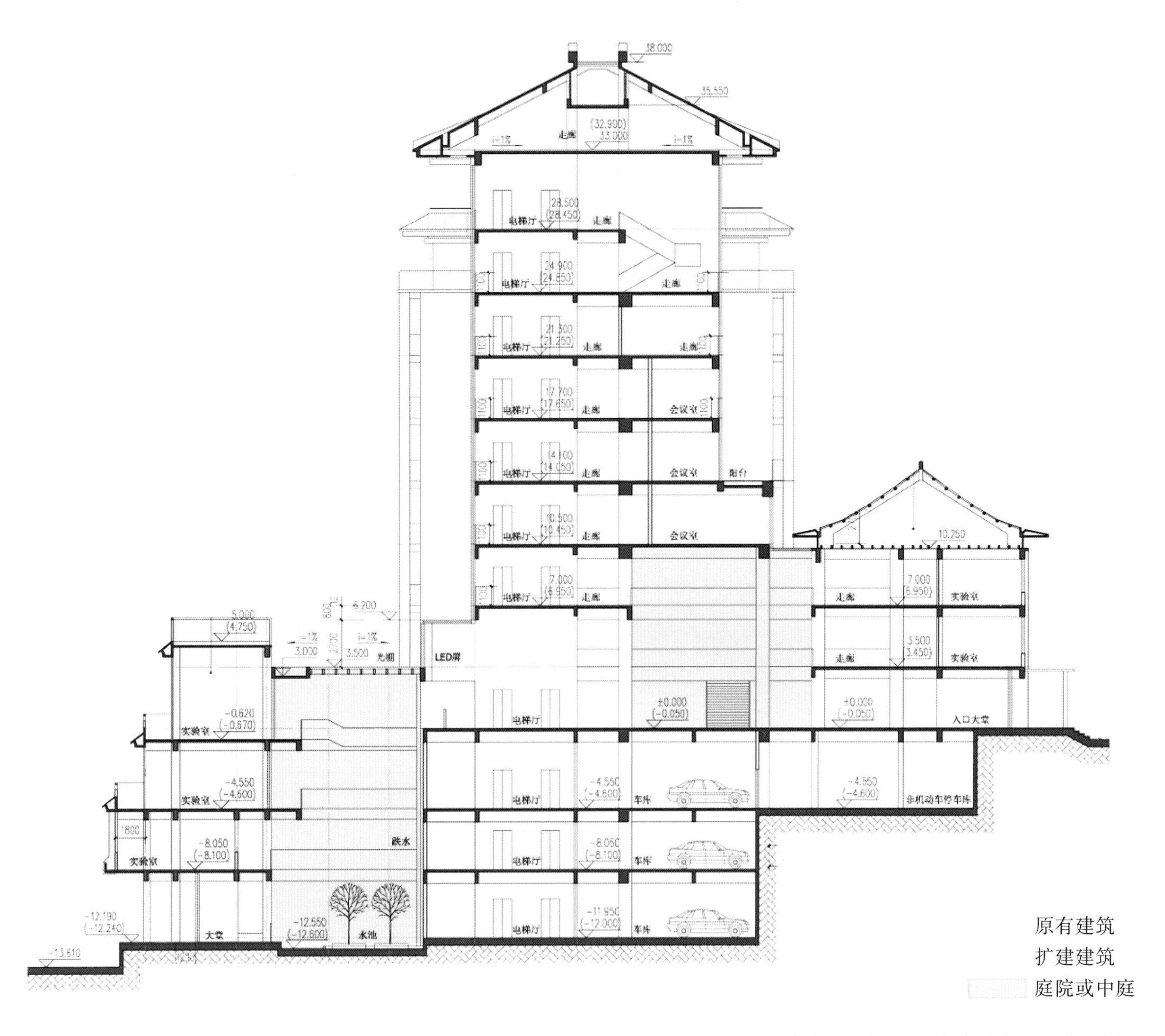

图 4-24　华南理工大学 2 号楼扩建方案（剖面分析）
（图片来源：华南理工大学建筑设计研究院五所）

2. 建筑顶部加建

建筑顶部加建的处理手法多见于新功能要求较多的使用面积，而原有历史建筑的基础和结构状况良好，符合允许加层的情况。由于顶部加建是大量增加荷载的改建方式，因而需要对历史建筑的现状结构性能进行严格的评估，必要时需采用加固措施或另建新结构体系承托加建荷载。

顶部加建不仅能增加使用面积，明显提高改造工程的投资效益，还可起到调整建筑体量和尺度的作用。在加建设计时，同样需要把握好新旧部分的相互关系，避免加建部分形制与原有建筑格格不入而造成的生硬感觉，同时需要满足区域规划对限高的要求，保持整体轮廓线的协调。由于加层对建筑外部形态的改变非常明显，因此一般不适用于历史价值较高的文物建筑和历史保护建筑，而是多用于近现代的工业类、办公类、商业类和住宅类建筑（图 4-25）。

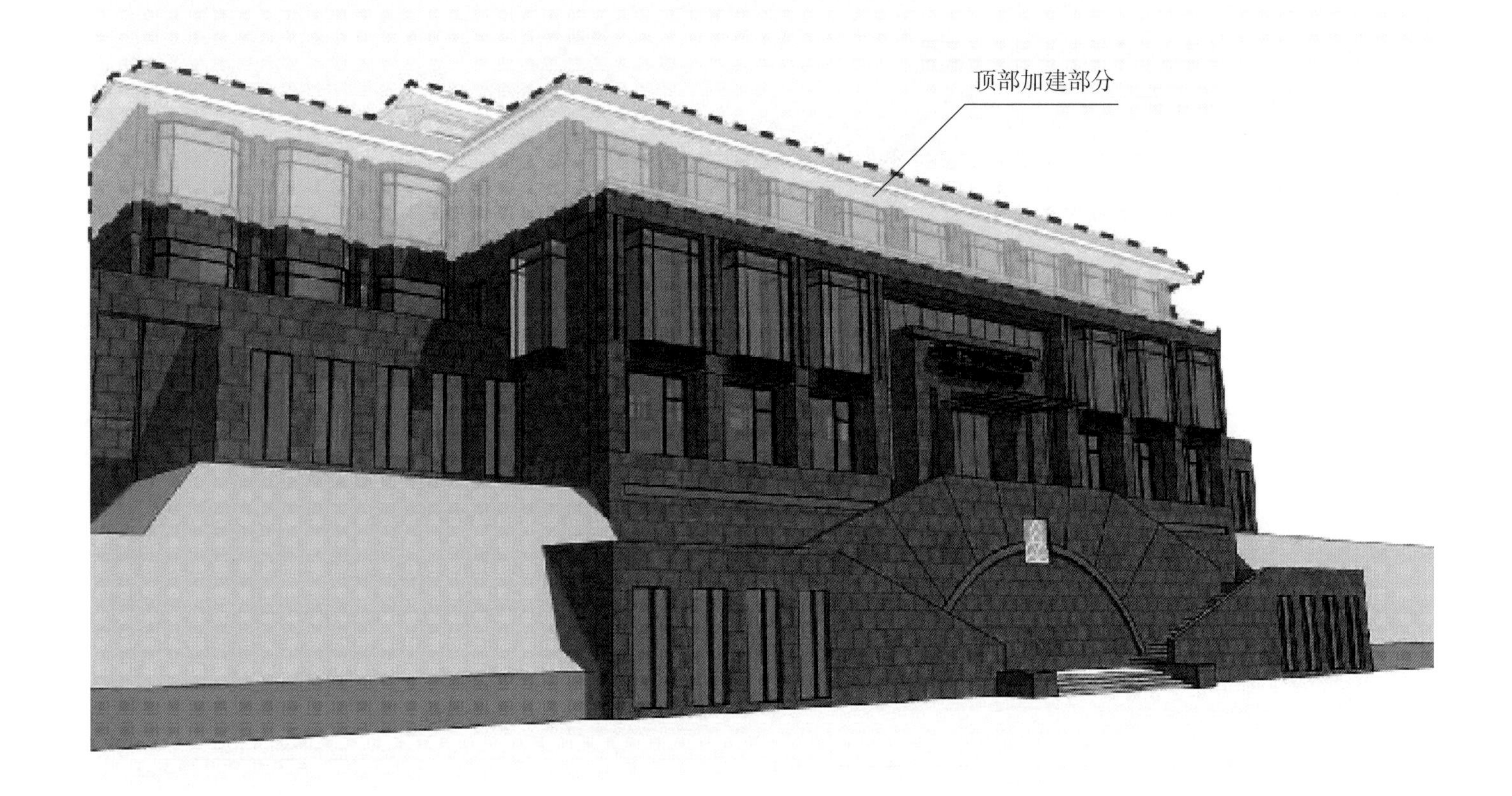

图 4-25　华南理工大学建筑设计研究院改造——顶部加建部分
（图片来源：华南理工大学建筑设计研究院五所）

3. 建筑侧面贴建

当建筑周围用地仍有空余时，可在历史建筑的一个或几个侧面进行贴建。侧面贴建的首要问题就是处理好历史建筑新旧部分的关系。加建的原则是与原有历史建筑保持风格、用材、比例尺度等的和谐统一。

根据扩建用地的位置不同，可分为前后布置和左右布置。前后布置是将扩建部分建在历史建筑的背立面，将老建筑作为进入主要功能空间的临街立面加以强化，历史建筑在整个扩建中仍起到主导作用，并给予其地位的充分尊重。此外，可将扩建部分建在历史建筑的正立面，强化建筑的时代感。左右布置是扩建部分位于历史建筑的一侧或两侧，从而出现新旧建筑并立的情况，这种情况下，新旧建筑的协调融合或对比，就构成了不同的景观效果。

4. 包裹式改造

包裹式改造是指原有历史建筑空间被新建部分完全包围起来的做法。由于包裹式改造会造成历史建筑外立面的消失，使其原有的外部特色无法显现在外部环境中，因此通常不用于具有艺术特色的历史建筑的再利用，而是多见于一般性、大量性的既存建筑基于经济因素的改造。包裹可以产生全新的立面形态，因此经常表现为具有时代特色的时尚外观（图 4-26）。

图 4-26　深圳"华"美术馆

4.4.2.2　地下空间的生态开发

在建筑改造过程中，往往遇到地上空间无法满足使用要求，或者现状条件受限无法进行其他方式扩建的情况，此时可考虑地下空间的开发利用，尤其是拥有室外广场庭院且要求增加大尺度功能用房的建筑。由于对地下空间的开发利用对旧建筑的原有布局、风貌和城市肌理影响最小，并增加了土地利用率，因此被广泛使用在历史建筑改造中。

开发地下空间也常被用于解决历史建筑的停车问题或与城市地铁等地下交通的接驳问题。由于地表的隔热和蓄热性能较好，因此地下空间的温湿度等热工指数相对稳定，冬暖夏凉，是一种符合绿色节能的生态化空间利用形式。但是，如何组织好采光和通风，则成为地下空间利用的技术重点。①

贝聿铭的卢浮宫改扩建一期工程是对地下空间利用的杰出案例。为了解决场地狭窄的问题和最大限度减少新旧建筑的冲突，大部分的扩建空间放置在卢浮宫的地下，地面上仅保留了几个玻璃金字塔分别作为采光和出入口使用（图 4-27，图 4-28）。主入口金字塔内设置了自动扶梯，可将游客由广场运送到地下的拿破仑厅，也就是美术馆的多功能入口大厅。

① 倪文岩．广州旧城历史建筑再利用的策略研究［D］．广州：华南理工大学，2009．

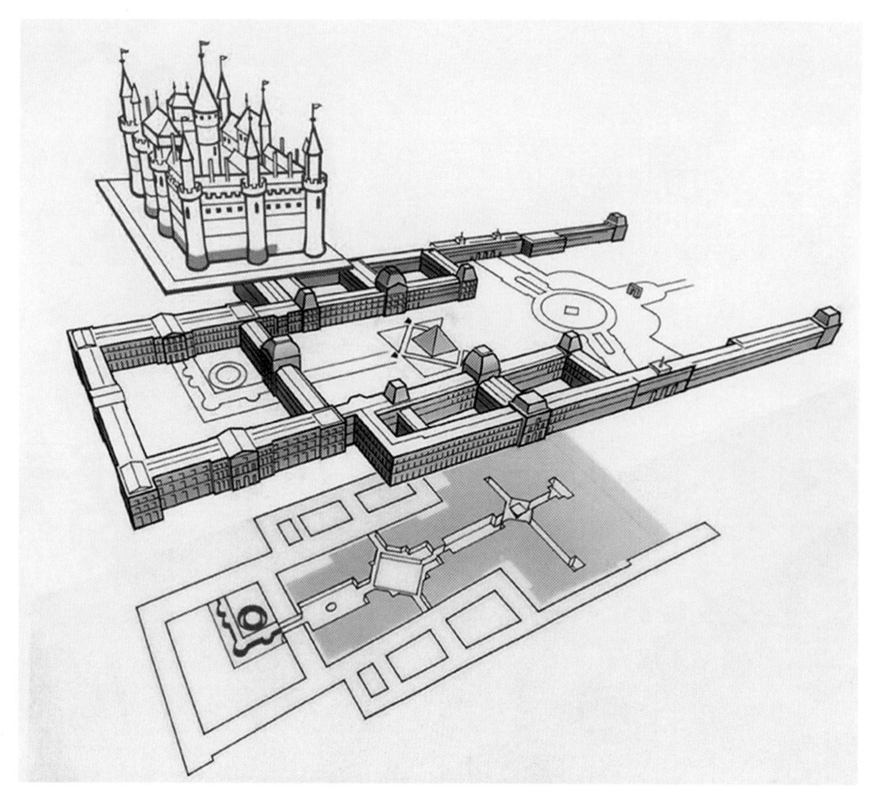

图 4-27　巴黎卢浮宫博物馆扩建工程——地下空间的开发

图 4-28　巴黎卢浮宫博物馆扩建工程

在华南理工大学建筑设计研究院改造中，设计者为了减少地面建筑体量对原有建筑的影响，在建筑红楼与原设计院建筑组成的广场中植入两层地下办公空间，并利用地下庭院组织采光和通风，使新建建筑物都隐藏在绿化庭院之下，最大限度保持了原有建筑学院群落空间的原始面貌（图 4-29，图 4-30）。这一案例也证明了地下空间的开发与利用是历史建筑拓展使用区域的理想途径，只是在设计中应注意强调绿化与风道的结合，从光、热、风等方面提高地下空间的舒适性。

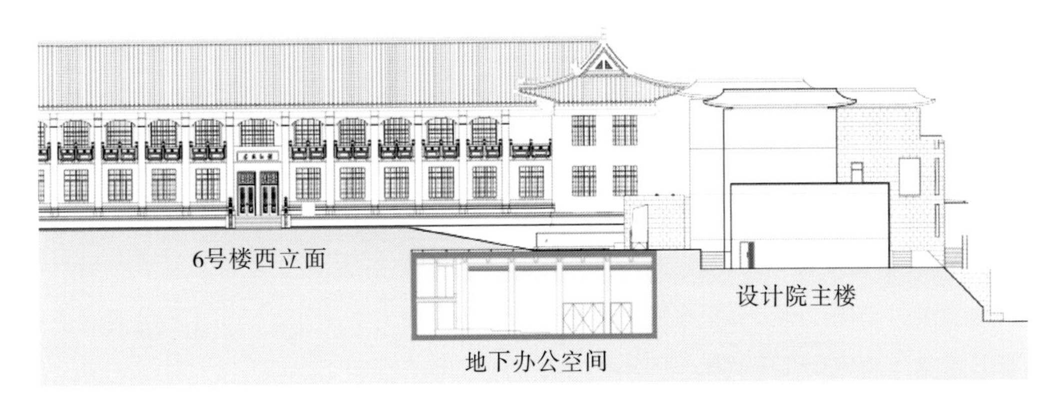

图 4-29　华南理工大学建筑设计研究院改造——地下空间的开发
（图片来源：华南理工大学建筑设计院五所）

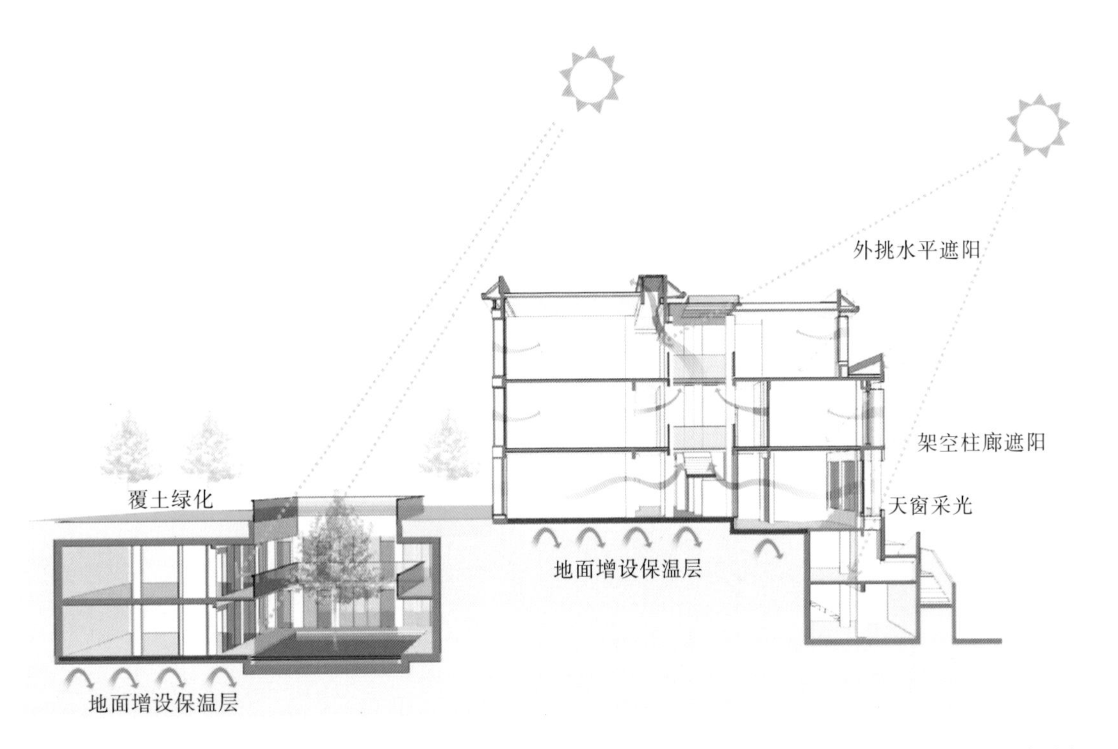

图 4-30　华南理工大学建筑设计研究院改造绿色技术分析

4.4.3　基于热舒适室内环境的空间组合改造策略

4.4.3.1　室内环境热舒适的影响因素

热舒适可以从正面定义：一种促成人体愉悦状态的热环境条件，即人体既不感觉冷也不感觉热的中性状态。也可以从反面定义理解：不因环境的冷或热的刺激而感觉不舒适。① 实际上，人体热舒适受到很多不可测量和不确定因素的影响。通常情况下，其主要的影响因素有：

（1）物理因素：空气温度、平均辐射温度、湿度和空气流速。

（2）个人因素：服装和活动水平。

然而，在岭南地区，与上述诸多因素密切相关的则是自然通风、自然采光和遮阳。对于

① 杨柳．建筑气候学［M］．北京：中国建筑工业出版社，2010.

历史建筑来说，由于其建设年代较为久远，多数建筑自然通风与采光欠佳，此外，在历史建筑的功能置换后，会产生原有自然通风与采光口无法满足新功能要求等问题。

因此，对于历史建筑绿色改造来说，通常采取被动式节能措施中的自然通风与自然采光节能措施来满足室内环境热舒适，并且节约能耗。

1. 自然通风

（1）自然通风原理

自然通风主要依靠室内外风压或者热压的差值作为动力来促使室内外空气交换。自然通风通常包括热压通风和风压通风（图 4–31）。

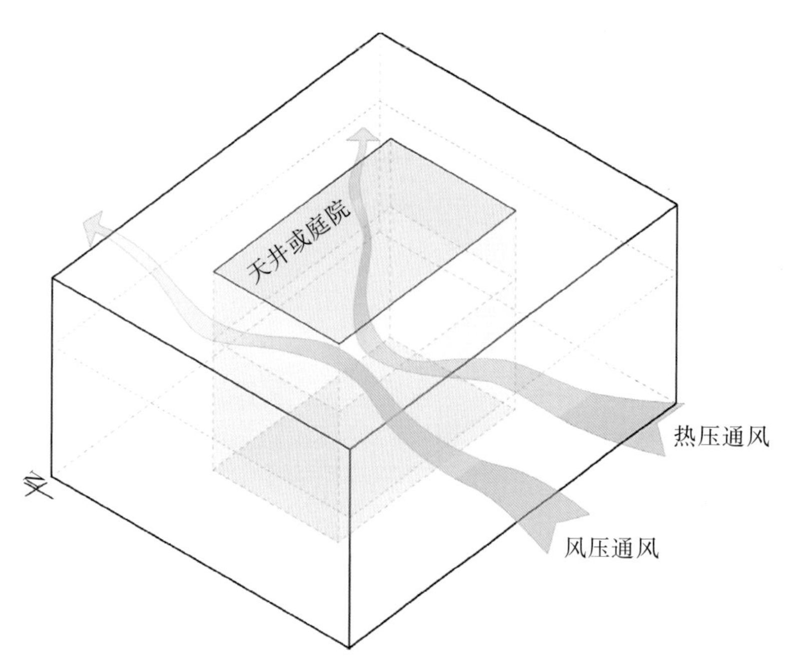

图 4–31　自然通风原理

①风压通风

风压通风是利用建筑的迎风面和背风面之间的压力差实现空气的流通。压力差的大小与建筑的形式、建筑与风的夹角以及建筑周围的环境有关。当风垂直吹向建筑的正立面时，迎风面中心处正压最大，在屋角和屋脊处负压最大。

此外，根据伯努利流体原理，流动空气的压力随其速度的增加而减小，从而形成低压区。因此，可以在建筑中局部留出横向的通风通道，当风从通道吹过时，会在通道中形成负压区，从而带动周围空气的流动，这就是管式建筑的通风原理。通风的管式通道要在一定方向上封闭，而在其他方向开敞，以形成明确的通风方向。这种通风方式对于历史建筑改造中，解决大进深建筑空间通风问题具有较好的效果。①

②热压通风

热压通风是利用建筑内部空气的热压差，即通常讲的“烟囱效应”来实现建筑的自然通风。利用热空气上升的原理，在建筑上部设排风口可将污浊的热空气从室内排出，而室外新鲜的冷空气则从建筑底部被吸入。热压作用与进、出风口的高差和室内外的温差有关，

① 钟军立. 建筑的自然通风设计浅析［J］. 重庆建筑大学学报，2004（4）.

室内外温差越大，进、出风口的高差越大，则热压作用越明显。在建筑设计中，可利用建筑物内部贯穿多层的竖向空腔，如楼梯间、中庭、拔风井等满足进排风口的高差要求，并在顶部设置可以控制的开口，将建筑各层的热空气排出，达到自然通风的目的。与风压式自然通风不同，热压式自然通风更能适应常变的外部风环境和不良的外部风环境。

（2）自然通风的可控性策略形式

①通风率的控制

除了创造条件形成风压通风和热压通风来有效营造舒适室内环境，还要对通风率和通风质量进行控制。控制自然通风主要是考虑在外部气候不利的条件下，为减小空调负荷或补偿通风质量，通过调节通风率大小，从而把通风水平维持在健康的范围之内。

②缓冲腔体的利用

控制自然通风可以通过设置缓冲腔体来实现。缓冲腔体是建筑利用环境能源的主要场所，如天井、灰空间、内部腔体等。各种各样的缓冲腔体都是建筑与气候相适应的经验积淀，传统民居中以天井、灰空间、冷巷、街巷等缓冲腔体来调节气候。在今天，这种策略又成为一种自觉行为，并且发展出了新的类型。

缓冲腔体热交换主要措施为（表 4–3）：

a. 缓冲腔体内有自然冷、热媒，从环境中获取和转化能量。例如，岭南传统建筑中的冷巷，形成的腔体是四周的“蓄冷墙”，对空气起到很好的降温效果。

b. 利用复合空间形态增加建筑表皮与空气的接触面，增加对进入空气施加影响的余地。包含冷、热媒的缓冲腔体就相当于空调系统中的换热器，环境中清洁能源相当于替代了电能，两者结合形成“自然空调机”对空气进行热交换处理，然后以自然通风方式将预处理的空气送入室内，就构成了“自然空调系统”。①

表 4–3　缓冲腔体热交换措施

热缓冲腔体	腔体类别	通风措施	通风目标
外部腔体	灰空间	遮阳、降温	诱导自然通风
	街巷	遮阳、诱导通风	
通风腔体	廊道	与外表皮连通的内廊、弄堂，利用风压通风	
	天井或中庭	利用风压、热压通风	
	风井	利用烟囱效应拔风	
降温腔体	蒸发降温腔体	水蒸发并结合通风塔	控制自然通风
	蓄冷通风腔体	重质墙、板，白天蓄热，夜间通风	
	地下腔体	地道、地下室，利用土壤的蓄热特性	
得热腔体	太阳能立面腔体	双重幕墙、特朗伯墙、附加温室，利用太阳能	
	太阳能屋面腔体	屋顶温室，利用太阳能	
	地下腔体	地道、地下室，利用土壤的蓄热特性	

① 陈晓扬，仲德崑. 被动节能自然通风策略［J］. 建筑学报，2011（9）.

2．自然采光

自然采光是在分析太阳运行、变化规律的基础上，结合自然光在不同的建筑形体下所产生的光照规律，建筑单体和建筑群体选择合理的朝向和组合方式，同时在建筑单体中，通过合理的开窗、植入天井和中庭等方式来达到增加室内照度和减少人工照明为目的的一种被动式节能方式（图 4–32）。

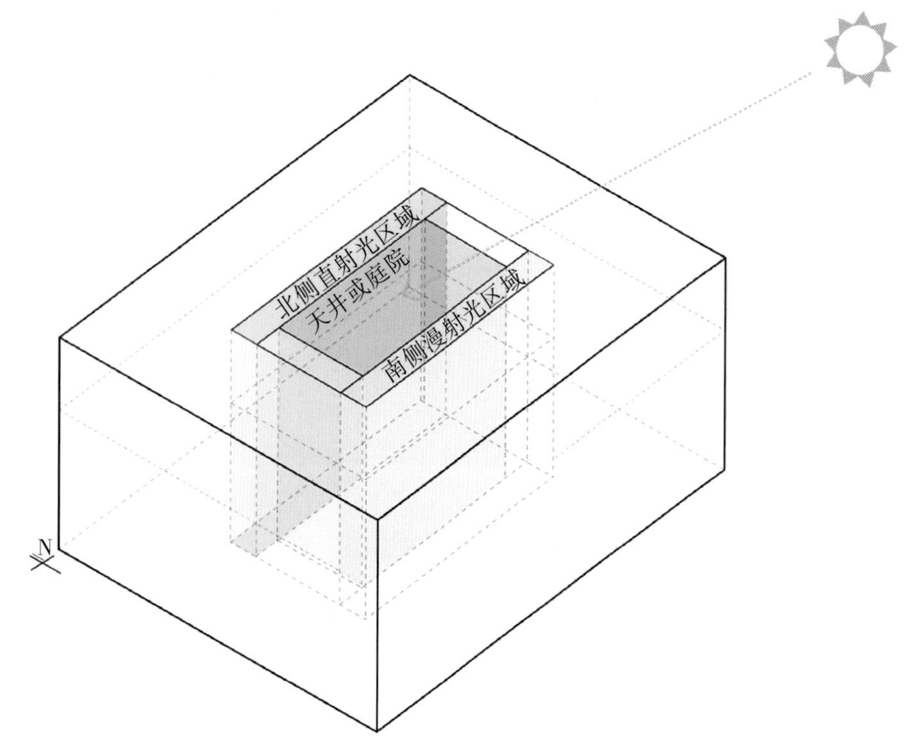

图 4–32　自然采光原理

建筑自然采光策略通常有以下几个方面：

（1）中庭与开放走廊

建筑内部的中庭空间从屋顶引入阳光，可以为内部功能用房提供一个额外的采光面。由于具有双向采光面，建筑空间最终的采光效果在很大程度上得到改善，功能使用具有更大的灵活性及更为广泛的适应性。传统建筑中封闭的内走廊在多数情况下采光不足，常年需要人工照明以保证最低的照度水平，同时也不利于房间的通风。中庭的设置可以形成开放式的走廊，极大地改善内部交通空间的采光均匀度和平均照度水平，为各单元空间靠走廊一侧增加了一个自然采光面，对进深较大的空间效果尤其显著。

（2）退台

退台式的建筑空间组合，上层建筑的后退可以将下层建筑空间留出的屋顶作为采光面，采光面的大小取决于上层的后退程度或者共享空间顶部采光口的大小。通常情况下，下部空间同时可以从侧面获得自然光，因此两种采光措施的结合可以克服单一模式的局限，形成一个更加完善的自然采光策略。

（3）天窗与竖向光井

对于进深较大的建筑，侧面自然采光容易出现照度下降较快导致室内空间采光均匀度较低的情况。屋顶采光一方面在照度水平上大大高于侧面采光；另一方面，其稳定性也高于侧面采光。因此，对于大空间来说，当侧向自然采光无法满足需求时，应考虑从屋顶引入自然光。基本方法是通过开设天窗或者增设贯穿多层的竖向采光井将自然光从屋顶向下方引入。

（4）漫反射夹层

对于大空间来说，除了考虑从屋顶引入自然光线之外，还可以考虑从侧面引入自然光线，引导自然光线在建筑顶棚内的夹层实现光的漫反射，从而提高整个室内环境照度的均匀度。而引导自然采光的设施构造亦是多样，主要是通过光的偏转和多次漫反射从建筑外部将光线引入建筑内部。①

4.4.3.2　改造中的“加法”与“减法”策略

在历史建筑改造中，首先要面对的是内部空间的优化与重组，并基于岭南地域气候特点，做出建筑气候适应性设计，减少建筑能耗。在改造过程中，本着维持旧有建筑外观与内部空间结构的原则，对建筑进行局部“加”与“减”的处理。其中，建筑内部的“减法”策略旨在通过减少原有建筑内部空间，增加生态腔体，通过腔体空间自身的生态性能改善室内物理环境，优化空间使用舒适度；对于外观保留价值不高的历史建筑，则可通过改善其围护结构的保温性能或者增加建筑表皮层来达到应有的节能效果。此外，不改变建筑原有体量的情况下，减少内部使用面积，并将之转化为中庭或天井，可以弥补建筑采光和通风的不足。建筑外部的“加法”策略旨在通过在原有建筑外界面增加双层表皮以及相关围护设施来形成生物气候缓冲层，调节微观小气候，营造室内舒适的空间环境。

1. 建筑内部的“减法”策略

（1）减少内部房间并转化为中庭或天井

中庭和天井兼具通风和采光效果，通过减少部分房间面积并转化为中庭和天井，将有效地组织起内部的功能和交通，形成一定的空间序列。此外，对于大进深建筑来说，增加中庭和天井，可以改善室内采光和通风，活化内部空间，这种做法在历史建筑改造中较为常用。

（2）减少内部房间并转化为建筑腔体空间（图 4–33）

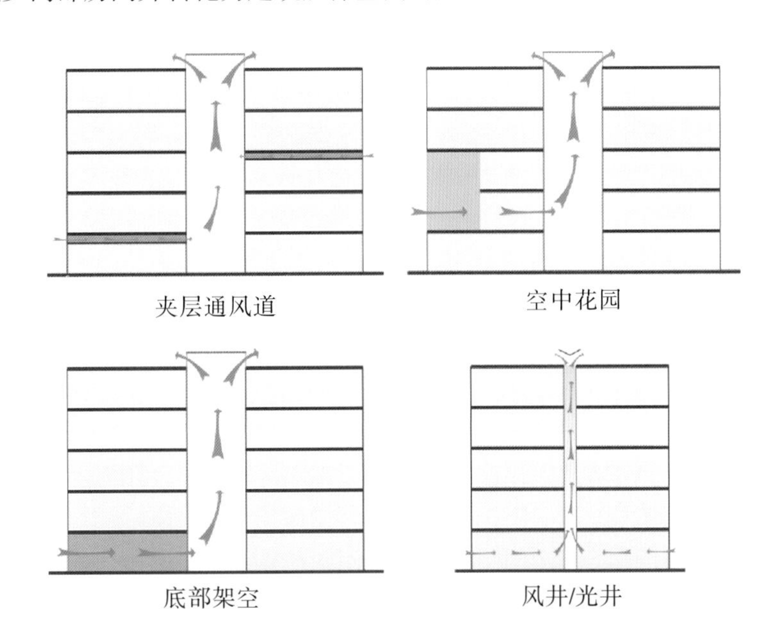

图 4–33　建筑腔体的自然通风与采光

① 闫伟．建筑自然采光与空间组织策略［J］．建筑技艺，2009（6）．

所谓建筑腔体，即能够利用天然能源（如风能、太阳能、雨水），结构上与生物腔体相似、具有微气候调节功能的中庭、天井、拔风口等内部空间，它们是对表皮的整合与“活化”。即建筑结合所在地的气候环境，通过巧妙的建筑空间、形体组织和细部构造的设计，创造出的高效低耗、舒适宜人的内部环境。①

①利用夹层作通风道

在改造中，已形成中庭的建筑，可以在满足室内净高的情况下，在周边室内空间增设夹层，将其转化为通风道，并与中庭结合，利用其拔风性能形成良好的自然通风系统。其中，通风夹层可以整合室内其他设备，进行复合使用。

②增设空中花园

对于层数较多的建筑，在已有中庭的情况下，可以减少周围局部房间，将其转化为可供休息和公共交流的共享空间，并结合绿化设施，形成空中花园。空中花园的置入，不仅丰富了建筑中庭的美化效果，同时也优化了建筑自然通风，减少了建筑内部负压面积。在改造中，对于不同规模的建筑，其空中花园的尺度设计也是值得深究的重要内容。

③底部架空设计

岭南建筑中多使用架空层以加强建筑的自然通风。在改造设计中，利用架空层与中庭空间形成的串通空间，形成能提供建筑热压通风的自然渠道。此外，将岭南特有的骑楼空间与中庭结合，同样可以促进建筑内部自然通风。

④内置风井与光井

风井包括气井、烟囱、通风塔等多种建筑形式元素，它将气压差作为动力，运用空气的抽拔效应或其他空气运动原理来进行自然通风。光井在传统意义上由于面积较小，自然采光效果甚微，通过现代的导光照明技术，可以大大增加其自然采光效果，弥补大进深建筑空间采光的不足。

在改造设计中，这四种策略不是孤立存在于一个建筑之中，应以整体观的意识，在不同类型和规模的建筑中进行复合使用。同时，随着建筑智能化的使用，自然通风与采光的调节将更加灵活与智能，这对室内空间舒适度的调节将更有效率。

2. 建筑外部的“加法”策略

建筑外部的“加法”策略主要是增加建筑生物气候缓冲层。生物气候缓冲层是指在生态系统结构框架的制约下，通过建筑群体之间的组合关系以及建筑实体的组织和建筑细部设计等设计策略，在建筑与周围生态环境之间建立一个缓冲区域，既可以在一定程度上减少各种极端气候条件变化的影响，又可以加强使用者所需要的各种微气候调节手段的效果，争取为建筑系统提供良好的微气候环境，尽量满足使用者的各种生物舒适要求。②

在论及历史建筑改造时，其生物气候缓冲层的讨论层面是建筑实体与细部设计。基于对岭南地域气候的分析研究，通过双层表皮的方式可有效形成生物气候缓冲层，其具体做法有内置表皮和外置表皮两种。

（1）内置表皮

内置表皮，即在原有建筑表皮内部附加构造层。这种置入的方法，不仅可以整合建筑

① 吴耀华 . 大进深建筑中的建筑腔体生态设计策略研究［D］. 武汉：华中科技大学，2005.

② 宋晔皓. 整体生态建筑观生态系统结构框架和生物气候缓冲层［J］. 建筑学报，1999（3）.

内部使用空间，形成丰富的空间环境，同时可以在保留具有历史价值的建筑外观的情况下，形成建筑生物气候缓冲层，达到建筑节能的效果（图 4-34）。

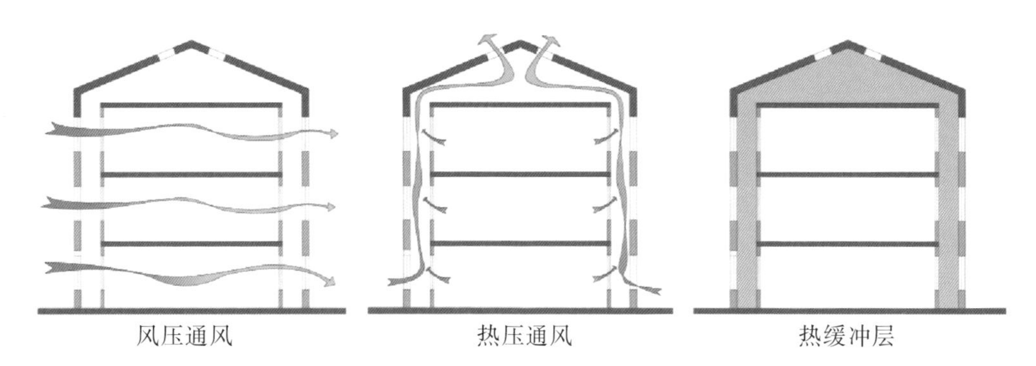

图 4-34　内置表皮

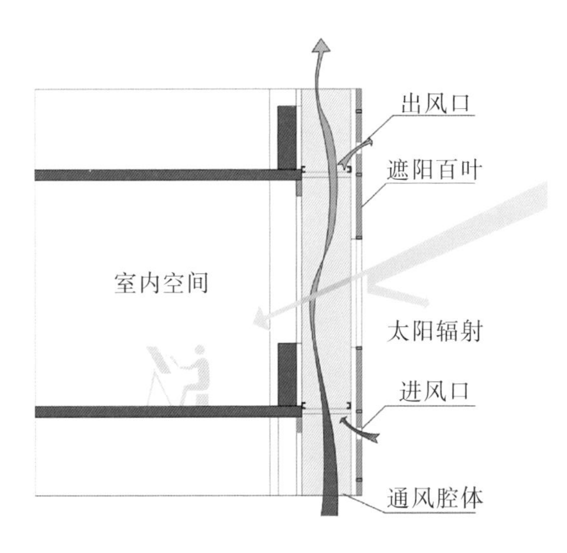

图 4-35　外置表皮

（2）外置表皮

外置表皮，是在原有建筑外界面增加一层围护设施，常见有附加外遮阳、外阳台、双层玻璃幕墙等。其相对于内置表皮而言更加灵活，并可改善建筑外观。在改造中需注意新旧表皮直接的对位关系，以及新加表皮与其他构件连接的逻辑关系（图 4-35）。

对于优化历史建筑的空间舒适度来说，外置表皮最大的贡献就是形成双层可呼吸式表皮，并兼顾遮阳和自然通风与采光。通常在该双层表皮体系下需设置进风口和出风口，并形成自然通风的空腔，同时结合智能化设计，形成可控制式遮阳。①

对外置双层表皮之间所形成的空间尺度进行探讨，尺度稍大的通风腔体将形成具有使用功能的空间，通常该空间可作为交通空间及办公空间，或者形成小尺度的边庭（图 4-36、图 4-37）。

图 4-36　奥地利波坚思美术馆

图 4-37　何镜堂工作室

① 向姝胤．既有建筑表皮绿色改造策略初探［D］．广州：华南理工大学，2013.

4.4.4 室内空间的活化

历史建筑往往年代久远，限于当时的经济、物质基础，以及使用功能要求，功能空间的布局及室内空间形态均反映当时的使用状态。例如，历史建筑中的办公建筑往往以小房间组合为主，辅以大空间的形式，工业厂房则以大空间为主进行生产活动。随着时代的发展，物质生活的提升，现代办公、生活、学习、生产等空间需求发生了剧烈的变化，而且这种变化的频率之高也有别于过往历史建筑。

室内空间活化主要是通过对既有历史建筑室内空间的重新划分以适应新功能使用的改造手法。历史建筑的改造，从某种意义上说是赋予了建筑“第二次生命”，通过改造，不仅适应了现代使用要求，同时也提高了其空间使用舒适度及使用寿命。基于现代人们对空间的使用及消费的理念，建筑空间应该具有最大的灵活性、趣味性、适应性。对于历史建筑的绿色改造，更要整合建筑的物质文化价值和建筑长效使用特性。具体策略有：

（1）对于办公建筑，可将多数小空间整合为大空间，形成全面空间和流动空间，有利于为适应空间使用而做出相应的空间分割。

（2）加强层高的利用，将层高较大的工业厂房或者办公建筑分层处理，利用设置夹层的方式提高其使用灵活性（图 4–38）。

图 4–38　何镜堂工作室办公夹层空间

（3）采用灵活可变的家具及隔断分隔使用空间。对于办公建筑还可以采用模块化办公家具，提供最大化空间使用可能性（图 4–39）。

华南理工大学东一至东五宿舍是民国时期的历史建筑，长期作为学校男生宿舍使用，由于建筑设计研究院办公面积严重不足，学校为支持设计院工作便把这几栋历史建筑交设计院使用。设计院在对这五栋建筑的改造设计中，保留了建筑特有的由红砖墙面与绿色琉璃瓦所构成的历史风貌，外侧的窗框采用原有老式钢窗框架，内侧采用现代的铝合金窗，从形式上满足了对历史建筑外立面的尊重，在功能上满足了对当代舒适环境的要求（图 4–40）。

图 4-39　大样工作室改造——模块化办公家具
（图片来源：谷德设计网）

图 4-40　华南理工大学建筑设计研究院建筑群

考虑到现代办公的开敞式大空间与原有宿舍小空间的矛盾，设计者对宿舍的内部空间进行了空间的重组，以满足现代建筑设计院办公的需求。在保留建筑内部结构的基础上，拆除大部分内部不承重砖砌隔墙，并且利用现代轻钢结构材料，对部分空间进行二次分割利用（图 4-41，图 4-42）。

图 4–41　华南理工大学建筑设计院五所办公空间

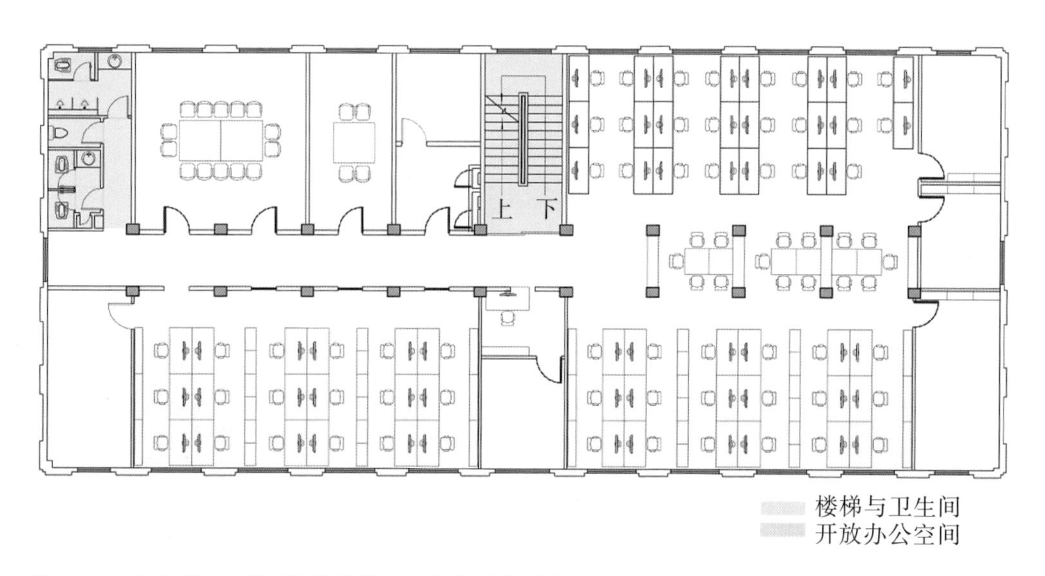

图 4–42　华南理工大学建筑设计院五所改造后平面图

华南理工大学建筑设计院五所办公空间是源于对既有民国时期学生宿舍东五楼的空间改造，整个改造凸显了以下设计原则：

（1）充分保留具有历史价值的建筑外立面，对其所属的特定场所环境不做较大的破坏。

（2）在满足办公使用要求的情况下，仅仅对相关围护结构，如门、窗等，进行置换或者加固，并坚持与原始建筑立面古典风格相协调。

（3）保留历史建筑内部结构形式，采用拆除部分隔墙的方式，将原始零碎的小空间整合起来，形成现代大办公空间。同时，基于原始结构形式，产生不同尺度的使用空间，如开放办公厅、领导办公室、会议室、打印室、设备间、卫生间等。

（4）将卫生间、设备间等辅助空间集中设置于建筑的四周，一方面减少对室内大空间采光的影响，另一方面容易形成较为完整的大面积办公空间。

（5）采用易拆卸的轻型结构材料以及组合式活化办公家具作为空间分割方式，使得空间能够有效适应特定功能的变化。

4.5　岭南历史建筑围护结构的性能优化策略

4.5.1　岭南传统建筑围护结构的节能特点

4.5.1.1　屋顶

岭南传统建筑的屋顶以覆瓦双坡屋顶的造型为主。传统屋面虽然没有特定的隔热层，但是传统的双层屋面或者双层瓦屋面的构造做法，不仅有防雨的功能，还具有良好的综合隔热性能，让住在里面的人感到非常舒适。屋面悬挑出外墙，避免雨水对外墙的侵蚀，同时还可以对外立面形成一定的遮阳。

传统民居的屋面中还有形式多样的屋面构件——高山墙。常见的山墙形式有锅耳、几字、人字、三拱、五岳等。山墙高出屋顶形成优美的造型（图 4–43），同时在屋顶形成阴影，从而避免了屋面受到阳光的长时间照射，对屋顶有良好的遮阳效果，可以有效降低屋面温度。

图 4–43　传统岭南民居屋顶造型

4.5.1.2　外墙

（1）蓄热墙体

传统岭南建筑外墙的材料以砖为主，主要有青砖、泥砖以及石块泥沙的结合物，除了可以有效防潮外，在保证自身强度的同时，还具有非常好的热阻性能。外墙的材料颜色较浅，可以减少表面对太阳辐射热的吸收，质地粗糙也降低了建筑对周边环境的热辐射。使用砖和石材砌成的厚重外墙，不仅抵挡了大量的太阳辐射，同时也形成蓄热墙。在炎热的夏季，吸收的热量部分释放变成即时冷负荷，部分储存在蓄热体里面，延迟释放，可以减少峰值冷负荷。全天大部分时间，室内空气温度变化的幅度就可以做到保持在舒适区域内。

（2）空心墙体

外墙的构造常采用砖侧砌或平、侧交替砌筑成空心墙，有的还在中空部分填充碎砖、炉渣、泥土或草泥等材料，墙体厚重，有很高的热工性能，有利于白天蓄热、晚上散热，保持室内的温度稳定（图 4–44）。

图 4–44　传统岭南建筑的外墙

（3）遮阳墙体

传统岭南建筑的外墙遮阳主要通过两种方式实现：屋檐、外墙的特殊材料。

①传统建筑屋顶的形式多样，在传统民居中最为常见的为歇山与悬山，屋顶挑出外墙的屋檐对墙体有一定遮阳作用。部分建筑首层设有架空层，如古建筑副阶周匝的形式，能较好地阻止太阳对首层建筑的直接照射。

②外墙通过自身材料实现遮阳的直接案例则是岭南沿海地区的“蚝壳墙”（图 4–45），墙体用蚝壳嵌入墙身 2/3，形成凹凸的肌理，不仅有防雨的功效，蚝壳形成的阴影还可以避免太阳的直射，并把阳光向四周散射，具有非常好的隔热性能与地域特色。①

图 4–45　蚝壳墙

4.5.1.3　窗

传统岭南建筑对外开窗的面积比较小，大都开向庭院天井。这种格局有利于增强隔热性能，减少从窗户的进热量，提高热阻。窗洞的遮阳更多采用山花装饰或窗格装饰（图 4–46），窗框一般采用木材，有一定的遮阳效果，但密闭性差而且隔声效果不好。

图 4–46　镂空窗格

4.5.2　现代技术下岭南历史建筑的围护结构性能优化策略

4.5.2.1　屋顶

建筑物屋顶的隔热设计是降低建筑能耗的重要方面，主要可以通过其节能构造、保温隔热材料的选择、屋面遮阳来实现。

（1）优化屋顶节能构造措施

屋顶隔热降温所采取的主要构造做法有：屋顶间层通风隔热、屋面被动蒸发隔热、屋顶植被隔热、屋面遮阳等。

①屋顶间层通风隔热（图 4–47）

屋顶间层通风隔热在近代建筑中应用较广，但是如果层间空气层不能顺利流动则会导致隔热效果大打折扣。因为屋面被晒热后，随着辐射的减弱，层间的热空气没有及时散去，并且在空气层中具有一定的厚度，在内部形成了紊流，反而让热空气延长了热力的作用时间，

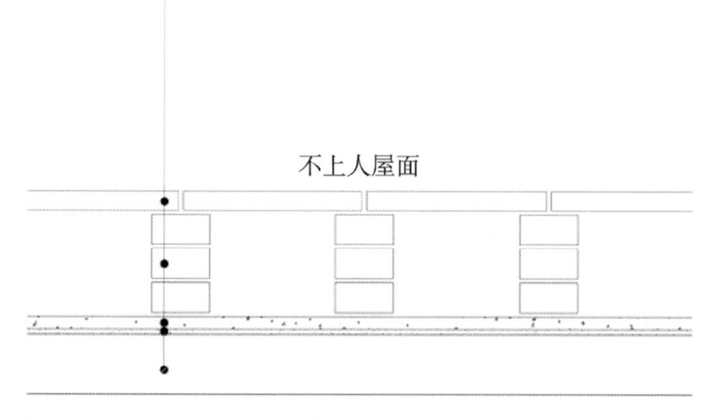

图 4–47　屋顶间层通风隔热构造图

① 林海．夏热冬暖地区建筑围护结构节能设计方法与构造在工程上的应用研究［D］．广州：华南理工大学，2010.

使室内长时间处于过热状态。所以要增加改良空气层的构造做法，例如增加局部的开口或者在原有坡顶中设置通风夹层。①

②屋面被动蒸发隔热

被动蒸发隔热屋面可以分为自由水被动蒸发屋面、多孔材料蓄水屋面和吸湿屋面 3 种形式。多孔材料蓄水屋面比较适宜夏季雨水补给丰富的夏热冬暖地区。因为多孔材料在天然降水或人工浇水后能够吸湿蓄水，在太阳辐射和室外空气的热交换作用下，借助水分的蒸发作用，可以带走大量热量，有效防止太阳辐射和大气高温对屋面隔热的不利影响，充分发挥水比热容大的蒸发降温功效。②

③屋顶植被隔热

屋面上进行绿化种植可以将大量的屋顶得热吸收掉或反射出去，有效地阻止屋顶表面温度升高，同时表面种植层的水分吸热蒸发带走热量，因此种植屋面夏季隔热效果是非常好的。华南理工大学何镜堂工作室由旧建筑重新组合而成，所有屋顶在重新设置新的防水与隔热层后，还根据自身结构的荷载余量，选取轻质的植物进行覆盖（图 4–48）。这对用地范围内的生态补偿起到较好的作用，利用植物的蒸腾作用也大大削弱了南方夏季强烈太阳辐射热，把自然资源的保护、舒适健康的环境营造与节约能源、减少区域热效应结合在一起。利用旧有岭南民居构筑出适应现在办公需求的生态的工作场所。

图 4–48　华南理工大学何镜堂工作室

④屋面遮阳

屋面遮阳是亚热带地区有效的屋顶隔热节能措施，可以达到夏季遮挡过量太阳辐射，冬季透过适量太阳辐射的目的。遮阳屋面有 3 种做法：采用百叶板遮阳棚的屋面，采用爬藤植物遮阳棚的屋面或者在利用太阳能板的同时实现遮阳。例如华南理工大学人文馆在主体建筑之上构建一个屋顶灰空间，设计时通过计算机对广州地区夏季日照角度的多次模拟，

① 黄昆生．浅谈夏热冬暖地区屋顶花园的隔热节能措施［J］．建筑节能，2010，38（7）．

② 孙懿璘．加气混凝土隔热屋面热工性能的实验研究［D］．广州：华南理工大学，2013.

使屋顶百叶的角度能阻挡大部分阳光的直接照射，同时光线可以通过百叶的漫射进入屋顶。保证灰空间区域既有充足的光线照度又有舒适的温度（图 4–49）。①

图 4–49　华南理工大学逸夫人文馆

（2）屋顶保温材料的选择

历史建筑屋顶材料都较为陈旧，受当时技术水平、经济水平的限制，屋顶的隔热效果无法满足隔热的要求，在改造过程中应该采用导热系数小、蓄热系数大的保温材料，不应采用密度过大的材料，以防止屋面荷载过重。根据热工要求决定保温材料厚度，同时应注意材料的排列层次，确保屋顶的防水、隔热及美观的整体效果。在华南理工大学建筑设计院改造中，天面隔热材料采用 SGK 屋面节能隔热板，提高屋面保温隔热性能，降低屋面传热系数（图 4–50）。

1. 30mm 厚 1：3 干硬性水泥砂浆（撒水泥粉）贴 30mm 厚花岗石，专业填缝剂填缝
2. 40mm 厚 C20 细石混凝土垫层，内配筋 ϕ6@200 双向
3. 20mm 厚 1：2.5 水泥砂浆坐砌 SGK–B35–Y 屋面节能隔热板
4. 1：2.5 水泥砂浆找平保护层 20mm 厚
5. 2mm 厚合成高分子复合单面自贴性防水卷材一层
6. 20mm 厚 1：2.5 水泥砂浆找平层
7. 25mm（最薄处）CL10 陶粒混凝土找坡 2%
8. 钢筋混凝土结构层

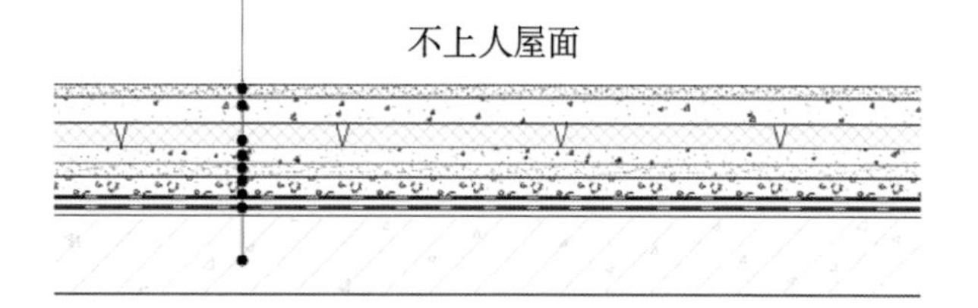

图 4–50　SGK 节能隔热板防水屋面

① 张磊．广州地区屋顶遮阳构造尺寸对遮阳效果的影响［C］．绿色建筑与建筑物理——第九届全国建筑物理学术会议论文集（二）．中国建筑工业出版社，2004.

4.5.2.2　外墙

外墙面积占整个建筑外围护结构面积的比例最大，通过外墙传热所造成的能耗损失占建筑外围护结构总能耗损失的最大部分。通过外墙的保温隔热、通风隔热和外遮阳等措施，加强外墙的热工性能，实现外墙的节能。

（1）加强外墙的保温隔热

外墙的保温隔热形式按照其构造的不同可以分为外墙自保温、外墙外保温和外墙内保温三种形式。

外墙的自保温要求墙体本身具有一定的保温隔热的功能，比较常用的蒸压加气混凝土砌块、节能型烧结页岩空心砌块、陶粒混凝土小型空心砌块等，可以基本满足外墙保温的要求。华南理工大学建筑设计院外墙采用蒸压砼，淘汰原有的红砖与灰砂砖墙体，并且取消南立面的玻璃幕墙，改为格子窗的外墙形式，减少阳光辐射的透入量（图 4–51）。①

图 4–51　华南理工大学建筑设计院南立面

外墙外保温是一种把保温层放置在主体墙面外面的保温做法，因其可以减少对室内空间的影响，同时保护主体墙材不受大的温度变形应力，所以适用于有采暖隔热要求的地区。但是外保温墙体构造太厚，不利于石材等较重材料的粘贴，宜采用轻质的外墙材料。

外墙的内保温则是把保温层放置在主体墙面里面的保温做法，比较适用于全年室内外温

① 袁磊．夏热冬暖南区外墙内保温的适用性分析［J］．建筑技术，2009（4）．

差变化较大的夏热冬冷地区，保温材料以保温砂浆为主，采用玻化微珠等新型无机保温材料可以在实现外墙保温的同时，调控室内的湿环境，适于解决南方地区 3—5 月份室内潮湿问题。①

（2）构建通风隔热墙

通风墙体是指在墙体的顶部与底部设置可开闭的通风口，在冬季关闭通风口还能起到保温墙的作用。

（3）构建外墙遮阳系统

外墙的遮阳措施是一种减少太阳对外墙直接辐射的有效办法。

利用遮阳设施直接遮阳，如“夏氏遮阳”做法（图 4–52）、百叶遮阳（图 4–53）、镂空墙遮阳（图 4–54）等都能有效地减少外墙的辐射得热。例如，在华南理工大学建筑设计院的改造中，结合传统镂空墙的做法，利用红砖砌筑通透的装饰墙，减少东侧阳光对外墙的直射，也是对镂空墙的传承与综合利用。

沿用传统岭南建筑的骑楼、外廊、外檐等做法能有效加强对外墙遮阳的效果。例如，在华南理工大学建筑设计院改造中利用南侧新增的架空柱廊实现对首层外墙的遮阳（图 4–55）。

图 4–52　夏氏遮阳

图 4–53　百叶遮阳

① 李秀辉．玻化微珠保温砂浆吸放湿性能实验研究［C］// 第十届全国建筑物理学术会议论文集．广州：华南理工大学出版社，2008.

图 4–54　镂空墙

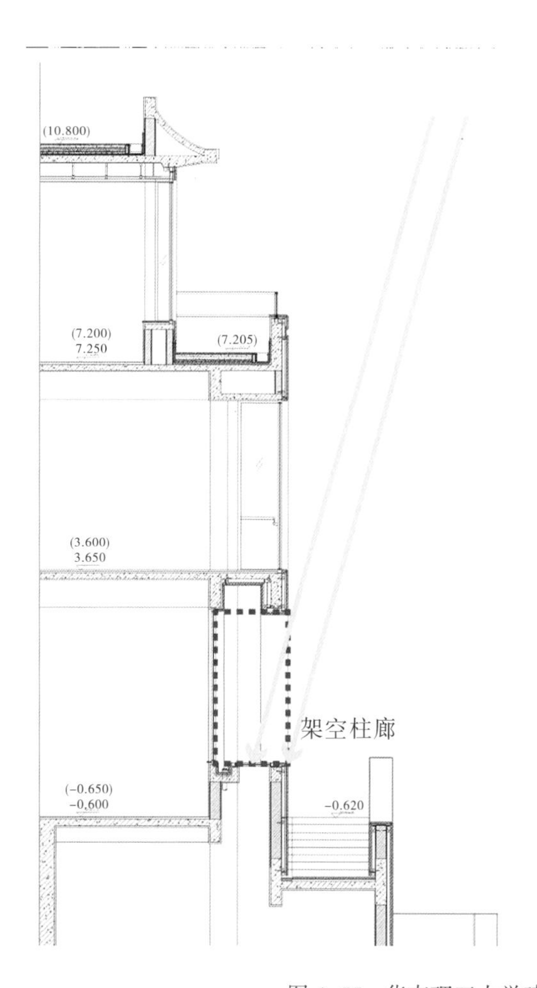

图 4–55　华南理工大学建筑设计院南立面架空柱廊

利用绿化墙面也能降低太阳对外围护结构的辐射。绿色植物的蓄水功能与蒸腾作用也可以带走一部分的太阳辐射热，实现降低外墙整体温度的效果（图 4–56）。

图 4–56　绿化墙

4.5.2.3　外窗

外窗是外围护结构中最薄弱的构件，是建筑保温、隔热、隔声的重要位置。夏季通过窗户的太阳辐射会增加室内空调的能耗，冬季通过窗户会让建筑损失热量，所以外窗的节能设计是建筑节能的重要环节。可以针对外窗材料、遮阳设施和控制窗墙比等来进行节能设计。

（1）外窗材料

①玻璃

在外窗系统中玻璃是与空气接触最多的部分，当室内外存在温度差的时候，热就会通过玻璃温度高的一方向温度低的一方进行辐射换热。为了减少玻璃的辐射热损失，按照其热工原理，在普通玻璃原片中加入吸热物质，或者在玻璃表面加上热发射或者低辐射的金属或金属氧化薄膜，还可以采用 Low–E 中空玻璃（图 4–57）。

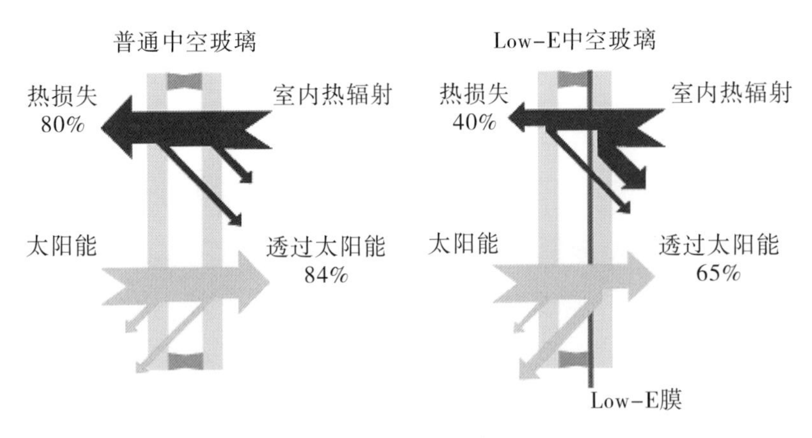

图 4–57　Low–E 中空玻璃与普通玻璃的热辐射对比

②窗框

常用窗框材料导热面积不大，但热传导率很高，热传导是窗框隔热方面主要的问题。对铝合金窗框的导热问题最常见的解决方法是设置“热隔断”，就是将窗框组件分割为内、外两部分，代以不导热材料连接。这种隔热技术可大幅度降低铝合金窗框的传热系数。另外也可以采用其他热传导系数比较低的材料如木材或者塑料等。

③密闭性

在保证了外墙与窗户都具有良好的保温隔热性能后，如果不能把两者很好地结合在一起，那么这些间隙也会成为外围护结构保温性能的薄弱环节。提高窗户的密闭性可以采用高弹性、高黏接性的材料来适应缝隙的变形，保证整体的保温隔热性能。

（2）遮阳设施

建筑外窗的遮阳设施可以减少太阳的直接辐射，改善夏季室内热环境，降低空调能耗。遮阳的方式分为内遮阳与外遮阳：内遮阳比较容易受到室内其他功能使用的影响。外遮阳设施主要有水平式遮阳（图4-58）、垂直式遮阳（图4-59）、挡板式遮阳（图4-60）和混合式遮阳（图4-61）等几种形式。可以根据地区气候特点、太阳高度角、纬度、遮阳日期、遮阳时间以及不同朝向和不同的建筑形式需求来综合考虑。[①]

图4-58　水平式遮阳

图4-59　垂直式遮阳

图4-60　挡板式遮阳

图4-61　混合式遮阳

① 邱平. 广州地区居住建筑外窗节能研究［D］. 广州：广州大学，2011.

4.5.2.4　地面保温与地面防潮通风

夏热冬暖地区的空气湿度较大，地面容易出现返潮现象，其原因主要有以下两方面：一是温度较高的潮湿空气遇到温度较低而又光滑不吸水的地面时凝结成水，一般发生在梅雨季节；二是地下水汽通过毛细作用穿过地面的垫层在表面形成结露，这种现象常年会发生。普遍的做法是在建筑首层地面的混凝土下方做保温防潮层，这样既可减少室内热量散失，又避免冷凝结露，防止水汽对楼地面的渗透侵蚀。华南理工大学建筑设计院的改造尝试在地面防水层和预制钢筋混凝土楼板之间增加 150 mm 厚加气混凝土碎块压实保温层（图 4–62），避免梅雨季节的结露现象的发生。① 此外，也可做一地面架空通风层来实现地面的保温与防潮（图 4–63）。

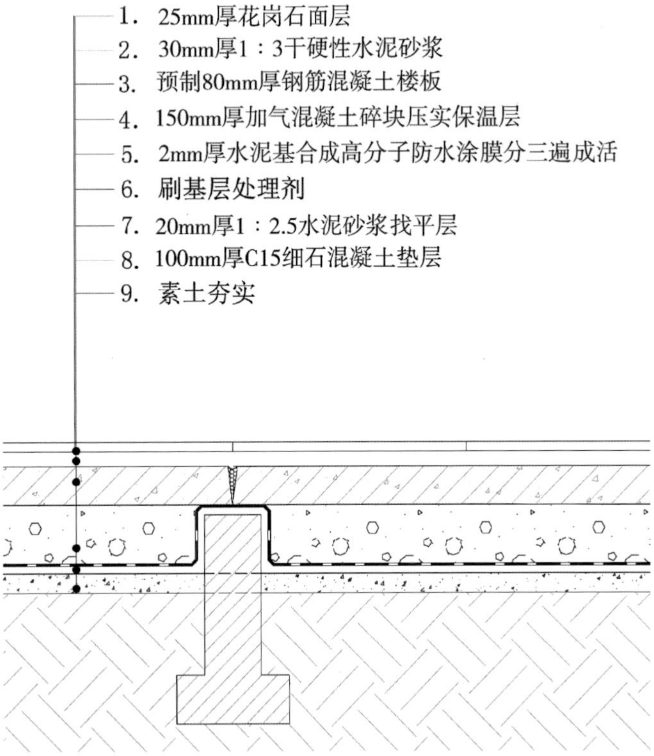

1. 25mm厚花岗石面层
2. 30mm厚1：3干硬性水泥砂浆
3. 预制80mm厚钢筋混凝土楼板
4. 150mm厚加气混凝土碎块压实保温层
5. 2mm厚水泥基合成高分子防水涂膜分三遍成活
6. 刷基层处理剂
7. 20mm厚1：2.5水泥砂浆找平层
8. 100mm厚C15细石混凝土垫层
9. 素土夯实

图 4–62　华南理工大学建筑设计院改造的附加保温层地面

室内空间
通风口
架空层
通风口

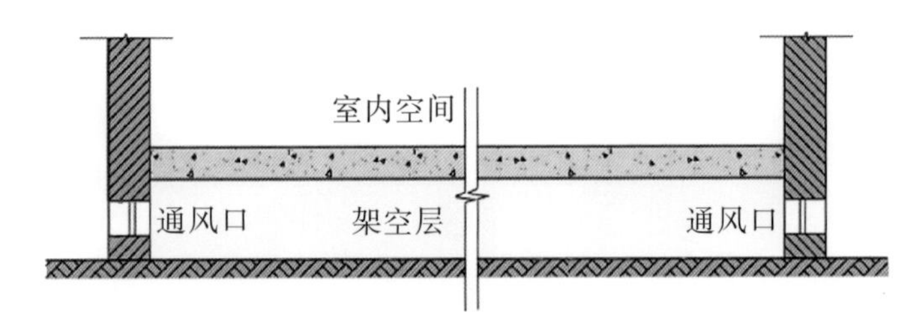

图 4–63　地面架空通风层

① 耿建鹏，杜家林，蔡东明，等. 住宅建筑首层地面的保温与防潮研究［J］. 天津建设科技，2005，15（3）.

4.6　传统岭南建筑通风技术在现代建筑中的应用

4.6.1　现代建筑热压通风系统的构成

传统岭南建筑设计采用被动式方法提高建筑通风性能，其中蕴含的有关通风的智慧对现代建筑设计仍具有重要的借鉴意义。以下分别就上节提到的热压通风系统三大要素进行延伸讨论。

（1）热压拔风井

垂直方向的热压拔风需要由垂直方向尺度较大的“井”产生，如天井、通风塔等。由于现代建筑普遍较传统建筑体量大，大多数建筑并不需要像竹筒屋一样单独设计天井，而依靠建筑内部一些竖直方向流通的功能空间便可起到较好的拔风作用，比如楼梯间、大空间建筑（如体育馆、厂房、会展中心等）的敞厅、商业建筑或写字楼的中庭（露天或有盖）、呼吸式双层玻璃幕墙、围合式建筑（如教学楼）的中央庭院等，如图 4–64 所示。

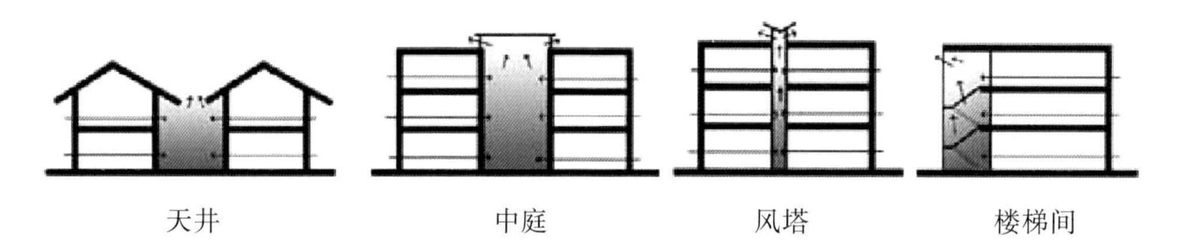

图 4–64　常见热压拔风形式

水平方向的热压拔风主要由水平方向的温度差形成。可在建筑两侧设置街道并使其一端受到遮挡，以与受到太阳辐射的另一端形成水平温度差；或通过增加水体、绿化、凉亭等方式降低局部温度。

（2）冷巷

如前所述，冷巷作为连接入风口和出风口的狭长空间，须为长直且不受太阳直射的水平通道，以保证其内空气可畅通无阻地进入拔风“天井”进而排出户外。高层建筑之间的街道大多无法接收太阳直射而较为阴冷，且由于狭缝效应而形成较高的风速，如能通过建筑侧门与户内连接则可形成有效的露天冷巷。建筑的楼道、走廊、建筑架空、与户外相连且通风无阻的房间等亦可作为冷巷。

（3）入风口

入风口是保证热压通风畅通所必不可少的要素之一。入风口可将新鲜空气引入户内，并通过对流或诱导方式将室内热、湿带出。连接室外空间的窗或门均可以作为热压通风入风口，对于没有条件从水平方向引风的建筑，可通过增加庭院的方式从其上空引入新鲜空气。

综上所述，热压通风系统三大要素归纳如表 4–4 所示。

表 4-4　现代建筑热压通风系统构成

岭南建筑通风元素	现代建筑意象设计手法	
热压拔风井	垂直方向	天井、通风塔、封闭楼梯间、中庭、双层玻璃幕墙、内庭院
	水平方向	开敞的广场与局部降温区域（因水体、绿化、凉亭、建筑阴影形成的降温区域）的连接
冷巷	内走道 + 楼梯间、架空层 + 楼梯间、大进深房间的内区 + 楼梯间、常年处于建筑阴影区的街道等	
入风口	外窗、外门、庭院等	

无风情况下，热压排风口、冷巷及入风口组成的热压通风系统设计可明显改善室内通风。有风情况下，也可利用上述元素对室外来流进行组织和引导，有效促进室内风压通风。因此，排风口与入风口应尽量顺应主导风向设计，以达到风压通风和热压通风相辅相成的效果。

4.6.2　应用实例分析

4.6.2.1　美吉特装饰城项目

该项目位于广东省清远市，是一座大型建材装饰城，如图 4-65、图 4-66 所示。该项目采用高大中庭实现建筑内部热压拔风，结合走廊、建筑入口及商铺渗透冷风，形成一个完整的热压通风系统。其中走廊为“冷巷”，而建筑入口及商铺渗透冷风则起到“入风口”作用，同时商铺渗出的冷风还可降低走廊气温，使行人感觉更加舒适。

图 4-65　美吉特装饰城实拍图

图 4-66　排风口细部实拍图

对该建筑内部热压通风进行 CFD 数值模拟，结果如图 4-67 ~ 图 4-69 所示。中庭内空气经太阳照射而温度提高，在浮力作用下，热空气不断上升并最终通过中庭顶部排风口排出。中庭竖直方向形成热压差，使室外新鲜空气经建筑入口进入室内，中庭下部活动空间风速达到 1.2 m/s，行人感觉较为舒适。同时中庭热压差可诱导商铺内冷空气向外渗透，流经走廊进而补充至中庭，尽管渗风流速较低，但其可明显降低商铺外部非空调空间的空气温度，对改善该类型商业建筑的热舒适度有着非常积极的作用。

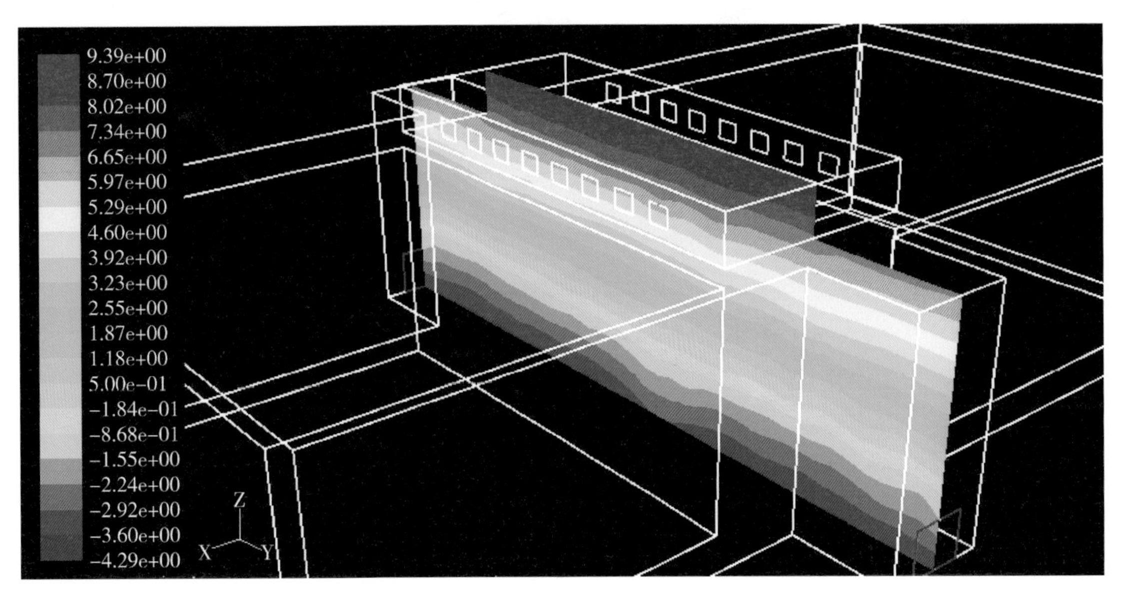

图 4-67　中庭剖面压力分布云图（Pa）

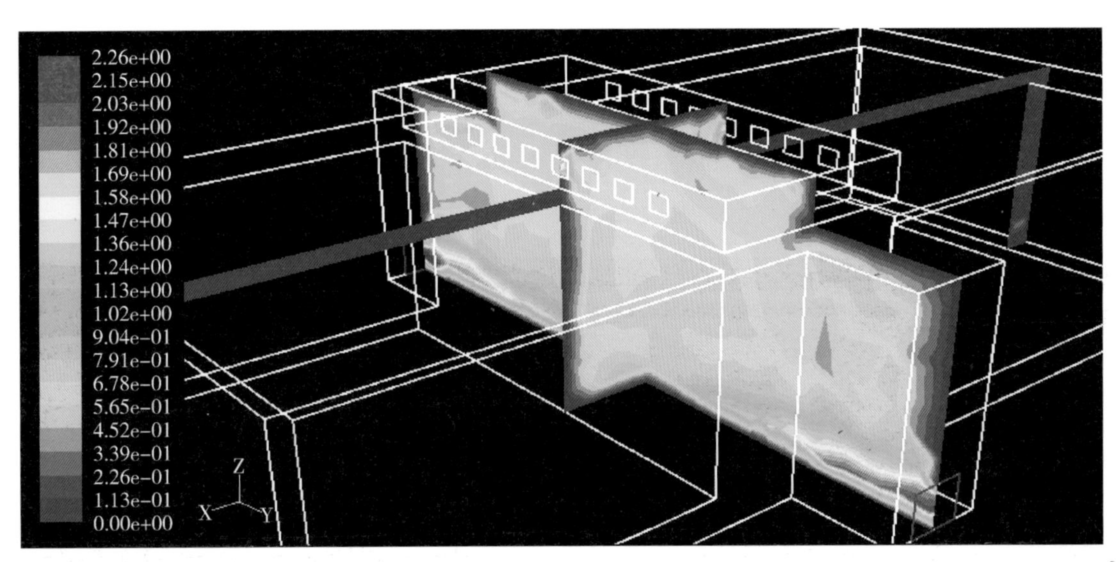

图 4-68　建筑剖面风速分布云图（m/s）

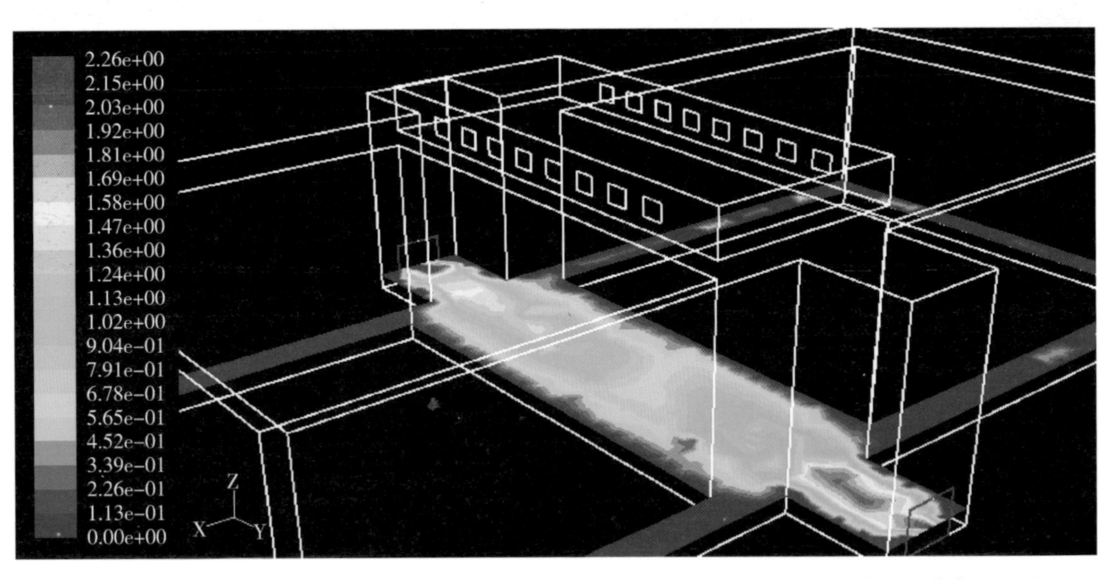

图 4-69　首层活动区域风速分布云图（m/s）

4.6.2.2 华南理工大学建筑设计研究院改造项目

本项目为华南理工大学建筑设计研究院改造项目（图 4–70），设计院主楼北侧拟增建两层地下办公室，层高 3 m，总建筑面积约 950 m^2，平面图如图 4–71 所示。

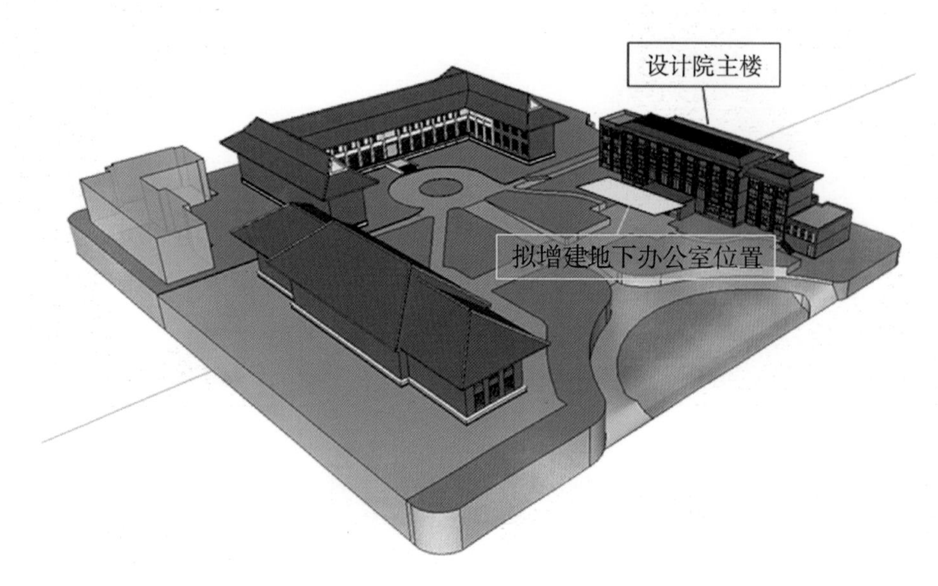

图 4–70 华南理工大学建筑设计研究院改造项目效果图

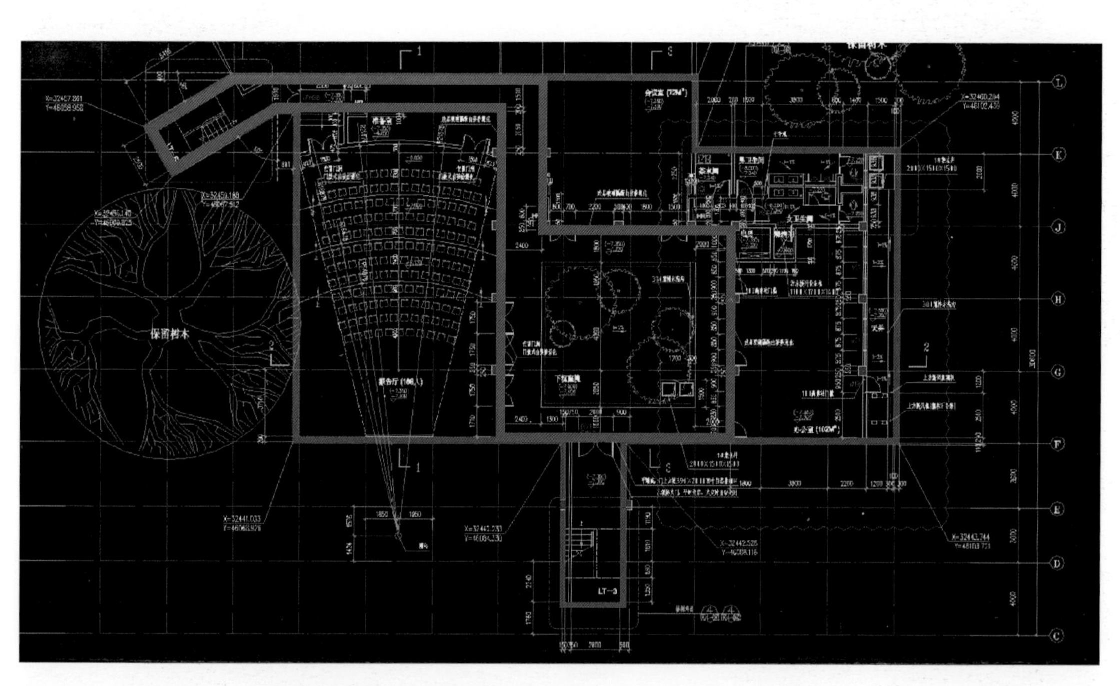

图 4–71 华南理工大学建筑设计研究院增建地下室平面图（负二层）

对该项目场址进行 CFD 通风分析发现，设计院主楼与其东侧建筑之间可形成明显的峡谷效应，加上东侧建筑的导风作用，使得较多的气流经“峡谷”流向设计院主楼北侧空间，即地下室办公室上方位置，如图 4–72 所示。如能采取适当方法将这股气流引入地下办公室，将大大改善其内部自然通风情况。

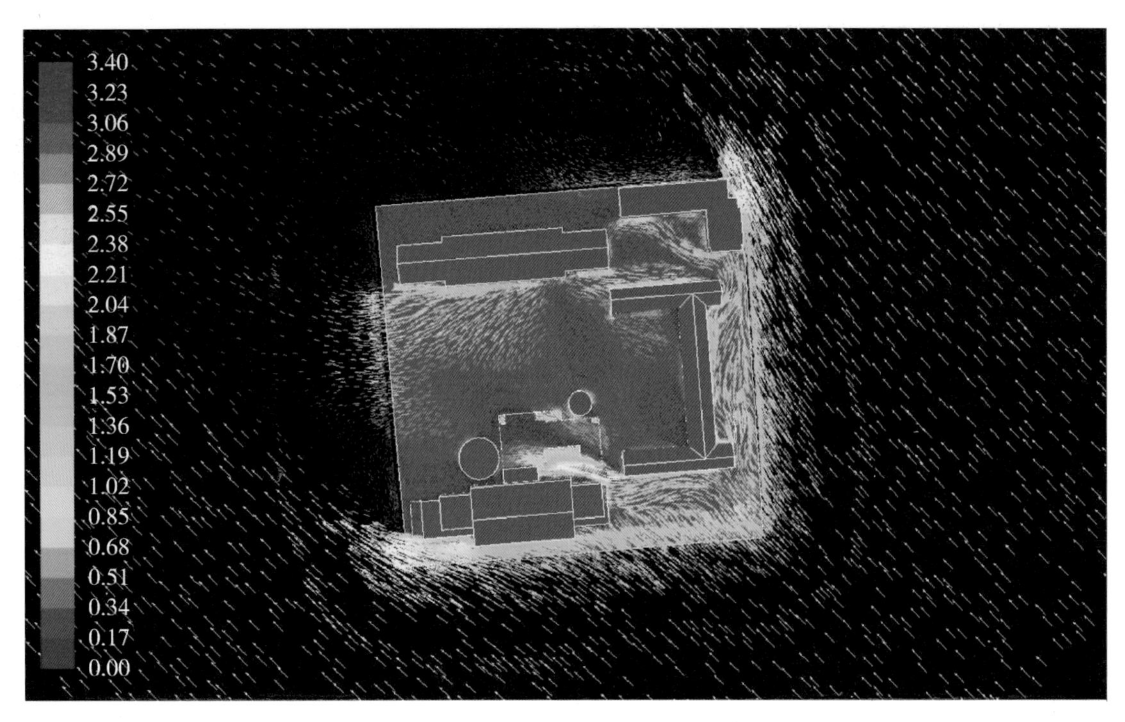

图 4–72　场址整体风速分布图（m/s）

考察平面图空间分布情况，发现可将下沉庭院、西北侧楼梯间以及连接二者的内走道组成一个热压通风系统。建立该热压通风系统的物理模型（图 4–73）并进行 CFD 热压通风分析，计算结果表明，“庭院—内走道—天井”热压通风系统对室内通风具有一定的改善效果，室外无风情况下，内走道内风速可达到 0.5 m/s 左右，有明显吹风感，如图 4–74 所示。与天井相比，庭院面积较大，从而接收太阳辐射热量相对较多，因此，庭院内气流上升形成热压拔风，天井则作为进风口将室外新鲜空气引入室内，如图 4–75 所示，这也与图 4–20a 所示竹筒屋计算结果相吻合。相应地，庭院内气温高于天井内气温，而内走道作为热压通风系统的“冷巷”，温度相对较低（图 4–76），再加上 0.5 m/s 左右的自然通风，可在无风的炎炎夏日给行人凉风习习的感受。

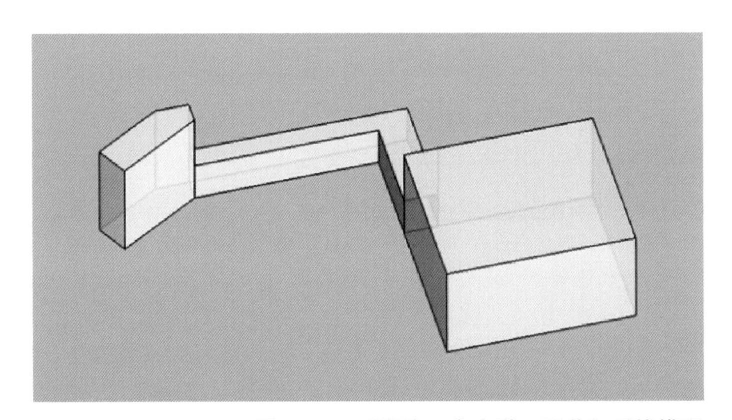

图 4–73　“庭院—内走道—天井”系统模型

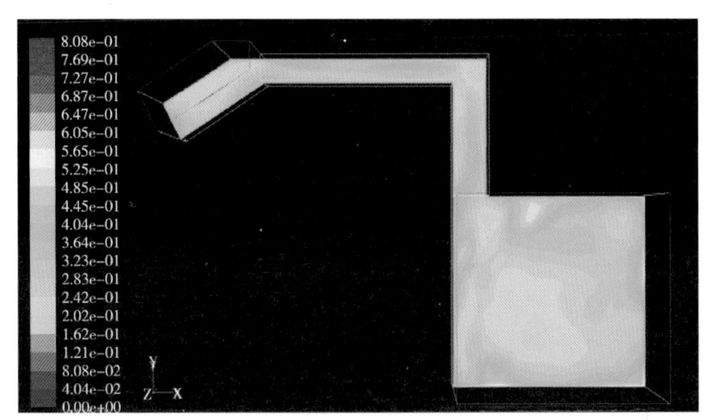

图 4–74　风速分布云图（m/s）

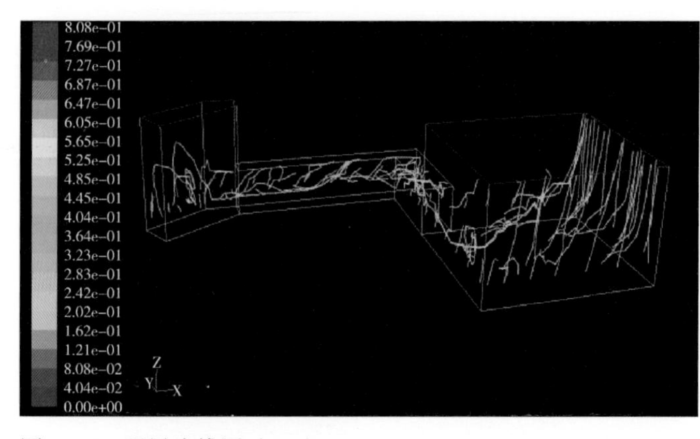

图 4-75　通风流线图（m/s）

图 4-76　温度分布云图（℃）

4.6.2.3　华南理工大学 27 号楼改造项目

华南理工大学 27 号教学楼改造项目为围合型建筑，建筑共七层，中庭面积 1316 m^2，总建筑总面积约 20 000 m^2，中庭周围设计多处架空平台以增加建筑内外空间交流。模型如图 4-77 所示。

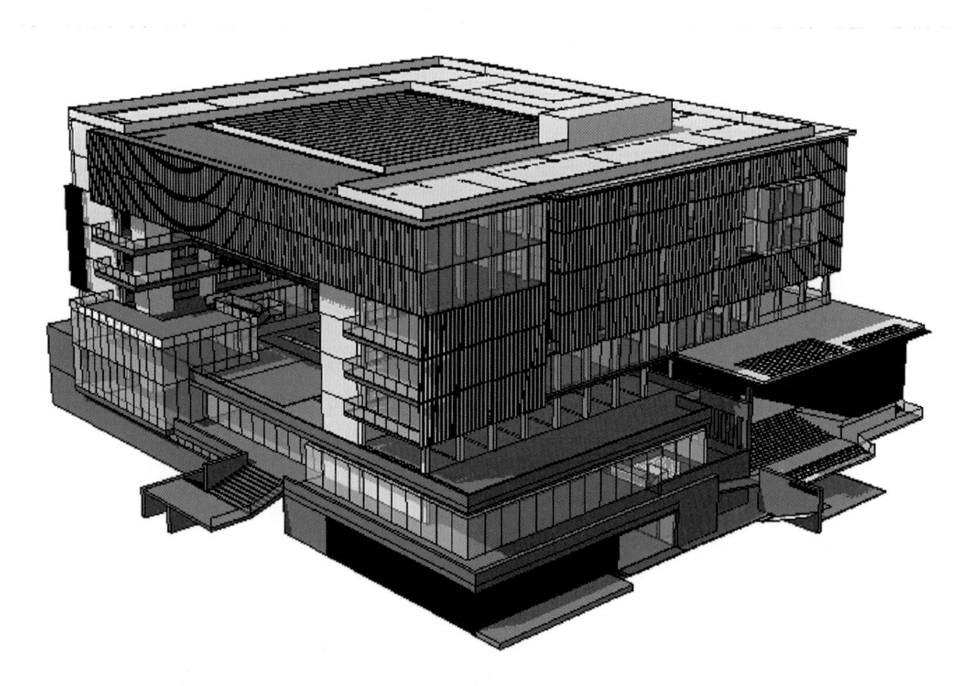

图 4-77　华南理工大学 27 号楼改造项目透视图

对该建筑内部中庭进行 CFD 风压通风分析，结果如图 4-78 ~ 图 4-81 所示。华南理工大学 27 号楼与其周边建筑顺应主导风向布局，再加上南侧山体导风作用，该项目场址整体通风良好。中庭和建筑各朝向立面多处架空连通建筑迎 / 背风侧，部分气流经过建筑内部进入背风侧（建筑北侧），使该区域通风得到明显改善，风速达到 0.5 m/s 以上，行人感觉较为舒适。由中庭剖面风速分布（图 4-79）可看出，室外气流经过建筑迎风侧架空层（东、南）进入中庭内部，继而形成上升气流并经由中庭上部出口排出，户内通风环境得到显著改善，平均风速可达到 0.5 m/s 以上，局部区域风速达到 1.5 m/s。对比中庭东、南侧架空层通风可发现，由于东侧架空的迎风面接近来流方向，因此其引风风速不高，相比之下，南侧架空层引风作用较强（图 4-79、4-80），因此可通过调整南侧架空面积以得到适宜的自然通风效果。

图 4-81 表明，室外气流经架空层进入中庭改善通风的同时亦提高了东、北侧房间前后的风压差，有利于背风侧的房间形成穿堂风，有效改善室内人员的舒适度。

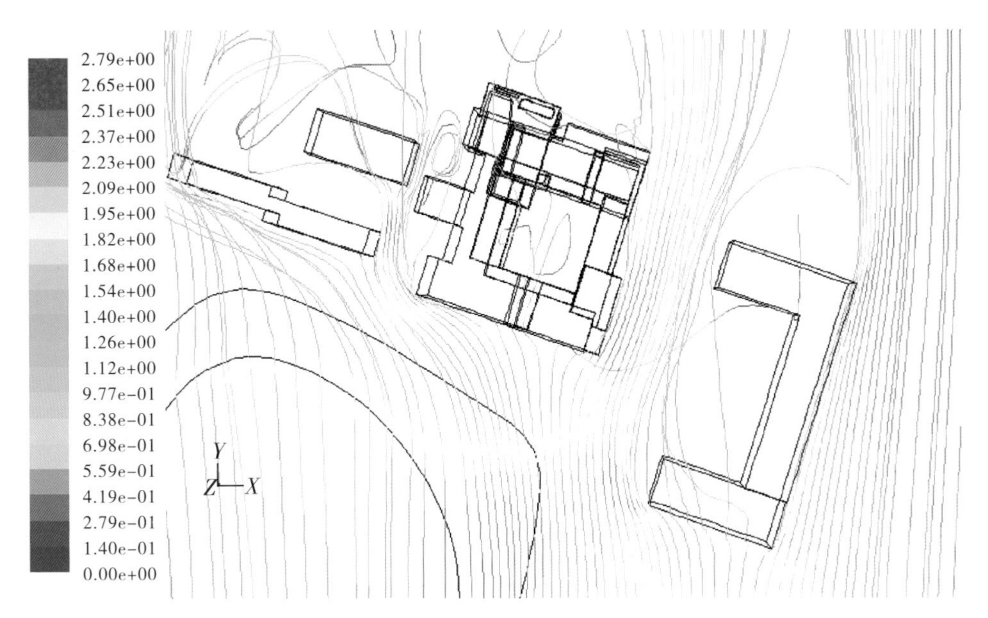

图 4-78　室外通风流线图（m/s）

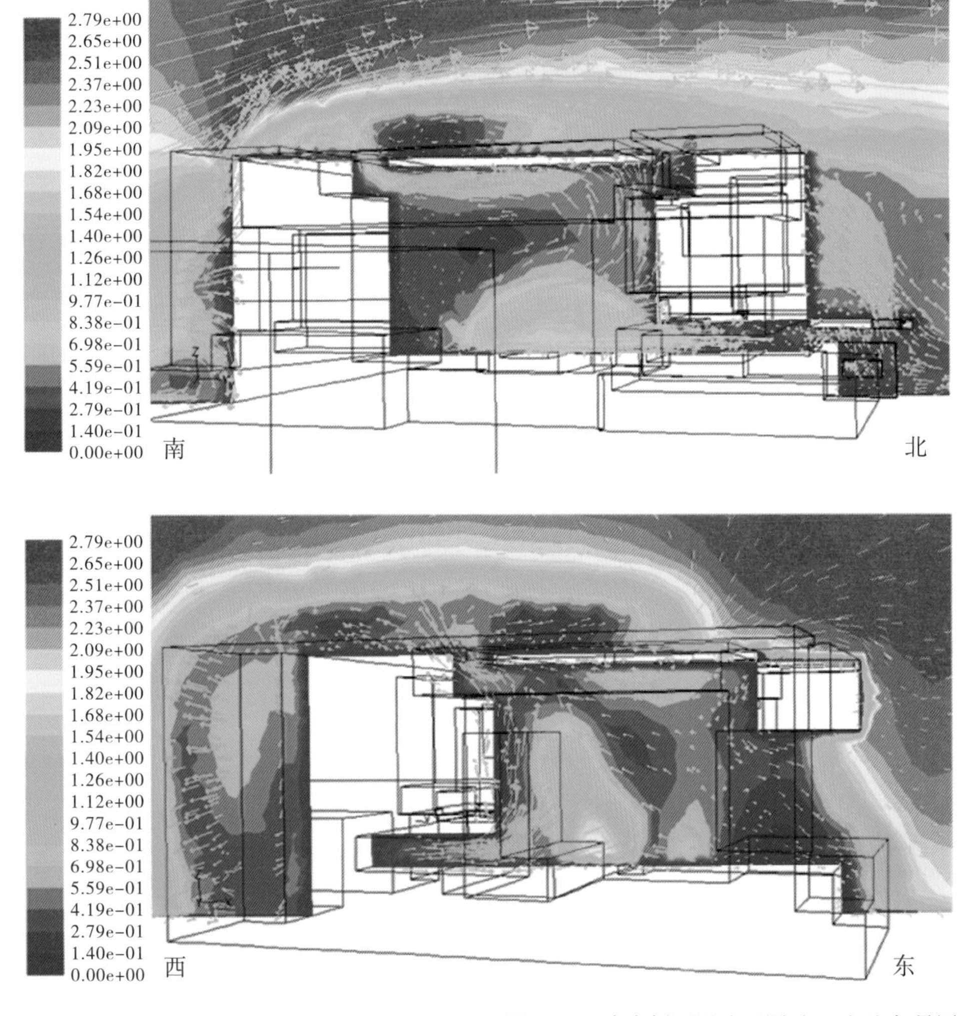

图 4-79　中庭剖面风速云图（m/s）和矢量图

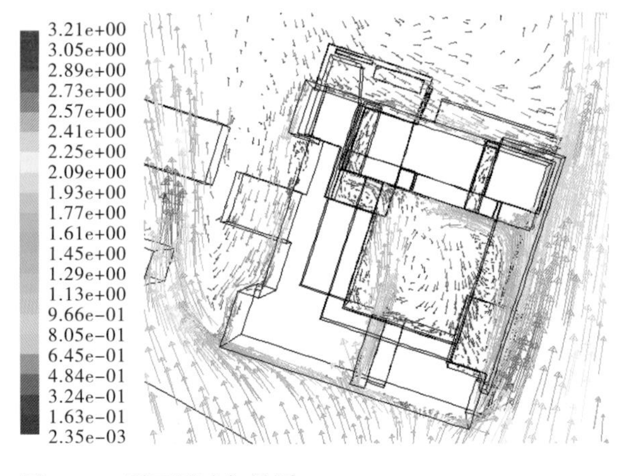

图 4-80　平面风速矢量图

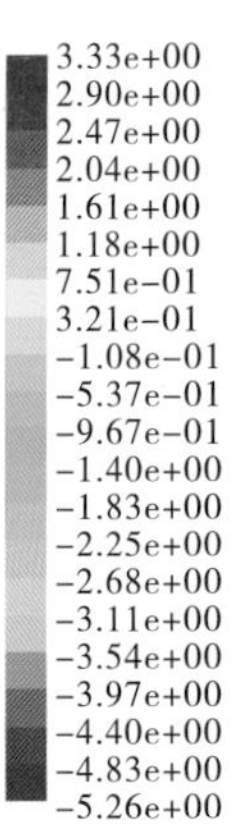

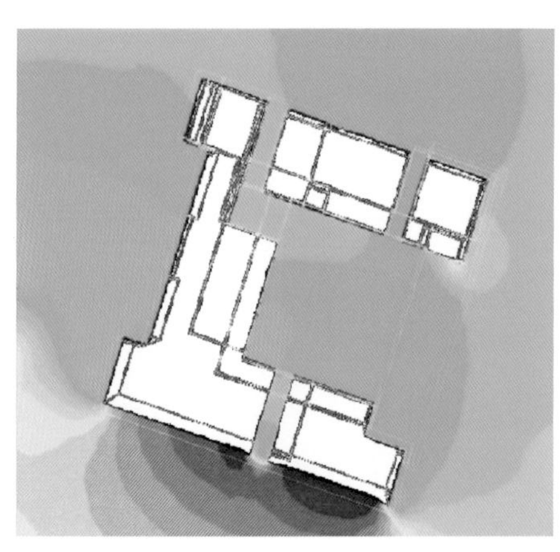

图 4-81　平面风压云图

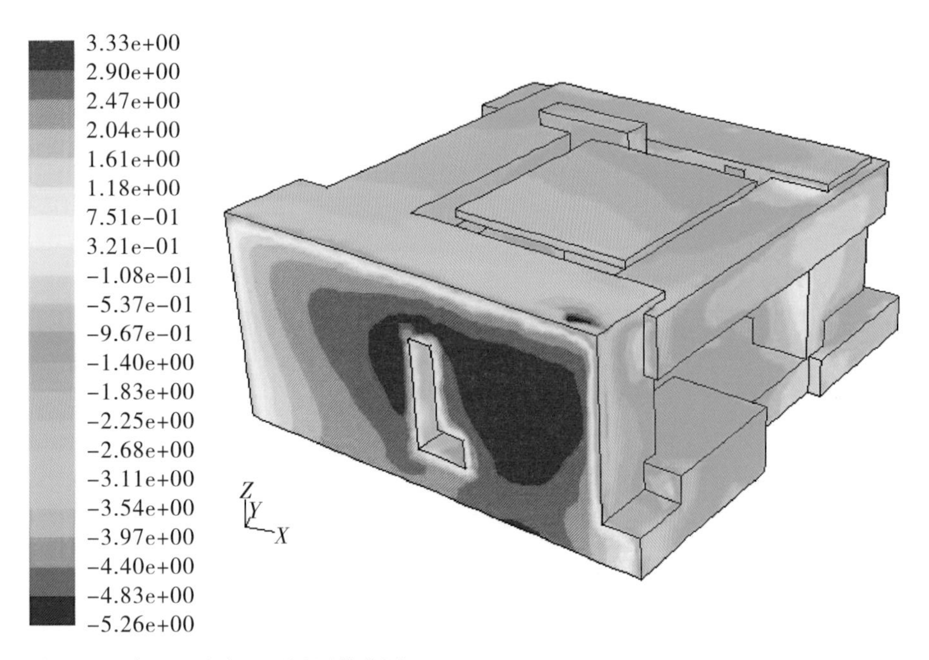

图 4-82　东立面和南立面风压分布图

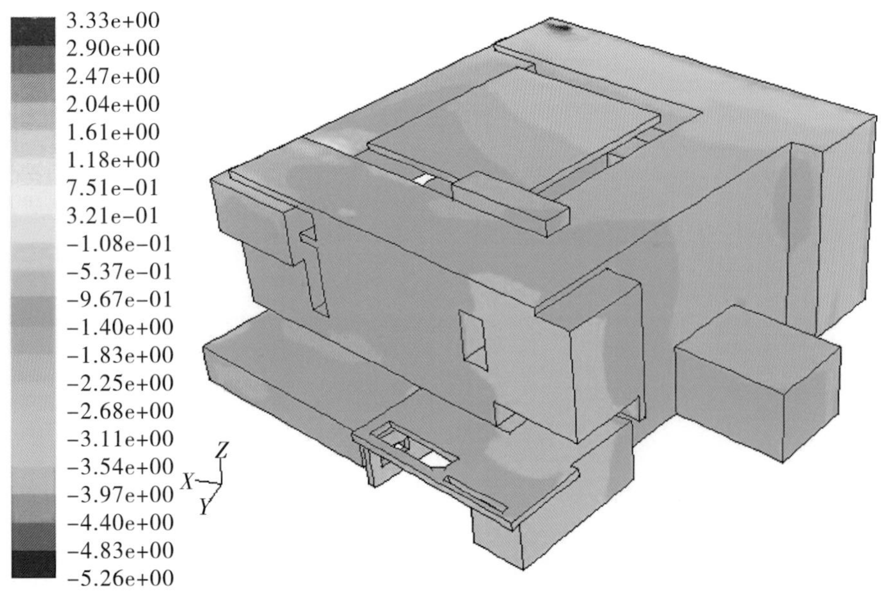

图 4-83　西立面和北立面风压分布图

第 5 章
岭南历史建筑的结构改造技术

5.1 岭南历史建筑的结构现状与评价

岭南地处亚热带，气候特点是冬温夏热，降水丰沛，常年空气湿度较大。受大环境的气候影响，具有较长使用年限的岭南建筑混凝土耐久性往往较差，具体表现为混凝土碳化较为普遍，钢筋锈蚀严重，钢筋保护层开裂甚至剥落，部分结构渗漏现象突出。主要原因是空气湿度较大，如混凝土密实度较差，空气中的 CO_2 不断地透过混凝土的粗毛细孔道扩散至混凝土中，与其中所溶解的 $Ca(OH)_2$ 进行中和反应，产生 $CaCO_3$，俗称“碳化”；同时，碳化后的混凝土环境碱度降低，当 $pH < 9$ 时，钢筋表面的保护钝化膜即遭到破坏。钝化膜一旦破坏，在足够的水和氧气条件下钢筋产生电化学腐蚀，在钢筋表面生成一层铁锈，铁锈体积是锈蚀前的钢材所占的体积的 3 ~ 4 倍，使钢筋周围混凝土承受径向压力，该压力达到一定程度后会引起混凝土开裂。

混凝土碳化使混凝土结构疏松、强度降低，钢筋锈蚀会削弱原有钢筋的截面，严重时会降低其强度，引起钢筋与周围混凝土的黏结性能降低，这些因素会危及原有结构的安全。

5.2 岭南历史建筑的结构加固方法

结构加固方法分为以下五类：

（1）增大截面加固法

增大截面加固法是通过增大构件截面尺寸及增配钢筋，以提高其承载力、刚度和稳定性，或改变其自振频率的一种直接加固法。它适用于梁、板、墙等构件的加固，特别是原截面尺寸明显偏小的构件加固。优点：施工技术成熟，施工工艺简单，适应性强。缺点：现场湿作业工作量大、施工周期较长，构件尺寸的增大可能会影响使用功能和其他构件的受力性能。

（2）外粘型钢加固法

外粘型钢加固法是对钢筋混凝土梁、柱外包型钢、扁钢焊成构架并灌注结构胶黏剂，以达到整体受力、共同工作的加固方法。它适用于梁、板、墙及框架节点的加固。优点：受力可靠，能显著改善结构性能，对使用空间影响小。缺点：施工要求较高，外露钢构件应进行防火、防腐处理。

（3）粘贴钢板加固法

粘贴钢板加固法是采用结构胶黏剂将薄钢板粘贴至原构件的混凝土表面，使之形成具有整体性的复合截面，以提高其承载力的一种直接加固方法。该方法适用于钢筋混凝土构件受弯、斜截面受剪、受拉及大偏心受压构件的加固，当构件截面内力存在拉压变化时应慎用。优点：施工简便，原结构自重增加小，不改变结构外形，不影响建筑使用空间。缺点：涉及有机胶的耐久性和耐火性问题，钢板需进行防腐、防火处理。

（4）粘贴纤维复合材料加固法

粘贴纤维复合材料加固法是采用结构胶黏剂将纤维复合材料粘贴于原构件的混凝土表面，使之形成具有整体性的复合截面，以提高其承载力和延性的一种直接加固方法。该方法适用于钢筋混凝土构件受弯、受压及受拉构件的加固。优点：轻质高强，施工简便，可曲面或转折粘贴，加固后基本上不增加原构件重量，不影响结构外形。缺点：涉及有机胶的耐久性和耐火性问题，以及纤维复合材料的有效锚固问题。

（5）增设支点加固法

增设支点加固法是通过增设支撑点来减小结构跨度，达到减小结构内力及相应提高整体结构承受荷载能力的加固方法。该方法适用于对使用空间和外观效果要求不高的梁、板、桁架、网架等水平结构构件加固。优点：受力明确，简便可靠，且易拆卸、复原，具有文物和历史建筑加固要求的可逆性。缺点：显著影响使用空间，原结构构件存在二次受力的影响。

针对不同的混凝土结构可选的加固方法有多种，上述提及的加固方法都有各自的适用性，设计时应全面考虑各种因素，结合结构构件的受力特点选取最合适的加固补强方法。

5.2.1 切割技术

由于建筑物功能及外观改变，实施加固过程需要拆除原有结构部分混凝土梁、板、框架柱。传统的混凝土拆除方式主要有：人工锤凿、机械锤打、风镐、液压破碎锤破碎等。上述传统的凿除方式在施工过程中会对整体结构产生不良的影响，凿除过程中所产生的震动，不仅会使凿除构件本身受损，而且可能对其周围的结构造成破坏。

钢筋混凝土切割技术指采用金刚石液压绳锯切割机、液压碟锯切割机（又名液压墙锯切割机）、电动墙锯切割机、手持链锯切割机、马路切割机、大型马路切割机、水钻钻切设备等工具对各类钢筋混凝土构件（包括梁、板、柱、墙体等）进行切割的施工技术。它具有切割能力强、静力无损、效率高、采用水冷却、无施工粉尘等优点，因而在现代拆除工作中应用越来越广泛。

在拆除、切割混凝土构件施工过程中，应遵循以下步骤：

（1）拆除施工前应全面了解加固工程的图纸（包括原结构图纸）和资料，并进行实地勘察，制定符合国家相关技术规范要求的拆除方案。

（2）拆除结构构件前，应确保外荷载均已被清除、移走或卸载；同时，保证拆除的构件已被固定。

（3）拆除、切割混凝土构件后保留的结构（包括临时支撑）应具有足够的安全度以保证保留部分的安全。无足够依据时，保留结构（包括临时支撑）的安全度应经计算确定。

（4）混凝土结构切割施工前，梁底、板底等部位应采取临时支撑措施；关键部位如需对原结构进行加固，应待加固构件达到设计要求后，方可进行后续混凝土切割工作。

（5）在拆除过程中如发现有结构变形及裂缝情况，应立刻通知设计人员，待设计人员确认后，方可继续施工。

（6）拆除原则：拆除混凝土构件，优先按楼板、次梁、主梁的顺序进行施工，自上而下，按顺序逐层逐跨进行拆除，杜绝立体交叉作业。拆除作业一般按照建筑施工的逆顺序进行。

（7）当进行高处拆除作业时，对较大尺寸的构件，必须采用起重机具及时吊下。拆卸下来的各种材料应及时清理，分类堆放在指定场所，严禁向下抛掷。

5.2.2　植筋技术

植筋技术是指在已有结构或构件相应位置上，根据工程所需要的钢筋用量、规格，通过钻孔、清孔、注胶、植入钢筋，与新增结构或构件相连的一种加固技术。植筋技术可使新增钢筋发挥设计所期望的强度、锚固性能，常用于改造工程中新增构件受力钢筋与原有结构的连接，以保证其内力的传递；也可用于新旧结构或构件结合面的连接，以提高结合面的抗剪能力。

植筋的主要目的是新增钢筋的有效锚固。新旧结构连接处往往位于梁端或柱端等受力较大的部位，由于钢筋锚固集中于原有构件一侧，植筋部位原有结构钢筋密集，加上受植筋技术的限制，新旧连接处结构构造较难满足现行有关规范的要求。这时，应根据原有支承结构的实际情况及新增构件或截面的受力情况，采取相应的措施，有效减少或消除以上因素的不利影响，以保证植筋锚固和新旧部分连接的可靠与安全。

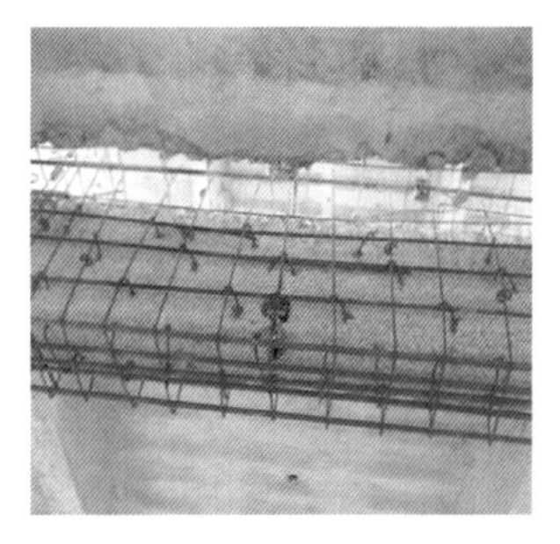

（a）梁增大截面

（b）梁粘钢加固

（c）板面粘钢

（d）圆柱增大截面

（e）矩形柱单边增大截面

图 5-1　常见的混凝土构件加固做法

5.2.3　梁、板、柱加固

梁的内力一般以弯矩、剪力为主，因而梁的加固主要有正截面加固和斜截面加固。其常用的加固方法是增大截面法（图 5-1a）、粘碳纤维布法、粘贴钢板法（图 5-1b）等。

钢筋混凝土板一般以受弯为主，其剪力通常较小，因而板的加固主要是正截面加固（图 5-1c）。其常用的加固方法有：粘碳纤维布法、粘贴钢板法等。

柱为偏心受压（拉）构件，常用的加固方法有：粘碳纤维布法、外粘型钢加固法、增大截面法（图 5-1d、图 5-1e）等。

在某些情况下柱的轴压比较大，加固目的仅为提高柱的延性，可采用环向粘贴纤维复合材料的方法。

5.2.4 基础加固与托换技术

图 5–2 （柱式）基础托换节点实例

基础是整个建筑物的重要组成部分。在改造过程中如原有地基承载力足够而基础承载力不足时，可采取加厚原有基础高度或增设基础钢筋的办法；如原有地基承载力不足，当基底压力标准值超过原地基承载力特征值在 10% 以内时，由于原地基底土已经过预压压实，可采用提高上部结构抵抗不均匀沉降能力的结构措施；当基底压力标准值超过原地基承载力特征值 10% 及以上时，或建筑已出现不容许的沉降和裂缝时，可采取有效措施加固地基。常用的加固方法有：加大基础基底面积法、注浆加固地基法及（桩式）基础托换法（图 5–2）等。

5.2.5 卸载技术

既有建筑当结构承载力不足，需进行加固时，原结构构件截面应力、应变水平一般都很高；加固后，新增结构构件并不能立即分担荷载，只有在荷载增加的情况下，通过新旧整体结构的变形才能分担部分荷载。加固后整体结构在受力过程中，新增部分结构的截面应力、应变始终滞后于原结构的累计应力、应变。当整体结构达到极限状态时，新增部分结构的应力、应变可能还很低，破坏时可能还达不到自身的极限状态，其材料潜力得不到充分发挥。因此，加固后的结构总承载能力不是原结构抗力和新增部分结构抗力的简单叠加。若加固前对原有结构的荷载进行卸荷，降低原有结构的应力及应变水平，可以较大提高新增结构的承载能力，发挥加固材料的承载潜力。

工程中常用的卸荷技术有直接卸荷和间接卸荷两种。直接卸荷，是直接移去作用于原结构上的全部或部分可卸荷载；间接卸荷，是用反向力施加于原结构，以抵消或降低原有作用效应。直接卸荷直观、准确，但可卸荷载量有限，一般只限于卸除原有部分活荷载。间接卸荷量无限制，甚至可使作用效应出现负值。间接卸荷分为楔升卸荷和顶升卸荷，前者以变形控制，误差较大，后者以力控制，较为准确。

5.3 岭南历史建筑结构改造的评价方法

5.3.1 加固结构的耐久性

混凝土的耐久性是指在使用过程中，在内部的或外部的、人为的或自然的因素作用下，混凝土保持自身工作能力的一种性能，即结构在设计使用年限内抵抗外界环境或结构内部所产生的侵蚀破坏作用的能力。

钢筋混凝土耐久性可分为材料耐久性、构件耐久性和结构耐久性三个层次。就一般大气环境下的钢筋混凝土结构而言，材料耐久性评价包括混凝土碳化、混凝土中钢筋锈蚀评估；结构构件耐久性的评估包括结构或构件承载力评定、结构或构件剩余寿命预测两个方面。

（1）混凝土结构碳化耐久性评估

混凝土结构碳化耐久性评估是以混凝土中钢筋开始锈蚀作为混凝土结构耐久性极限状

态，而混凝土中钢筋开始锈蚀包括混凝土碳化深度及钢筋锈蚀条件两个方面的内容。

①混凝土碳化深度的随机模型

从混凝土碳化过程及影响因素可知，混凝土碳化深度产生变异的主要原因来自混凝土本身的变异性和环境的变异性。根据有关文献①，预测混凝土碳化深度的多系数随机模型如下：

$$X(t)=k\sqrt{t} \tag{5-1}$$

$$k=k_{mc}k_{j}k_{CO_2}k_{p}k_{s}k_{e}k_{f} \tag{5-2}$$

式中，k 为碳化系数；t 为碳化时间；k_j 为角部修正系数，角部混凝土取 k_j=1.4，非角部取 k_j=1.0。k_{CO_2} 为 CO_2 体积分数影响系数，$k_{CO_2}=\sqrt{CO/0.03}$，CO 为 CO_2 环境体积分数（%）。无 CO_2 体积分数测试结果时，按建筑物所处环境及人群密集程度考虑，其中人群密集时，k_{CO_2}=1.8 ~ 2.5；人群较密集时，k_{CO_2}=1.6 ~ 2.0；人群密集程度一般时，k_{CO_2}=1.2 ~ 1.6；人群稀少时，k_{CO_2}=1.0 ~ 1.5。k_p 为浇筑面修正系数，k_p=1.2。k_s 为工作应力影响系数，混凝土受压时，k_s=1.0；混凝土受拉时，k_s=1.1。k_e 为环境因子随机变量，$k_e=2.56\sqrt[4]{T}(1-RH)RH$，$T$ 为环境年平均温度，RH 为环境年平均相对湿度（%）。k_f 为混凝土质量影响系数，$k_f=\dfrac{57.94}{f_{cuk}}$，$f_{cuk}$ 为混凝土立方体抗压强度标准值（单位：MPa）。k_{mc} 为计算模式不确定性随机变量。

根据碳化深度随时间增大的特征，采用非平稳随机过程对碳化深度进行描述，其一维概率密度函数为

$$f_x(x,t)=\frac{1}{\sqrt{2\pi}\,\sigma_x(t)}\exp\left\{-\frac{[x-u_x(t)]}{2[\sigma_x(t)]^2}\right\} \tag{5-3}$$

式中，$u_x(t)$ 和 $\sigma_x(t)$ 分别为混凝土碳化深度的平均值函数与标准差函数，t 为碳化时间。

$$u_x(t)=u_k\sqrt{t} \tag{5-4}$$

$$\sigma_x(t)=\sigma_k\sqrt{t} \tag{5-5}$$

式中，u_k 为碳化系数均值，σ_k 为碳化系数标准差。

由式（5-1），得

$$u_k=2.56u_{kmc}k_jk_{CO_2}k_pk_s\sqrt[4]{T}(1-RH)RH\left(\frac{57.94}{f_{cuk}}-0.76\right) \tag{5-6}$$

$$\sigma_k=\sqrt{\left(\frac{\partial k}{\partial k_{mc}}\right)_m^2\sigma_{kmc}^2+\left(\frac{\partial k}{\partial f_{cuk}}\right)_m^2\sigma_{f_{cu}}^2} \tag{5-7}$$

式中，u_{kmc} 和 σ_{kmc} 分别为碳化深度计算模式不定性系数的平均值和标准差，σ_{fcu} 为混凝土抗压强度标准差；$\left(\dfrac{\partial k}{\partial k_{mc}}\right)_m$、$\left(\dfrac{\partial k}{\partial f_{cuk}}\right)_m$ 分别表示偏系数在碳化系数平均值处取值。根据已有数据，可取平均值 u_{kmc}=0.996，标准差 σ_{kmc}=0.355。

① 徐善华. 混凝土结构退化模型与耐久性评估［D］. 西安：西安建筑科技大学，2003.

②碳化残量计算模型

碳化残量为在钢筋开始锈蚀时用酚酞试剂测出的碳化前沿到钢筋表面的距离，如图 5-3 所示。

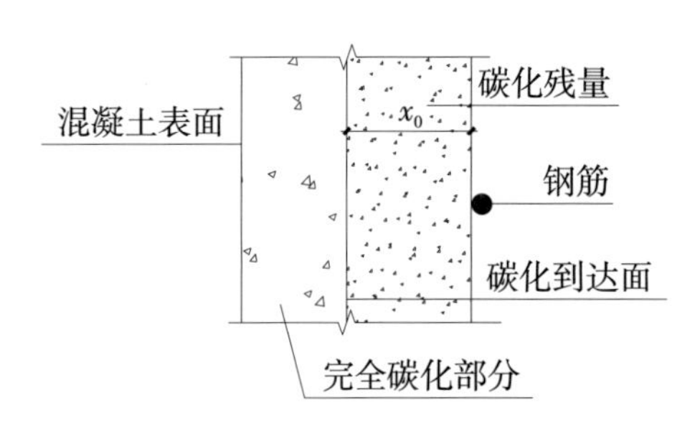

图 5-3　碳化残量

参考已有试验结果，通过对实际工程检测结果的拟合分析，碳化残量 x_0（单位：mm）计算公式如下：

$$x_0 = 4.86\,(-RH^2+1.5RH-0.45)(c-5)(\ln f_{cuk}-2.30) \tag{5-8}$$

式中，c 为保护层厚度。

由式（5-8），碳化残量的平均值和标准差为

$$u_{x0}=4.86u_{km0}\,(-RH^2+1.5RH-0.45)(c-5)(\ln f_{cuk}-2.30) \tag{5-9}$$

$$\sigma_{x0} = \sqrt{\left(\frac{\partial x_0}{\partial k_{m0}}\right)_m^2 \sigma_{km0}^2 + \left(\frac{\partial x_0}{\partial f_{cu}}\right)_m^2 \sigma_{f_{cu}}^2 + \left(\frac{\partial x_0}{\partial c}\right)_m^2 \sigma_c^2} \tag{5-10}$$

式中，u_{km0} 为碳化残量计算模式不定性系数 k_{m0} 的平均值；σ_{km0} 为碳化残量计算模式不定性系数 k_{m0} 的标准差；σ_{fcu} 为混凝土抗压强度标准差；u_c、σ_c 分别为混凝土保护层厚度的平均值及标准差。

③混凝土保护层厚度的统计特征

根据实测结果，混凝土保护层厚度较好地服从正态分布，其概率密度函数为

$$f(c) = \frac{1}{\sqrt{2\pi}\,\sigma_c}\exp\left[-\frac{1}{2}\left(\frac{c-u_c}{\sigma_c}\right)^2\right] \tag{5-11}$$

④混凝土中钢筋发生锈蚀的概率分布

混凝土结构碳化寿命是混凝土保护层碳化，从而失去对钢筋的保护作用，使钢筋开始产生锈蚀的时间。这一准则适合于不允许钢筋锈蚀的预应力钢筋混凝土构件，对大多数普通钢筋混凝土结构来说，显然过于保守。

混凝土碳化耐久性极限状态方程为

$$Z(t)=c-x_0-x(t) \tag{5-12}$$

钢筋发生锈蚀的概率（即结构碳化耐久性概率）为

$$p_{fc}(t)=p\left\{c-c_0-k\sqrt{t}<0\right\} \tag{5-13}$$

相应的可靠指标为

$$\beta_c=-\Phi^{-1}(p_{fc}) \tag{5-14}$$

按式（5–12）求出的钢筋开始锈蚀的概率是结构服役时间 t 的函数，为了预测结构的碳化寿命，必须给出允许的钢筋锈蚀概率。根据有关文献[①]，允许的钢筋锈蚀概率见表 5–1，钢筋发生锈蚀的最大允许概率及碳化目标可靠指标见表 5–2。

表 5–1　允许钢筋锈蚀概率

建筑物重要性	造成损伤的可靠性	
	可靠	不可靠
特别重要	7%	15%
重要	15%	30%
一般	30%	50%

表 5–2　钢筋发生锈蚀的最大允许概率及碳化目标可靠指标

分类		p_c / %	c
预应力混凝土构件		10	1.25
普通混凝土构件	重要建筑	30	0.5
	一般建筑	50	0

（2）混凝土结构锈胀开裂耐久性评估

混凝土中的钢筋锈蚀是造成混凝土结构耐久性损伤的重要因素，钢筋锈蚀后的锈蚀产物是原体积的 3 ~ 4 倍，使钢筋周围混凝土受到膨胀压力，造成混凝土保护层沿钢筋开裂，锈胀裂缝出现后钢筋锈蚀速度加快，从而对结构的使用功能产生较大影响，甚至危及结构安全。混凝土保护层锈胀开裂时间是混凝土耐久性评估的一个重要时间节点。

以混凝土表面出现沿钢筋锈胀裂缝所需时间作为结构的使用寿命，由于混凝土结构的锈胀开裂取决于锈胀开裂前的钢筋锈蚀量和锈胀开裂时的锈蚀量，通过分析锈胀开裂前后的钢筋锈蚀深度 $\delta_{e1}(t)$ 、$\delta_{cr1}(t)$ 这两个随机过程，以上文“混凝土结构碳化耐久性评估”分析中类似的方法得出混凝土保护层出现锈胀裂缝的极限状态方程，可求出混凝土保护层出现锈胀裂缝的概率及结构锈胀开裂的可靠指标。

（3）结构或构件耐久性评估及承载力评估

研究锈蚀钢筋混凝土构件的受力特征和抗力退化模型是钢筋混凝土结构耐久性评估的基础。钢筋锈蚀对钢筋混凝土构件的影响有以下三方面：

①钢筋锈蚀引起钢筋截面减少和强度降低（图 5–4a、5–4b）。

②钢筋锈蚀产生体积膨胀，导致混凝土保护层沿钢筋纵向开裂甚至脱落，使混凝土截面产生损伤（图 5–4c、5–4d）。

---

① 徐善华. 混凝土结构退化模型与耐久性评估［D］. 西安：西安建筑科技大学，2003.

③钢筋锈蚀使混凝土和钢筋之间黏结性能退化。

为考虑锈蚀钢筋混凝土构件的承载力退化，需要从理论和实验数据得出：

①建立锈蚀钢筋混凝土构件锈蚀钢筋和混凝土之间局部黏结滑移本构关系。

②锈蚀钢筋混凝土构件的刚度、钢筋和混凝土之间的相对滑移、锈蚀钢筋和混凝土应变之间的协调关系，裂缝特征及破坏机理随锈蚀程度的变化规律。

③锈蚀钢筋混凝土受弯构件及偏心受压的正截面、斜截面承载力的计算模型。

（a）框架柱纵筋锈蚀

（b）框架柱箍筋锈蚀

（c）梁底筋锈蚀

（d）板底筋锈蚀

图 5-4　钢筋混凝土构件钢筋锈蚀

5.3.2　加固结构的防水性及排水措施

混凝土疏松、不密实及裂缝宽度过大是结构渗漏水的主要原因。针对混凝土的疏松，应采取局部置换混凝土或新浇混凝土面层的措施。针对混凝土结构裂缝宽度过大的情况，首先应分析裂缝产生的原因：是受力裂缝还是收缩裂缝，是不均匀沉降引起的裂缝还是耐久性性能劣化引起的裂缝。通过实地考察，并加以分析研究后采取相应的结构加固措施。对于已经存在的裂缝，应采用适当的裂缝修补技术进行修补。常用的修补方法有表面涂抹水泥砂浆、表面涂抹环氧胶泥、表面粘贴环氧玻璃布、表面涂刷油漆或沥青、表面凿槽嵌补等。对于有防水、抗渗要求的裂缝，应采用水泥灌浆、化学灌浆等内部修补法。在新旧混凝土结合处，由于新浇混凝土硬化时会产生收缩，该处比较容易出现收缩裂缝，因此在加固改造中该部分建议采用补偿收缩混凝土。

5.4　对环境影响小的结构体系在岭南历史建筑改造中的应用

在加固改造中，应尽量保留原有结构构件及其历史信息，减少不必要的拆除及更换。早期建筑的抗震性能较差，加强建筑物抗震能力亦成为加固改造设计应考虑的重要问题。可通过在建筑物某些部位设置刚度较大的抗侧力结构或消能减震装置，以减少对原有结构构件的直接抗震加固。

加固改造应尽可能采用钢结构，其“绿色”特性主要体现在以下几点：

（1）建筑施工时对环境的影响，主要包括两方面——空气污染和噪声。钢结构建筑取消或大大减少了现场混凝土搅拌和浇筑，施工现场不再有大量的砂石水泥堆料，断绝了扬尘的来源，钢结构工程现场以构配件连接安装为主，不存在大量机械噪声。

（2）能源消耗和环境影响。建筑材料在生产和使用过程中会造成巨大的资源消耗，并对环境产生污染，不同材料在资源消耗、能源消耗和污染环境等方面比例不同，在生产建设中应尽可能选用耗能和污染系数低的材料。钢结构体系整体用料比混凝土结构体系更省。

（3）材料的可再生性。钢材的可回收性是钢结构建筑在资源利用方面的最大优势。钢材的回收率达 80% 以上，从铁矿石提炼每公斤钢坯约排放 2 kg 的 CO_2，但以回收废铁来提炼每公斤钢坯才排放 0.32 kg 的 CO_2，仅为原钢材生产量的 16% 的 CO_2 排污量。从建筑寿命周期衡量，钢筋混凝土建筑的耗能量，为钢结构建筑耗能量的 1.2 倍，CO_2 排放量为 1.4 倍。钢结构环境和资源再利用效果好，符合材料行业的可持续发展要求。

（4）固体废弃物减少。钢材的可回收性大大减少了施工中和建筑寿命终了时的固体废弃物数量。

5.5　岭南历史建筑结构改造中的节材与节能技术

在加固改造中尽可能地采用容重轻的新型墙体材料，减轻结构自重；应采用延性好的高强度钢筋，结合卸载技术，减少构件截面尺寸。在可能的前提下，鼓励使用质量轻、抗震性能优良的钢结构体系，从而避免或减少原有基础的结构加固。

5.6　实例

华南理工大学图书馆（南楼）建于 1989 年，四层框架结构，建筑面积 15 426.4 m^2，总高度为 15 m。原有结构布置如图 5-5 所示。根据该建筑的结构安全性和抗震鉴定报告，计算原有结构的混凝土碳化深度，发现在使用荷载增大区域，原有结构混凝土梁、板、柱 承载力均不能满足现行规范要求。通过分析比较，决定采用增大截面法进行梁正截面承载力加固，采用粘贴钢板法进行板正截面承载力加固，采用外粘型钢及加大截面法对框架柱进行加固。

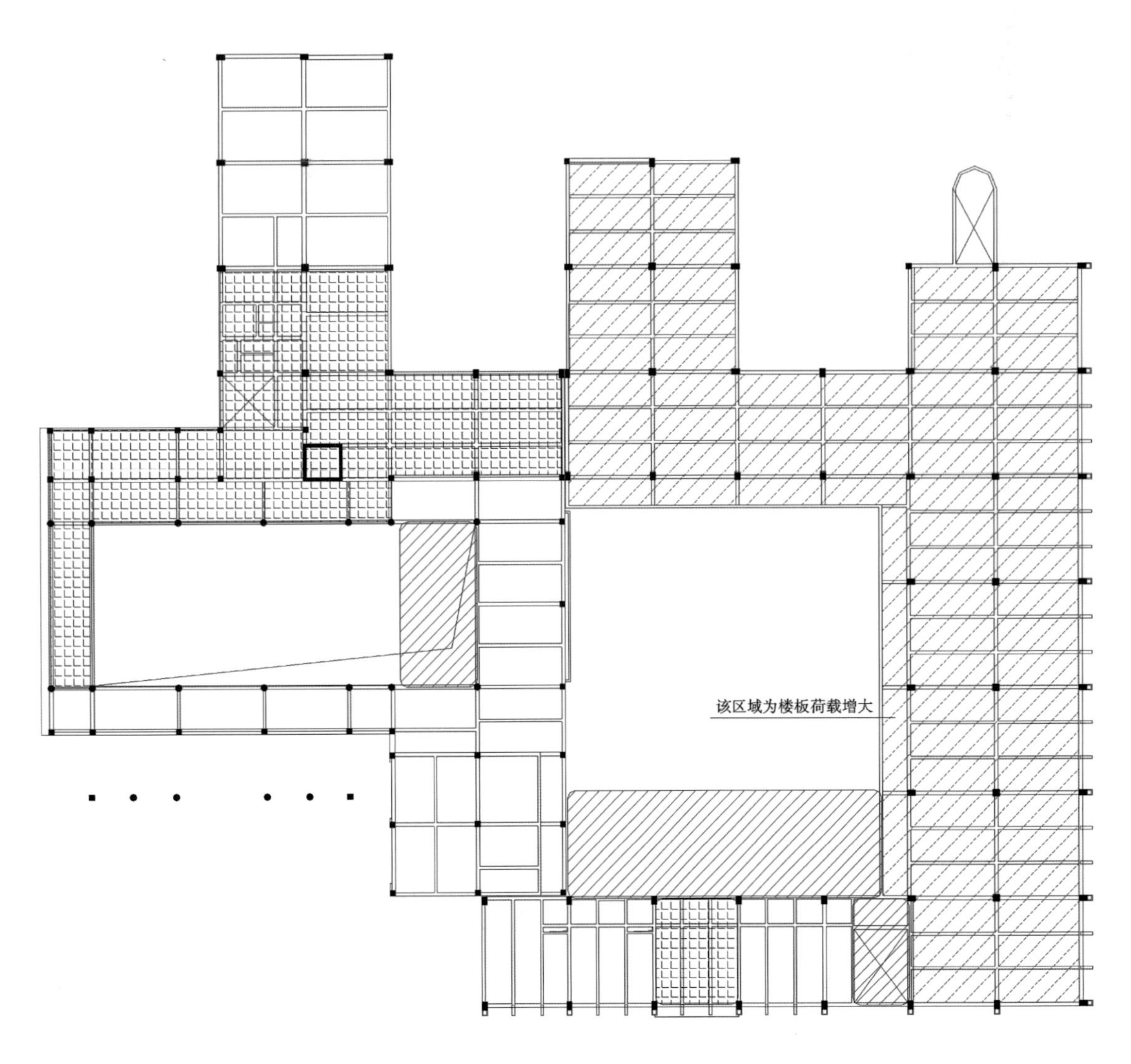

图 5-5　华南理工大学图书馆南楼局部平面图

第 6 章
岭南历史建筑的空调改造技术

6.1 岭南历史建筑的使用功能改造与空调负荷分析

6.1.1 改造功能定位

在岭南历史建筑的功能改造中，办公功能是较为普遍的改造方向，本次示范对象华南理工大学建筑设计研究院办公主楼（以下简称设计院主楼）和华南理工大学 2 号楼（以下简称 2 号楼）就是典型的办公楼改造案例，因此空调负荷分析以办公类改造为研究对象。

图 6-1　设计院主楼整体遮阳构造

6.1.2 空调负荷分析目的

（1）计算全楼全年逐时空调冷负荷，为能耗分析提供基础数据。

（2）计算全楼全年空调冷负荷频率分布，为选择空调主机容量和台数搭配提供依据。

（3）计算全楼部分负荷分布频率，为能耗分析提供基础数据。

6.1.3 设计院主楼空调负荷分析

6.1.3.1 围护结构节能设计参数

设计院主楼建于 20 世纪 80 年代，虽然历史并不长，但是立面风格接近其周边的建筑红楼和建工系楼，表现出浓厚的岭南风韵。改造前，主楼立面主要是屋顶挑檐形成的水平遮阳；改造后，为充分反映岭南建筑的遮阳特点，在首层构造出类似骑楼的遮阳，在二层利用外窗玻璃内凹形成遮阳，在三层构造屋面挑檐提供遮阳，形成遮阳丰富的立面风格，详见图 6-1。

根据《GB50189—2005 公共建筑节能设计标准》提供的遮阳计算方法，各种遮阳构造的特征尺寸和外遮阳系数汇总见表 6–1。

表 6–1　遮阳构造特征尺寸及外遮阳系数

序号	编号	遮阳构造示例	水平挑出 Ah/m	距离上沿 Eh/m	垂直挑出 Av/m	距离边沿 Ev/m	外遮阳系数
1	外遮阳 1		1.100	0.600	0.000	0.000	0.825
2	外遮阳 2		0.800	0.600	0.800	0.000	0.802
3	外遮阳 3		1.100	0.850	1.100	0.250	0.594

配合外窗选用的 Low–E 中空玻璃，各朝向外窗热工参数统计见表 6–2。

表 6–2　外窗热工参数

朝向	立面	面积 /m^2	传热系数 K/W·(m^2·K)$^{-1}$	综合太阳得热系数 $SHGC$	窗墙比	标准要求	结论
南向	立面 3	374.67	3.20	0.30	0.52	$K \leqslant 4.00$，$SHGC \leqslant 0.44$	满足
北向	立面 4	349.48	3.20	0.33	0.50	$K \leqslant 4.00$，$SHGC \leqslant 0.44$	满足
东向	立面 1	25.85	3.20	0.27	0.08	$K \leqslant 10.00$，$SHGC \leqslant 1.00$	满足

续表 6-2

朝向	立面	面积 /m^2	传热系数 K/W·(m^2·K)$^{-1}$	综合太阳得热系数 $SHGC$	窗墙比	标准要求	结论
西向	立面 2	26.28	3.20	0.27	0.08	$K \leqslant 10.00$，$SHGC \leqslant 1.00$	满足
综合平均		776.28	3.20	0.31	0.38		
标准依据	《GB50189—2015 公共建筑节能设计标准》第 3.4.1 条						
标准要求	单一立面窗墙比大于或等于 0.40 时，外窗传热系数和综合太阳得热系数应满足《公共建筑节能设计标准》表 3.4.1–3 的要求						
结论	满足						

与节能标准设定的参照建筑做对比，设计院主楼设计方案的围护结构热工参数对比见表 6–3。

表 6–3　设计建筑与参照建筑热工参数对比

		设计建筑			参照建筑		
屋顶传热系数 K/W·(m^2·K)$^{-1}$		0.80（D：3.68）			0.80		
外墙（包括非透明幕墙）传热系数 K/W·(m^2·K)$^{-1}$		2.02（D：2.88）			1.50		
屋顶透明部分传热系数 K/W·(m^2·K)$^{-1}$		3.20			3.00		
屋顶透明部分太阳得热系数 $SHGC$		0.37			0.30		
底面接触室外的架空或外挑楼板传热系数 K/W·(m^2·K)$^{-1}$		1.72			1.50		
外窗（包括透明幕墙）	朝向	窗墙比	传热系数 K/W·(m^2·K)$^{-1}$	太阳得热系数 $SHGC$	窗墙比	传热系数 K/W·(m^2·K)$^{-1}$	太阳得热系数 $SHGC$
	东向	0.08	3.20	0.27	0.08	5.20	0.52
	南向	0.52	3.20	0.30	0.52	2.50	0.26
	西向	0.08	3.20	0.27	0.08	5.20	0.52
	北向	0.50	3.20	0.33	0.50	2.70	0.40
室内参数和气象条件设置		按《GB50189—2015 公共建筑节能设计标准》附录 B 设置					

经过围护结构热工性能权衡判断，设计方案满足节能要求（表 6-4）。

表 6-4　设计建筑与参照建筑能耗对比

	设计建筑	参照建筑
全年供暖和空调总耗电量 /kW·h·m^{-2}	29.22	30.05
供冷耗电量 /kW·h·m^{-2}	27.65	28.97
供热耗电量 /kW·h·m^{-2}	1.57	1.08
耗冷量 /kW·h·m^{-2}	69.12	72.43
耗热量 /kW·h·m^{-2}	3.46	2.37
标准依据	《GB50189—2015 公共建筑节能设计标准》第 3.4.2 条	
标准要求	设计建筑的能耗不大于参照建筑的能耗	
结论	满足	

6.1.3.2.　设计院主楼空调冷热负荷分析

1. 模型介绍

对于空调冷热负荷，本次分析采用的建筑能耗模拟软件是 DeST-C，由清华大学开发。对设计院主楼进行建模分析（图 6-2、图 6-3），得到全年空调冷热负荷曲线。

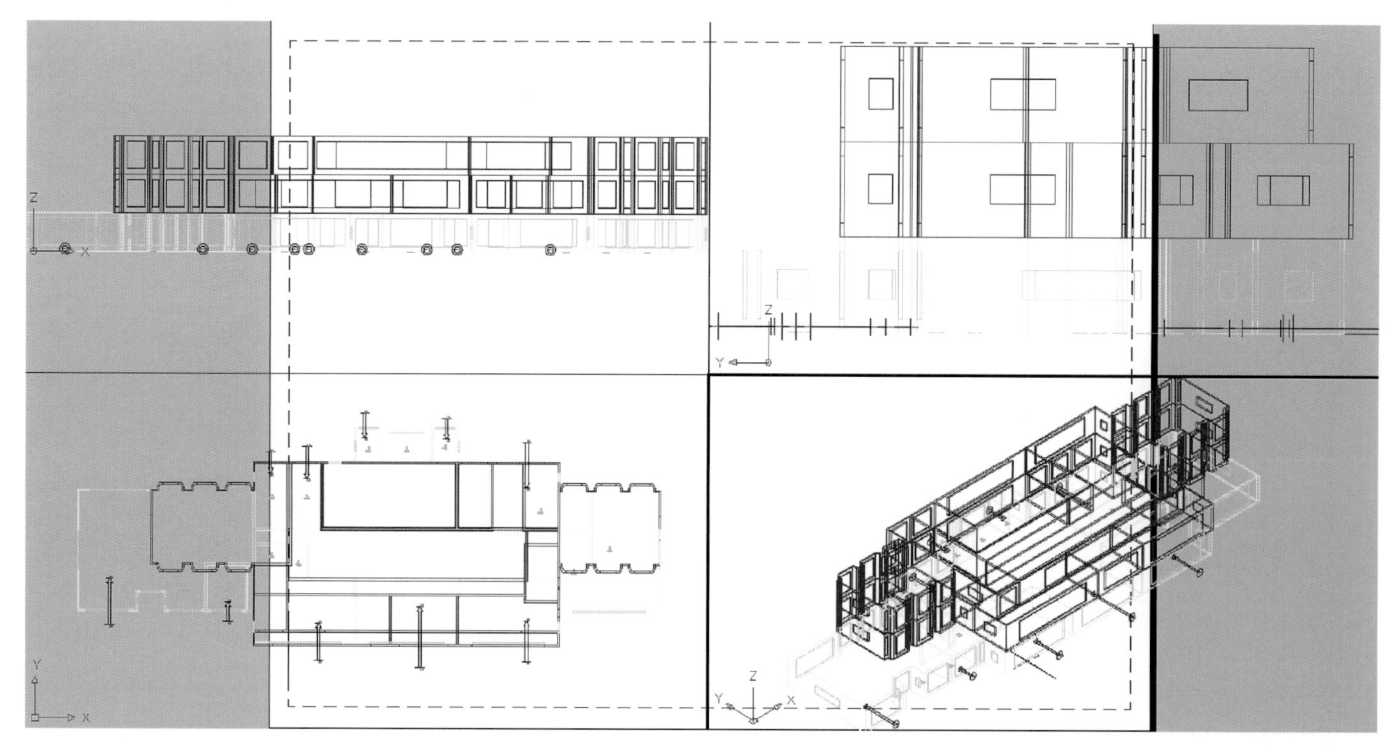

图 6-2　设计院主楼负荷分析模型（多视口模型）

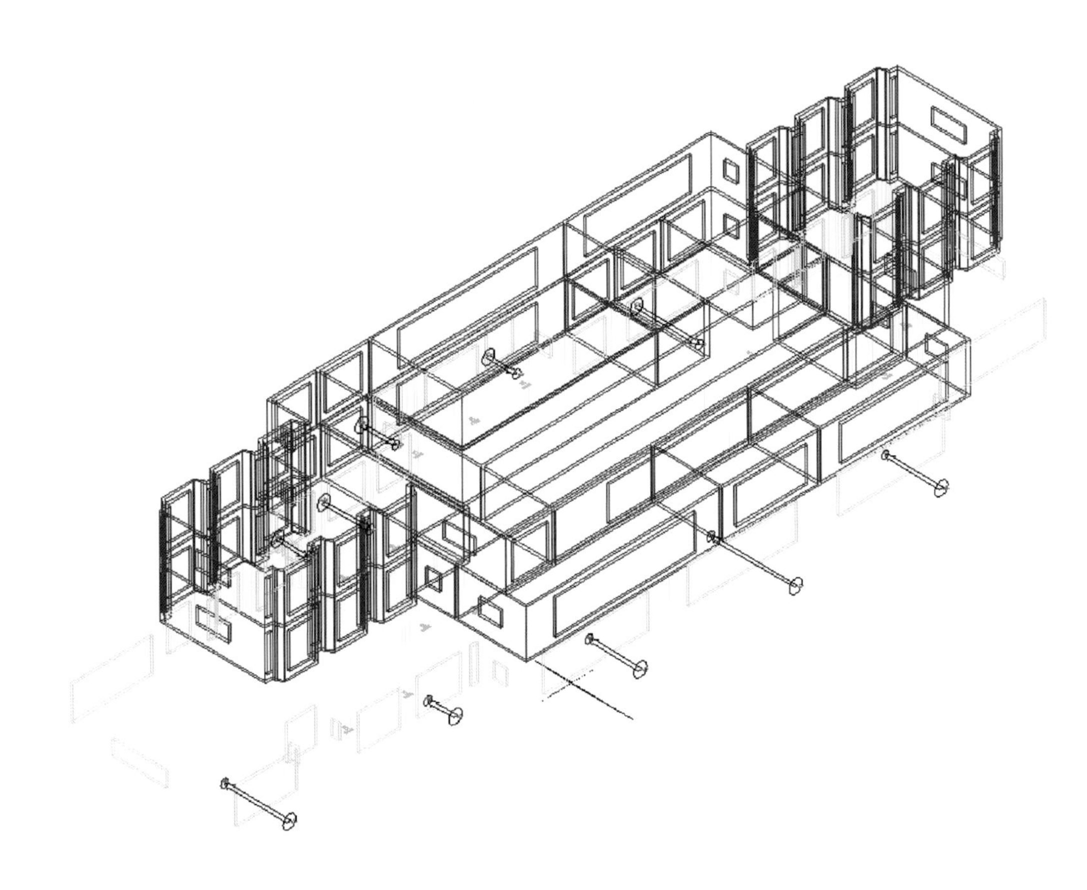

图 6–3 设计院主楼负荷分析模型（三维模型）

2. 围护结构热工参数设置

在能耗分析时，根据围护结构节能设计结果，设计院主楼围护结构热工参数设置见表 6–5。

表 6–5 设计院主楼围护结构热工参数表

<table>
<tr><td colspan="2"></td><td colspan="4">设计院主楼</td></tr>
<tr><td colspan="2">屋顶传热系数 K/W·（m^2·K）$^{-1}$</td><td colspan="4">0.8</td></tr>
<tr><td colspan="2">外墙传热系数 K/W·（m^2·K）$^{-1}$</td><td colspan="4">1.15</td></tr>
<tr><td colspan="2">屋顶透明部分太阳得热系数 SHGC</td><td colspan="4">0.37</td></tr>
<tr><td rowspan="5">外窗</td><td>朝向</td><td>窗墙比</td><td>传热系数 K/W·（m^2·K）$^{-1}$</td><td colspan="2">综合太阳得热系数 SHGC</td></tr>
<tr><td>东向</td><td>0.08</td><td>3.2</td><td colspan="2">0.272</td></tr>
<tr><td>南向</td><td>0.52</td><td>3.2</td><td colspan="2">0.298</td></tr>
<tr><td>西向</td><td>0.08</td><td>3.2</td><td colspan="2">0.274</td></tr>
<tr><td>北向</td><td>0.5</td><td>3.2</td><td colspan="2">0.330</td></tr>
</table>

3．室内热源参数设置

主楼室内热源设置见表 6–6。

表 6–6　设计院主楼室内热源设置参数表

功能房间	人员密度 / 人·m^{-2}	照明功率密度 / W·m^{-2}	设备功率密度 / W·m^{-2}	新风量 / m^3·（h·人）$^{-1}$
办公室	0.1	18	13	30
会议室	0.3	11	5	30
走廊	0.2	11	20	20

4．作息模式设置

主楼室内作息模式设置见表 6–7。

表 6–7　设计院主楼内扰参数及作息模式设置

房间功能	作息模式	热负荷上限			使用比例 /%
		人数	灯光 /W	设备 /W	
办公室	8:00 ～ 12:00	0.1	18	13	100
	12:00 ～ 14:00	0.1	18	13	50
	14:00 ～ 18:00	0.1	18	13	100
	18:00 ～ 20:00	0.1	18	13	50
	20:00 ～ 22:00	0.1	18	13	20
会议室	8:00 ～ 12:00	0.3	11	5	100
	12:00 ～ 14:00	0.3	11	5	25
	14:00 ～ 18:00	0.3	11	5	100
	18:00 ～ 22:00	0.3	11	5	25
展厅	8:00 ～ 9:00	0.2	11	20	50
	9:00 ～ 12:00	0.2	11	20	100
	12:00 ～ 14:00	0.2	11	20	20
	14:00 ～ 17:00	0.2	11	20	100

5．负荷分析结果

（1）空调时期的确定

根据广州地区的气候特点，筛选出可以利用自然通风的过渡季节，保留回南天的除湿季节，进而统计需要开启空调的时期。该时期分为两段：一是空调制冷期为 4 月 27 日至 10 月 29 日，该时段平均气温超过 26 ℃（图 6–4），白天基本存在空调冷负荷；二是空调除湿期为 2 月 29 日至 4 月 22 日，该时段室外平均相对湿度超过 80%（图 6–5），尽管气温不超过 25 ℃，但是需要开启空调除湿。

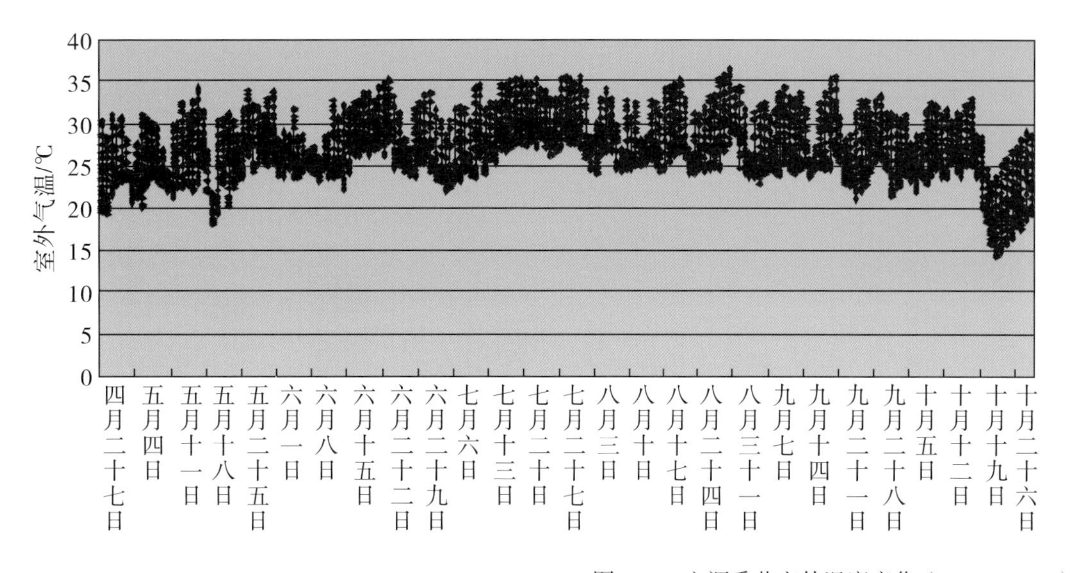

图 6-4　空调季节室外温度变化（4.27—10.26）

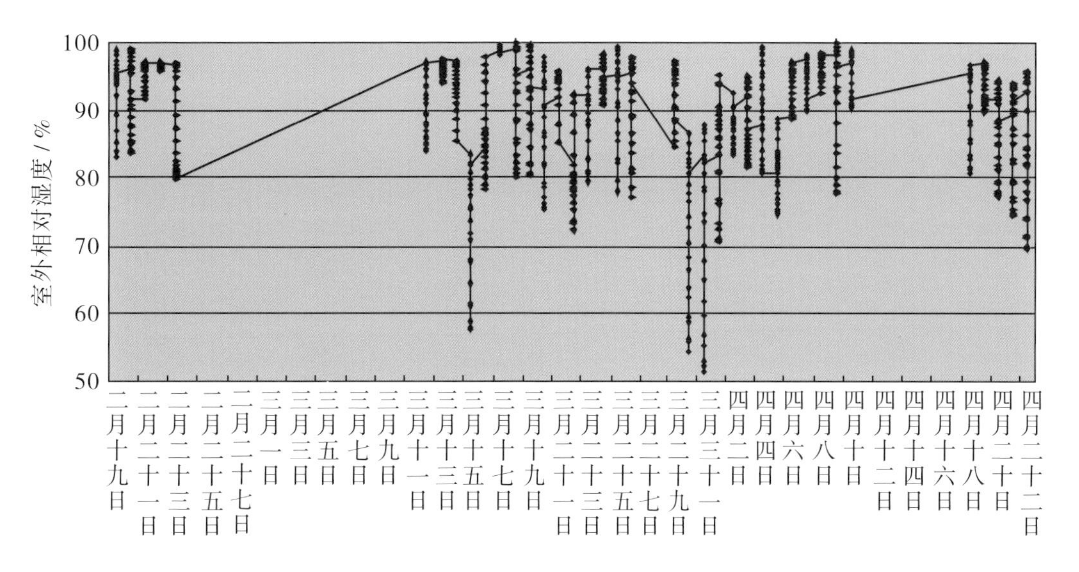

图 6-5　回南季节室外湿度变化（2.19—4.22）

（2）全年负荷频率分析

通过全年动态负荷模拟，可以得到设计院主楼全年逐时负荷变化如图 6-6 所示。

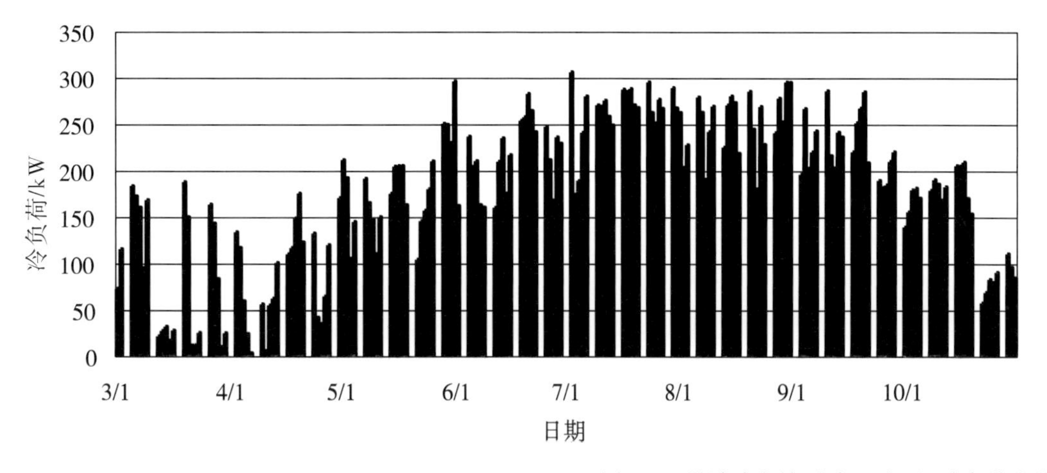

图 6-6　设计院主楼夏季逐时空调冷负荷变化

从图 6–6 可以看出，全年最大空调冷负荷为 306.9 kW，空调面积 2131 m^2，折合单位面积负荷指标 144 W/m^2。在全年负荷曲线的基础上，可以统计得到不同部分负荷区间的负荷频率分布，详见图 6–7 和图 6–8。

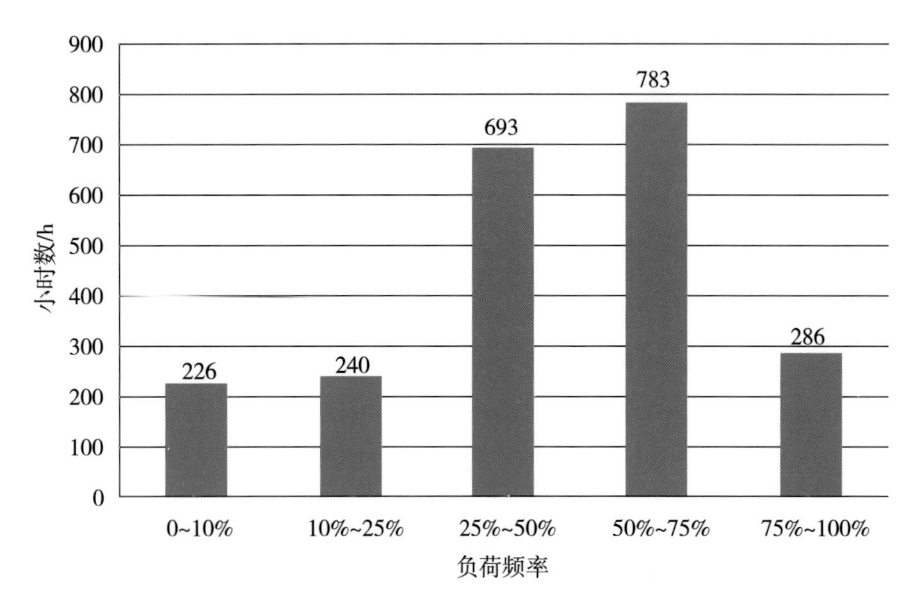

图 6–7　夏季部分负荷分布小时数

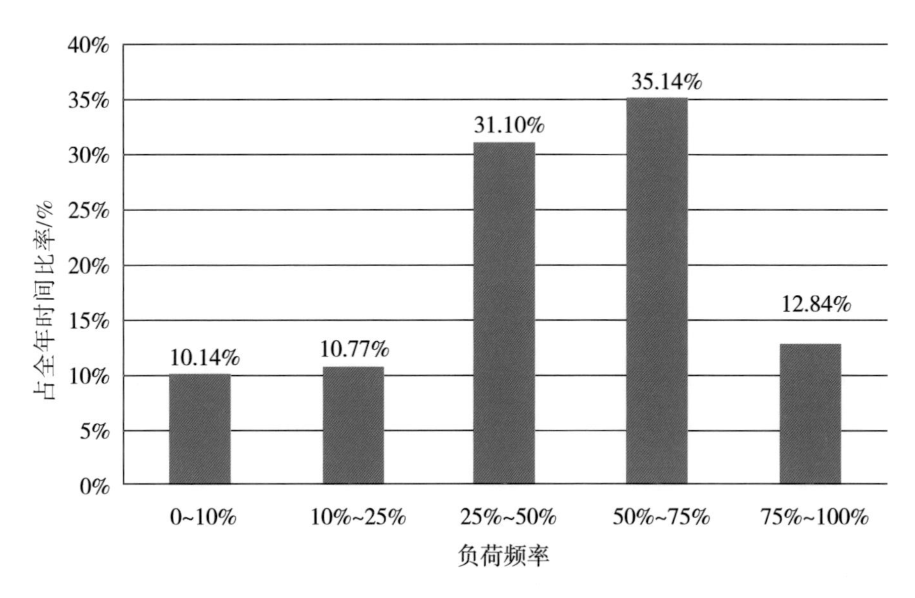

图 6–8　夏季部分负荷频率分布

从图 6–8 可以看出，部分负荷频率低于 10% 的时间占全年 10.14%，负荷频率超过 50% 以上的占全年的 47.98%。通过部分负荷频率分析，设计院主楼全年有 52.02% 的时间运行在 50% 负荷以下，负荷低于 25% 的时段占到 20.91%，空调主机选型应充分考虑部分负荷的运行。

（3）各月份的负荷频率（图 6–9、图 6–10）

从图 6–10 中可以看出，在负荷频率为 0 ~ 25% 的范围内，冷负荷主要集中在 3、4 月和 10 月，3、4 月是因为除湿带来的空调冷负荷，10 月是天气开始转凉后的空调冷负荷。在负荷频率为 25% ~ 75% 的范围内，冷负荷在空调期分布比较均匀。由于这部分负荷时段占全年冷负荷时段的 66.24%，所以要充分考虑空调机组在部分负荷下的运行。在负荷频率为 75% ~ 100% 的范围内，冷负荷主要集中在 5 ~ 9 月份，但这部分负荷时段仅占全年冷负荷时段的 12.84%。

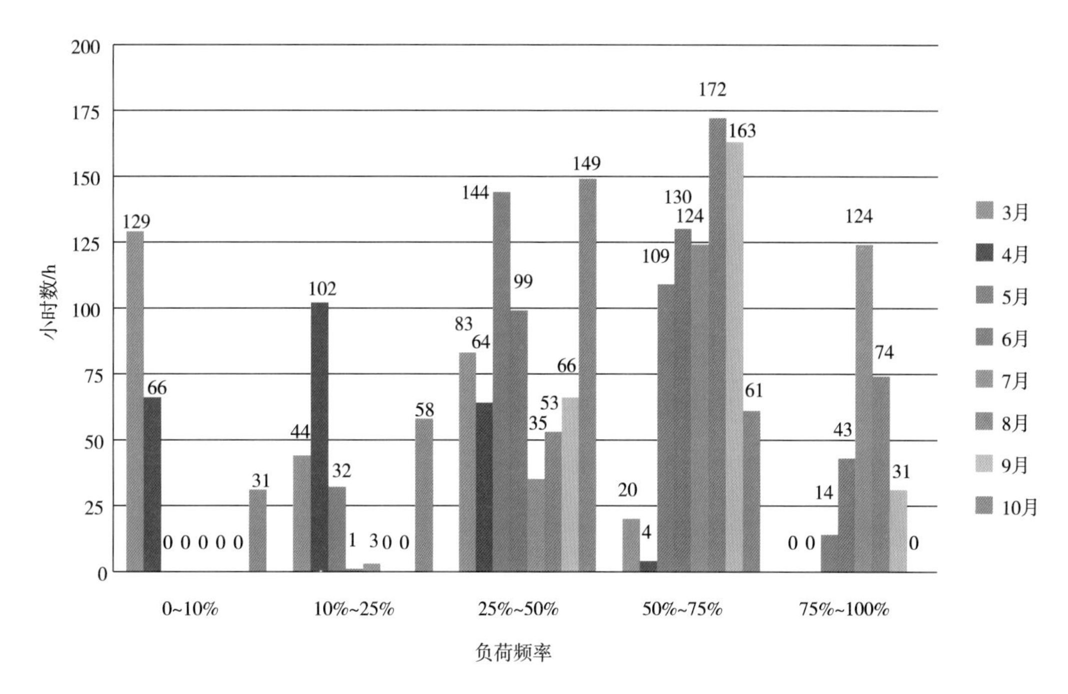

图 6-9　逐月部分负荷分布小时数

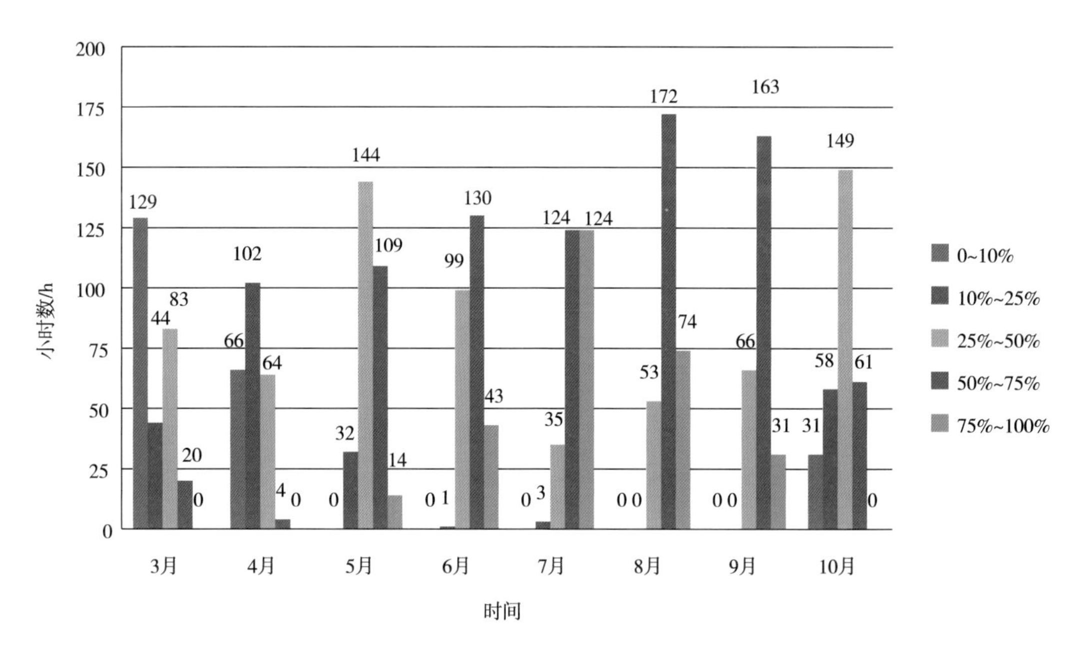

图 6-10　逐月部分负荷频率分布

从图 6-11 和 6-12 可以看出，在 0 ~ 25% 的部分负荷频率范围内，冷负荷主要集中在 3 ~ 5 月、10 月。3 ~ 4 月是空调除湿负荷，5 月和 10 月是空调季节开始和结束时的部分负荷。

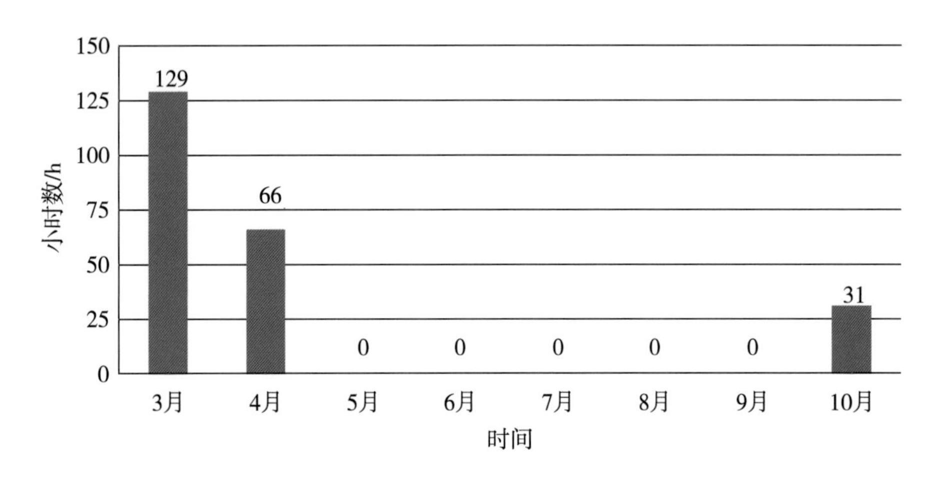

图 6-11 各月份部分负荷频率为 0 ~ 10% 的分布小时数

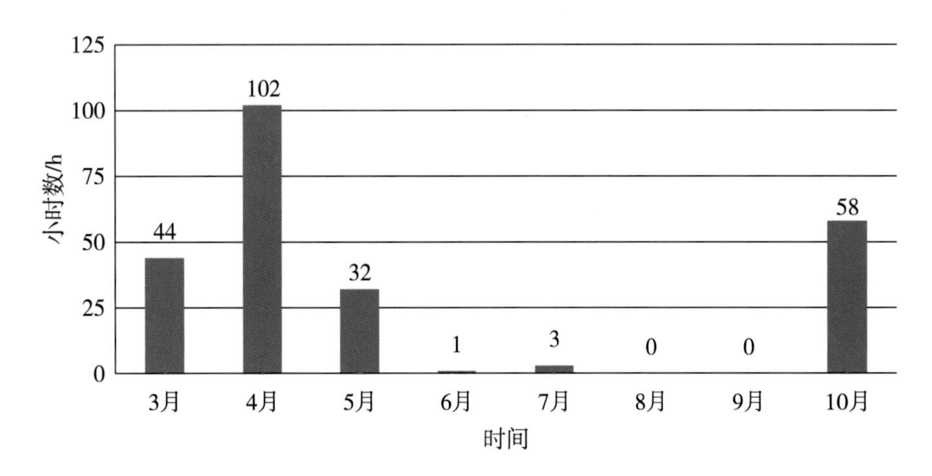

图 6-12 各月份部分负荷频率为 10% ~ 25% 的分布小时数

从图 6-13 可以看出，在 25% ~ 50% 的部分负荷频率范围内，各月份均有分布。其中 5 月和 10 月出现的时数较多，说明这两月的冷负荷有所增加，而 6 ~ 9 月出现的时数偏低，说明这些月份的冷负荷还会进一步增加。这可以从图 6-14 看出，在 50% ~ 75% 的部分负荷频率范围内，5 月和 10 月分布时数下降，而 6 ~ 9 月的时数增大很多。

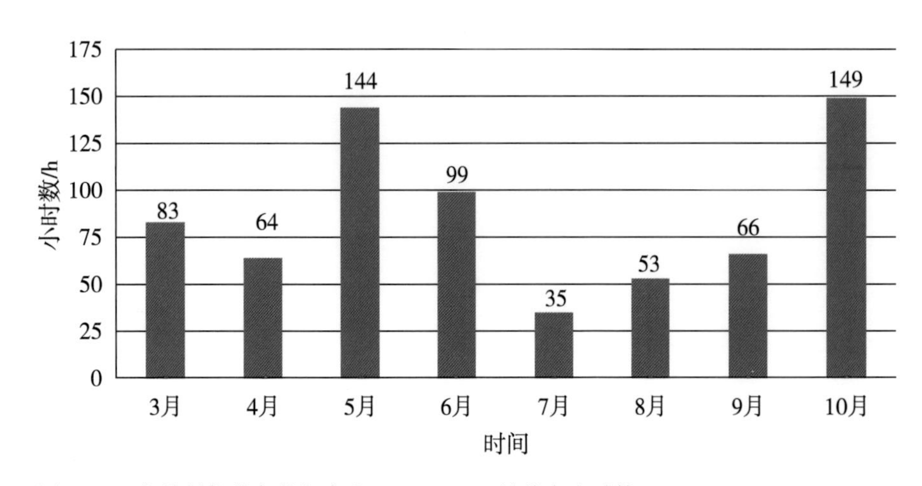

图 6-13 各月份部分负荷频率为 25% ~ 50% 的分布小时数

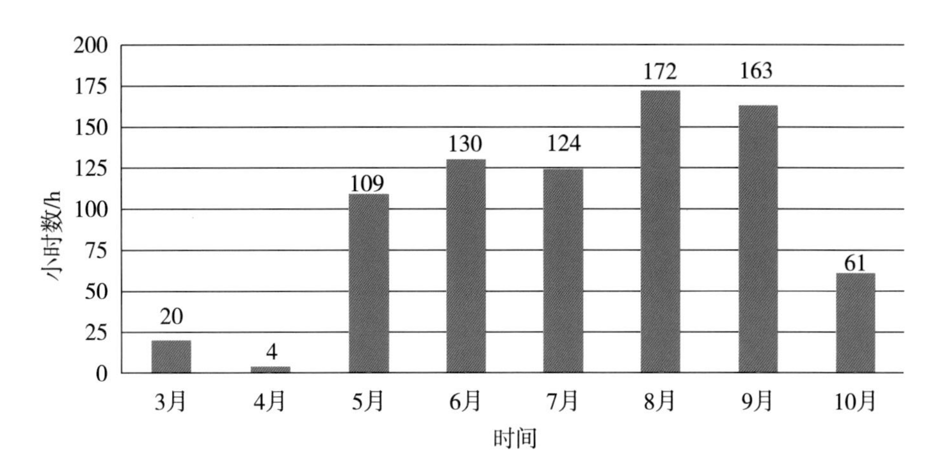

图 6-14　各月份部分负荷频率为 50% ~ 75% 的分布小时数

从图 6-15 可以看出，75% ~ 100% 的部分负荷频率集中出现在 6 ~ 9 月，这些月份正处在夏季，室外温度较高，太阳辐射强烈，必须通过运行空调机组来抵消房间的冷负荷，但这部分负荷时段并不长，仅占全年冷负荷时段的 8.67%。

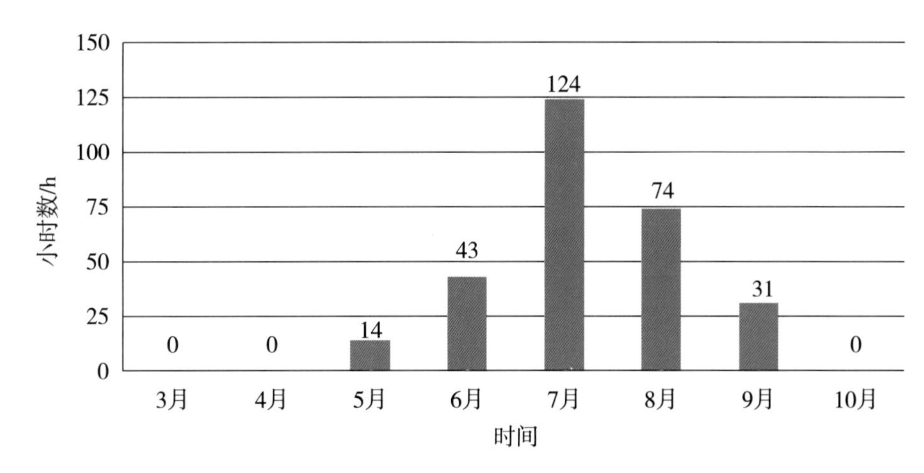

图 6-15　各月份部分负荷频率为 75% ~ 100% 的分布小时数

（4）空调冷负荷处理策略

根据上述的空调季节 + 除湿季节的筛选，空调运行时间为除湿季（2 月 19 日—4 月 22 日）+ 空调季（4 月 27 日—10 月 29 日），分项空调累计负荷见表 6-8。

表 6-8　设计院办公主楼分项空调累计负荷汇总

负荷类型	室内显热负荷	室内潜热负荷	新风显热负荷	新风潜热负荷
累计值 /kW · h	164 714.89	25 390.91	14 845.59	72 454.50
占总负荷比例	59.38%	9.15%	5.35%	26.12%

负荷处理原则有以下几种：

①室内显热负荷：采用 16 ~ 20 ℃送风，温差带走热量，或者采用 23 ~ 25 ℃冷辐射板。常规 7/12 ℃冷水、高温 13/18 ℃冷水或者直接蒸发冷媒均可以满足要求。

②室内潜热负荷：干燥的空气吸湿，可以通过冷冻或吸收制备干燥空气。

③新风显热负荷：与冷介质换热，冷介质可以是室内排风、常规 7/12 ℃冷水、高温 13/18 ℃冷水或者直接蒸发冷媒。

④新风潜热负荷：通过冷冻或者吸收除湿。

按照上述负荷处理原则，对于目前可以应用的 8 种空调系统，分项负荷处理策略汇总见表 6–9。

表 6–9　不同空调系统负荷处理策略

序号	系统形式	承担机组	分项负荷			
			室内显热	室内潜热	新风显热	新风潜热
1	常规冷水机组	常规冷水机组	100%	100%	100%	100%
2	高温冷水机组 + 溶液新风机组	高温冷水机组	92%	0	0	0
		溶液新风机组	8%	100%	100%	100%
3	水冷 VRV+ 蒸发式全热回收新风机组	水冷 VRV 机组	100%	100%	40%	75%
		热回收新风机组	0%	0%	60%	25%
4	水冷 VRV+ 普通热回收新风换气机	水冷 VRV 机组	100%	100%	50%	100%
		热回收新风机组	0	0	50%	0
5	水冷 VRV+ 新风 VRV	水冷 VRV 机组	90%	100%	0	0
		新风 VRV 机组	10%	0	100%	100%
6	风冷 VRV+ 蒸发式全热回收新风机组	风冷 VRV 机组	100%	100%	40%	75%
		热回收新风机组	0	0	60%	25%
7	风冷 VRV+ 普通热回收新风换气机	风冷 VRV 机组	100%	100%	50%	100%
		热回收新风机组	0	0	50%	0
8	风冷 VRV+ 新风 VRV	风冷 VRV 机组	90%	100%	0	0
		新风 VRV 机组	10%	0	100%	100%

6.1.4　不同形式的空调系统能耗计算和对比

参照目前空调机组的实际效率、公共建筑节能设计标准和系统的功耗比例，将上述 8 种系统的计算效率和计算条件汇总见表 6–10。

表 6–10　不同空调系统机组效率和计算条件

序号	系统机组	机组效率	系统效率	备　注
1	常规冷水机组	5	3.0	主机占系统能耗比例为 60%
2	高温冷水机组 + 溶液新风机组	6.8	4.1	主机占系统能耗比例为 60%
		4.5	2.7	
3	水冷 VRV+ 蒸发式全热回收新风机组	5.3	4.2	新风机组功率，新风按照 10000 m^3/h 计；2 套新风机组，每套功率 3.75 kW
		全热回收效率 60%		
4	水冷 VRV+ 普通热回收新风换气机	5.3	4.2	新风换气机功率，新风按照 10000 m^3/h 计；2 套新风机组，每套功率 3.0 kW
		显热回收效率 60%		
5	水冷 VRV+ 新风 VRV	4.5	4.2	
		—	2.2	
6	风冷 VRV+ 蒸发式全热回收新风机组	—	3.8	新风机组功率，新风按照 10000 m^3/h 计；2 套新风机组，每套功率 3.75 kW
		全热回收效率 60%		
7	风冷 VRV+ 普通热回收新风换气机	—	3.8	新风换气机功率，新风按照 10000 m^3/h 计；2 套新风机组，每套功率 3.0 kW
		显热回收效率 60%		
8	风冷 VRV+ 新风 VRV	—	3.8	
		—	2.2	

根据表 6–10 中计算条件的约定，可以得到 8 种空调系统的估算能耗，主要结果汇总如图 6–16 所示。

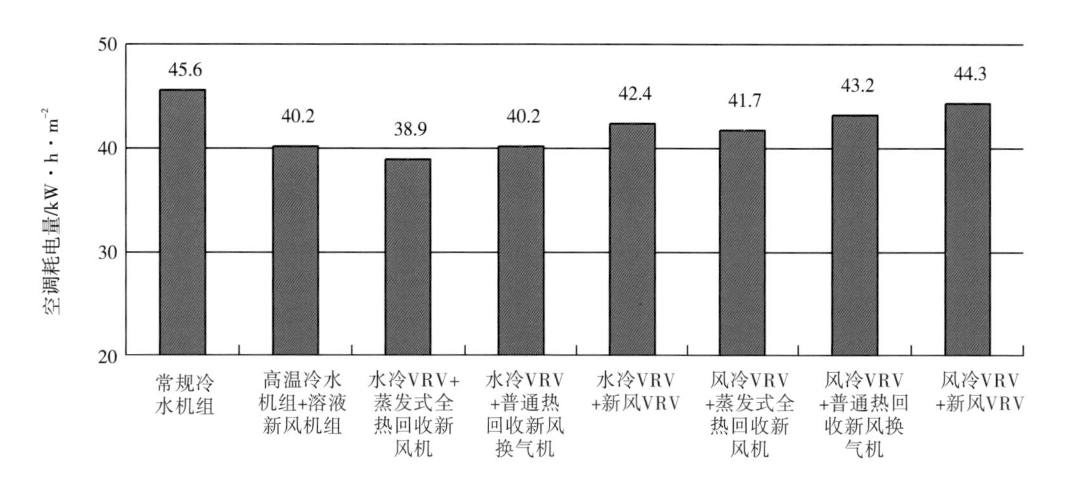

图 6–16　不同空调系统耗电量对比

需要说明的是，在空调能耗估算中，假设系统控制处于理想状态，忽略因设计或者运营缺陷对系统能耗的影响。从图 6–16 可以看出，系统能耗差异主要来源于系统结构差异和不同空调设备处理不同负荷时的效率。

6.2 紧凑、灵活、高效的小型空调在岭南历史建筑改造中的应用

在岭南历史建筑改造中，建筑空间的利用都比较紧张，结构的承载能力也受到一定限制，不可能预留较多的设备用房和结构荷载，因此，选择紧凑、小型的空调设备是一个主要的解决途径。同时，为提高改造项目的节能效果，高效的空调设备是主要措施。这里的高效有两方面含义：一是设备本身效率比较高，比如系统紧凑的多联式空调机组、高温冷水机组；二是系统结构选型合理，尽可能发挥空调设备在处理某一类空调负荷的优势，提高系统整体效率。

6.2.1 各种空调系统的应用原则

在岭南建筑改造中，应综合考虑改造对象的条件、机房要求、使用灵活性和节能效果，各种空调系统的应用原则汇总见表 6–11。

表 6–11 各种空调系统的应用原则汇总

	空调主机	特性分析	推荐程度
1	常规中央水冷机	传统机组，综合效率较低，需要较大面积的制冷机房和室外冷却塔空间。对于原来没有集中空调的改造对象很难布置	★
2	高温冷水机组	与溶液除湿搭配综合效率高，但运行灵活性相对较差，可在建筑面积大、空调使用相对集中的改造对象中应用。高温冷水机组最小容量为 800 kW，服务的建筑面积至少达到 20000 m^2，但是也存在很难布置制冷机房和冷却塔的问题	★
3	直接蒸发冷水机组	目前有成熟产品，效率较高，且可以利用小容量机组模块化布置，提高主机的负荷应对能力。主要问题是机组也需要室外空间布置，而且冷水循环水泵需要布置专门的水泵间	★★
4	水冷 VRV	主机效率较高且运行较灵活，但较难与溶液除湿搭配运行，双重除湿将导致湿度过低且难以控制，应与普通热回收新风系统搭配使用，并且需要室外空间布置冷却塔	★★
5	风冷 VRV	主机效率较高且运行较灵活，应与普通热回收新风系统搭配使用，如蒸发式热回收或全热回收	★★★
6	商用变频分体机	主机效率也较高，运行最灵活。应与普通热回收新风系统搭配使用，如蒸发式热回收或全热回收	★★
7	高温风冷多联机	主机效率高，运行最灵活，可与溶液除湿搭配运行。但目前只有个别厂家正在开发中，目前尚无适用的成熟产品	★★
8	太阳能空调机组	系统效率较低，产品不成熟，只能小规模示范应用，需要布置太阳能集热板	★

6.2.2　新风系统和空调主机的使用特性分析

在岭南历史建筑改造实践中，新风处理系统设置的建议如下：

（1）从目前的新风处理系统看，有冷冻除湿、排风热回收、蒸发式热回收和溶液除湿几种形式，建议尽可能降低单套系统的处理容量，采用多种处理方式和多套系统搭配使用。

（2）热泵式溶液新风机组的效率要高于其他处理方式，并且为高温冷水机组应用提供条件，且已经有比较成熟的使用经验和效果。

（3）蒸发式热回收虽然效率高，但承担的热、湿负荷有限，宜与常规 VRV 机组搭配使用。

6.2.3　新风处理系统的容量和搭配

（1）由于溶液新风系统必须考虑全热回收，新、回风管走向和管道大小以及机房布置必须加以考虑。

（2）建议平面至少布置多个新风系统。从运行的灵活可调和风机节能角度，每个新风系统的处理风量控制在 1500 ~ 2000 m^3/h。

（3）为了在过渡季采用加大新风运行的方式，建议最大新风量达到 40 ~ 50 $m^3/(h·人)$，可以采取在新风处理机组上并联送风机的方式实现。

6.3　集中空调系统在岭南历史建筑改造中的应用模式

6.3.1　应用项目简介

集中空调系统在岭南历史建筑改造中的应用案例选择东莞生态园有限公司办公楼项目。该项目坐落在广东省东莞市生态园行政岛，建筑设计具有浓郁的岭南特色（图 6–17）。

图 6–17　项目夜景图

该项目总建筑面积为 37 674.5 m^2，分为地下一层、地上五层。地下层主要为车库及机房；地上一层为平台层，作为建筑主出入口、展厅、餐厅等；地上二层至地上五层分为四个塔楼，主要功能为展览、办公、会议及配套。该项目已获得了三星绿色建筑的运行标识，集中体现了水源热泵空调技术与温湿度独立控制系统的复合运用。

从设计层面和运行层面，设计团队建立了总体技术框架，如图 6–18 所示。总体技术框架反映了三块研究内容：一是项目勘察调研与负荷分析；二是用能用水子系统的改造与集成；三是基于物联网的综合能源管理系统，实现设备集成、控制集成和管理集成。

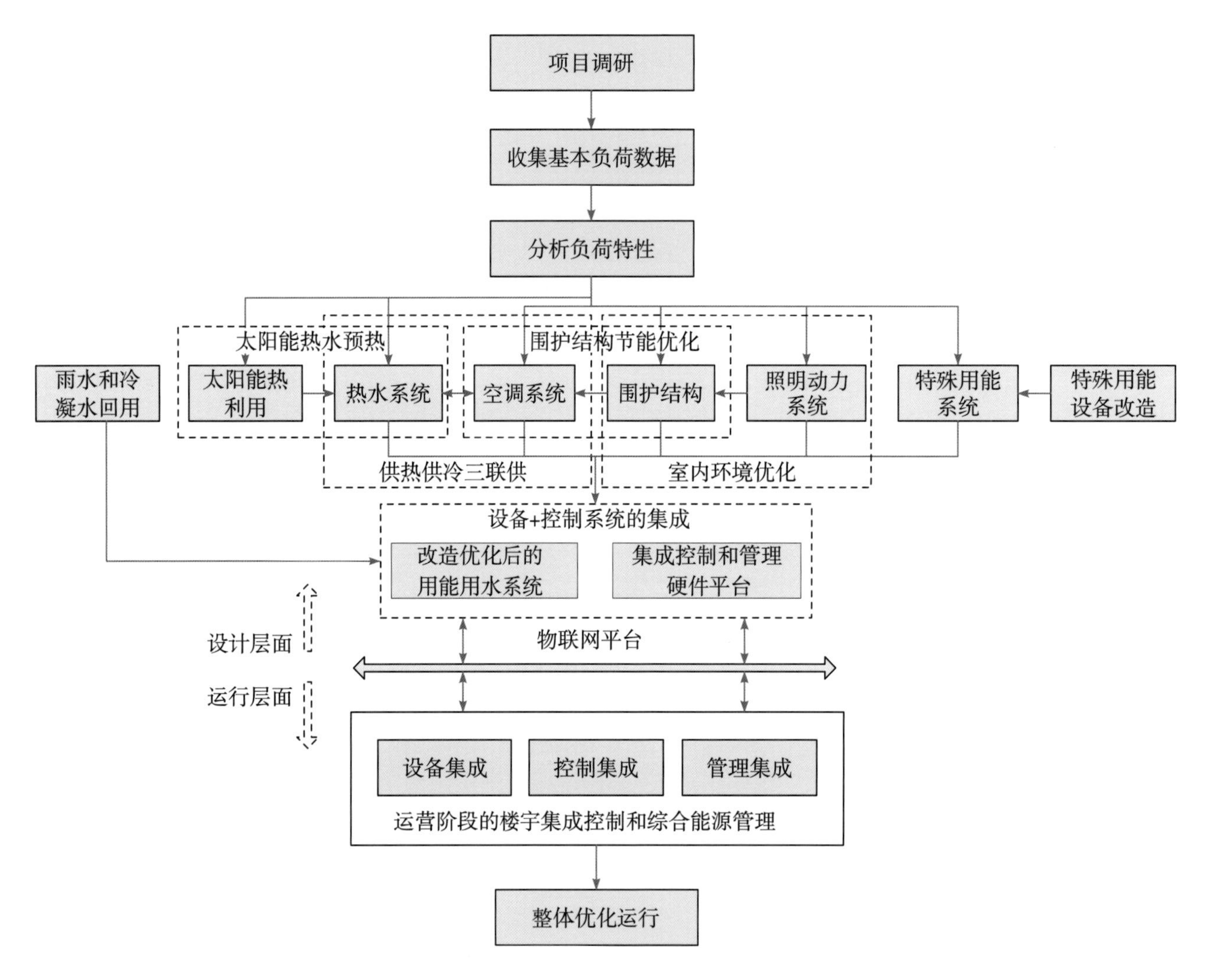

图 6–18　东莞生态园项目的总体技术框架

6.3.2　集中空调系统的方案分析

6.3.2.1　系统方案分析

在考虑办公楼的空调系统时，初期考虑了 4 种方案，分别为：

方案一：冷却塔 + 常规冷机 + 新风机组系统

方案二：水源热泵中高温冷水机组 + 全热回收风冷型双温新风系统

方案三：水源热泵中高温冷水机组 + 全热回收水冷型双温新风系统

方案四：水源热泵中高温冷水机组 + 常温冷水机组 + 全热回收双盘管新风系统

（1）方案一（图 6–19）

方案一采用常规的空调系统，螺杆机冷冻水供回水温 7 ~ 12 ℃，冷却塔供回水温 32 ~ 37 ℃；螺杆机 COP 为 4.8。新风机组为带全热回收的普通组合式机组，满负荷电功率为 1005 kW。初投资 368.9 万元。

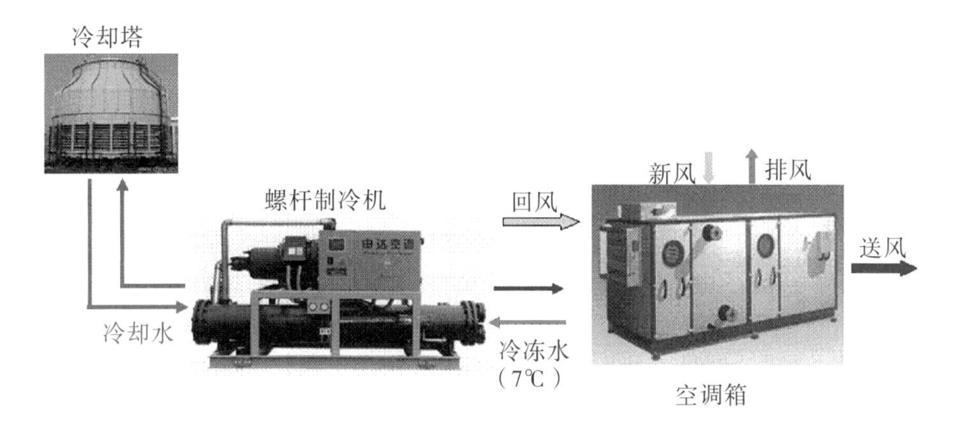

图 6–19　方案一空调系统示意图

（2）方案二（图 6–20）

螺杆机冷冻水供回水温 16 ~ 21 ℃，湖水供回水温 30 ~ 35 ℃；螺杆机 COP 为 6.4。新风机组为全热回收、带压缩机、风冷型双温机组，满负荷电功率为 900 kW。初投资 373.6 万元。

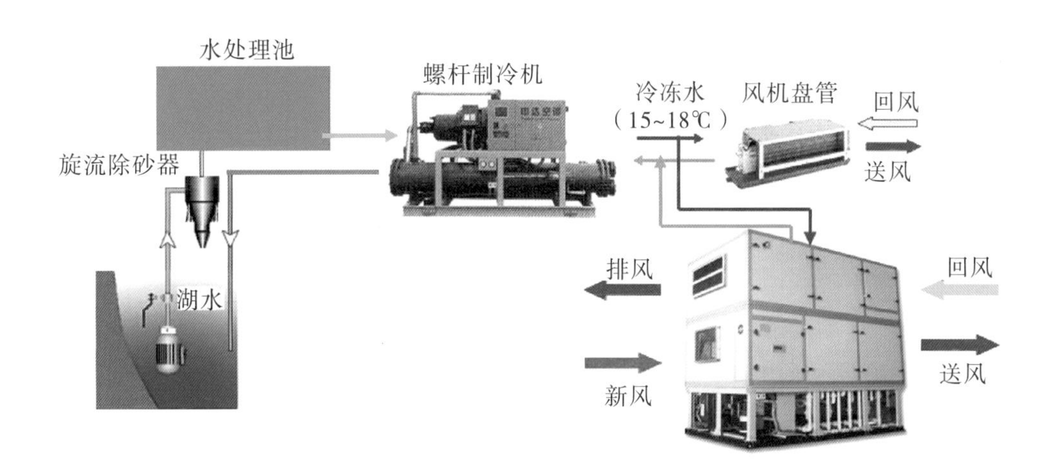

图 6–20　方案二空调系统示意图

（3）方案三（图 6–21）

螺杆机冷冻水供回水温 16 ~ 21 ℃，湖水供回水温 30 ~ 35 ℃；螺杆机 COP 为 6.4。新风机组为全热回收、带压缩机、水冷型双温机组，冷却塔提供冷却水（水温 32 ~ 37 ℃）；冷却塔根据低温盘管的除湿能力要求选型，满负荷电功率为 454 kW，1 台。冷却水泵流量为 78 m^3/h，一用一备，满负荷电功率为 891.6 kW。初投资 355.2 万元。

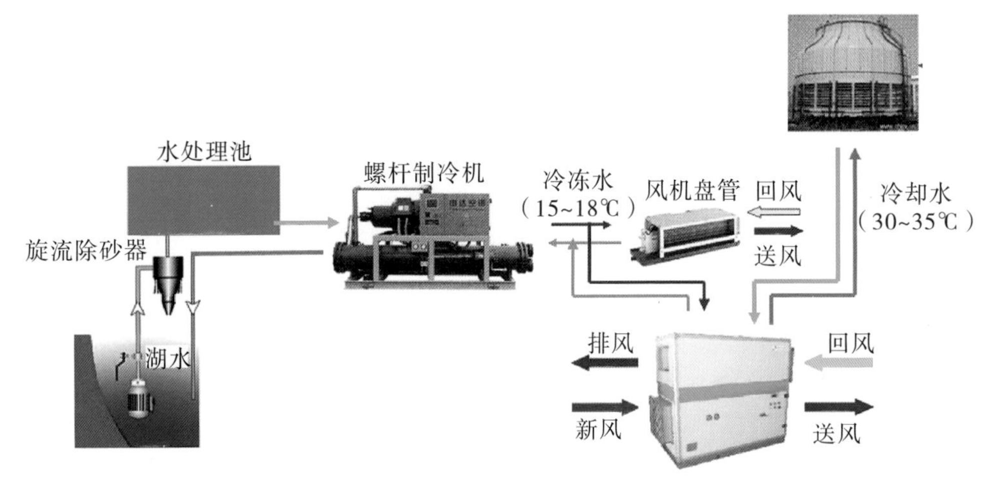

图 6-21　方案三空调系统示意图

（4）方案四（图 6-22）

螺杆机冷冻水供回水温 16 ~ 21 ℃，湖水供回水温 30 ~ 35 ℃；螺杆机 COP 为 6.4。新风机组为全热回收双盘管机组，高温冷冻水由高温螺杆机提供，低温冷冻水由常温螺杆机提供，常温冷机及其冷却塔根据低温盘管的除湿能力要求选型，满负荷电功率为 884.7 kW。初投资 353.1 万元。

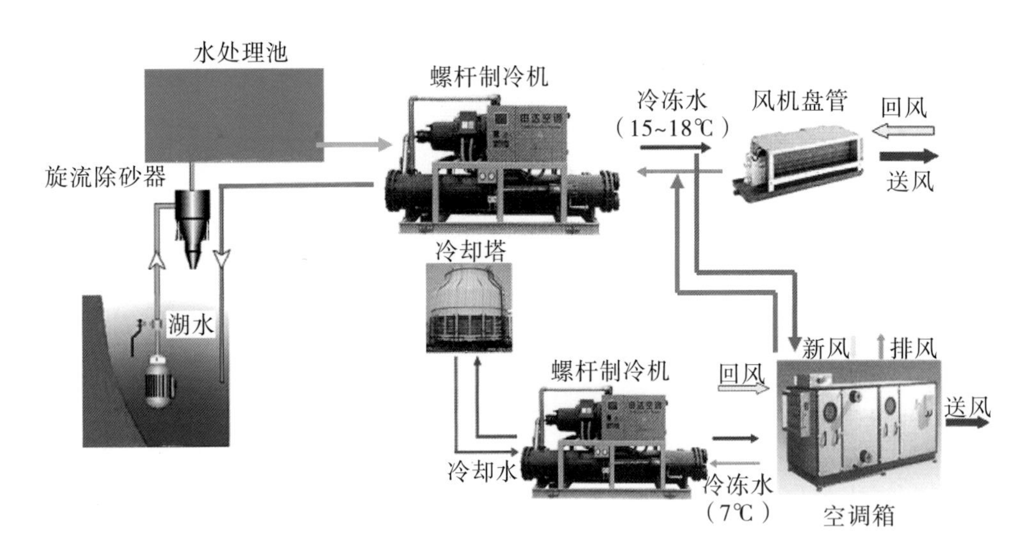

图 6-22　方案四空调系统示意图

6.3.2.2　*四种方案对比*

本项目采用 DeST 软件计算全年逐时负荷，DeST 能耗分析模型如图 6-23 所示。

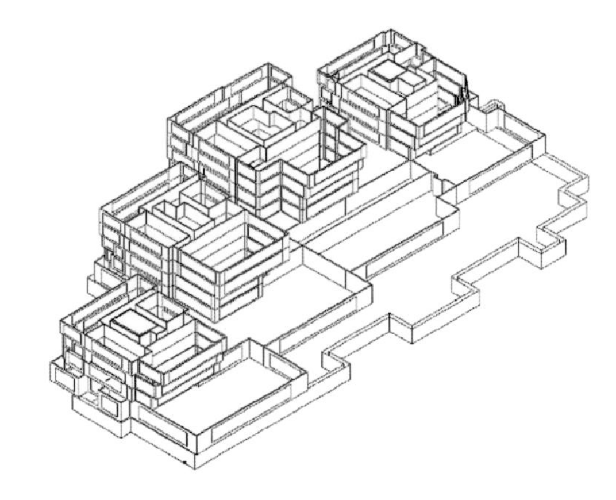

图 6-23　DeST 能耗分析模型

根据 DeST 能耗分析结果，整理得到办公塔楼全年负荷频率分布如图 6–24 所示。

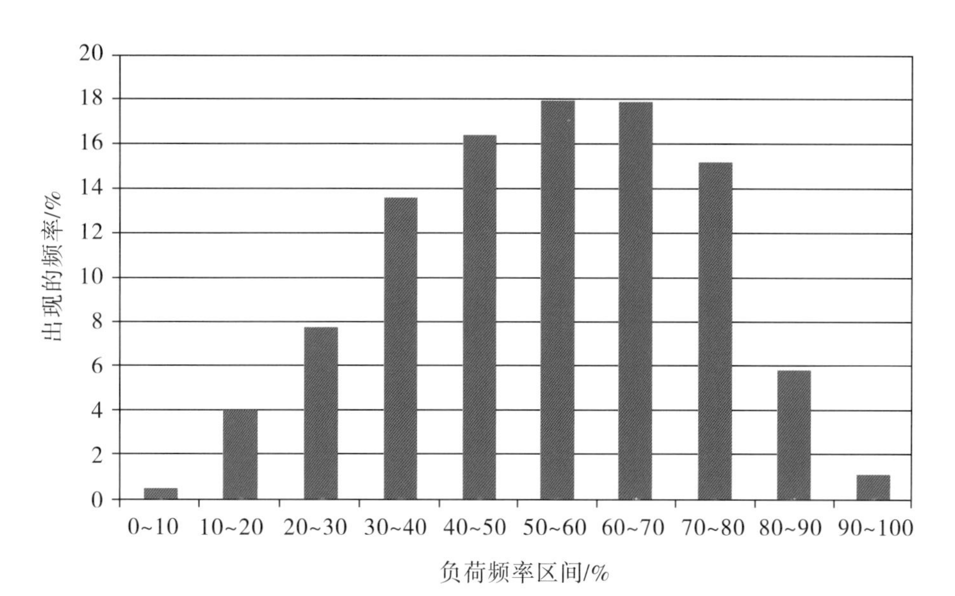

图 6–24　办公塔楼空调负荷频率分析

四种方案的装机功率、初投资和运行费用对比见表 6–12，技术经济对比见表 6–13。

表 6–12　四种方案的装机功率、初投资和运行费用对比

	方案一	方案二	方案三	方案四
装机功率 /kW	1005	900	891.6	884.7
初投资 / 万元	368.9	373.6	355.2	353.1
年运行费 / 万元	50.6	45.3	43.8	48.2

表 6–13　四种方案的技术经济对比

	方案一	方案二	方案三	方案四
	常规空调系统	中高温冷水机组 + 全热回收风冷型双温新风系统	中高温冷水机组 + 全热回收水冷型双温新风系统	中高温冷水机组 + 常温冷水机组 + 全热回收高低温双盘管新风系统
系统复杂性	简单	较简单	较复杂	复杂
调节方便性	较不方便	方便	较方便	不方便
机房面积	最小	较小	较大	最大
能耗	最高	较低	最低	稍高
初投资	较高	最高	稍低	最低

根据上述分析，四种方案的初投资相差不大，但是方案二具有明显的节能效益，同时机房占地面积较小，调节方便，所以选择方案二为实施方案。

6.3.3 建筑运行能耗统计

该项目于 2012 年 10 月 1 日正式竣工投入运营，运营期间逐步调试各种空调设备及智能化系统，根据调试状况，项目选取了 2013 年 3 月至 2014 年 2 月的运营能耗数据对办公楼进行了全年的能耗分析（表 6–14）。

表 6–14 生态园全年分项能耗

单位：kW·h

月份	逐月总计	照明插座	设备用电	特殊用电	中央空调冷机	中央空调末端	风冷柜式空调器	单元式空调系统	中央空调冷却系统	中央空调输配系统
2013.3	81 785	59 305	17 737	4 743						
2013.4	84 839	53 215	17 665	4 973	2 394	2 263	3 001	880	233	216
2013.5	166 693	59 191	17 051	5 270	30 546	32 095	10 935	3 382	3 602	4 621
2013.6	204 988	55 021	18 892	5 546	51 344	43 213	16 768	3 443	5 162	5 599
2013.7	214 421	50 291	17 834	6 794	53 940	48 369	20 454	4 030	6 215	6 494
2013.8	163 780	50 248	17 728	6 944	34 607	28 989	14 220	3 082	3 923	4 039
2013.9	136 034	49 542	18 246	6 444	22 469	21 689	9 703	2 783	2 450	2 708
2013.10	100 170	52 017	16 846	5 283	7 818	8 963	6 433	802	963	1 045
2013.11	73 224	50 883	17 630	4 711						
2013.12	65 245	44 701	16 453	4 091						
2014.1	65 228	43 787	16 689	4 752						
2014.2	74 938	54 222	16 088	4 628						
总计	1 431 345	622 423	208 859	64 179	203 118	185 580	81 514	18 401	22 547	24 722

备注：设备用电包含电梯、厨房设备、水景动力等；特殊用电包含网络机房空调。

图 6–25 为全年各分项能耗比例图，从中可知，该项目中全年照明插座用能比例最大，为 43.49%；其次为空调系统，占总能耗的 37.44%（其中中央空调冷机和中央空调末端能耗最大，分别占到空调能耗的 38% 和 35%）。设备能耗的比例为 14.59%，特殊用电比例为 4.48%。

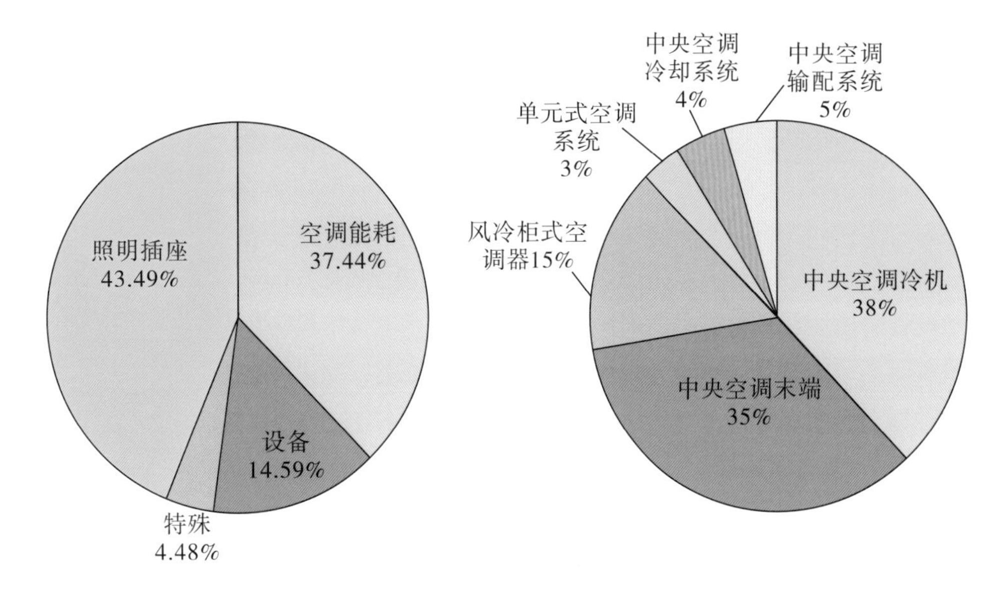

图 6-25　全年各项能耗比例统计图

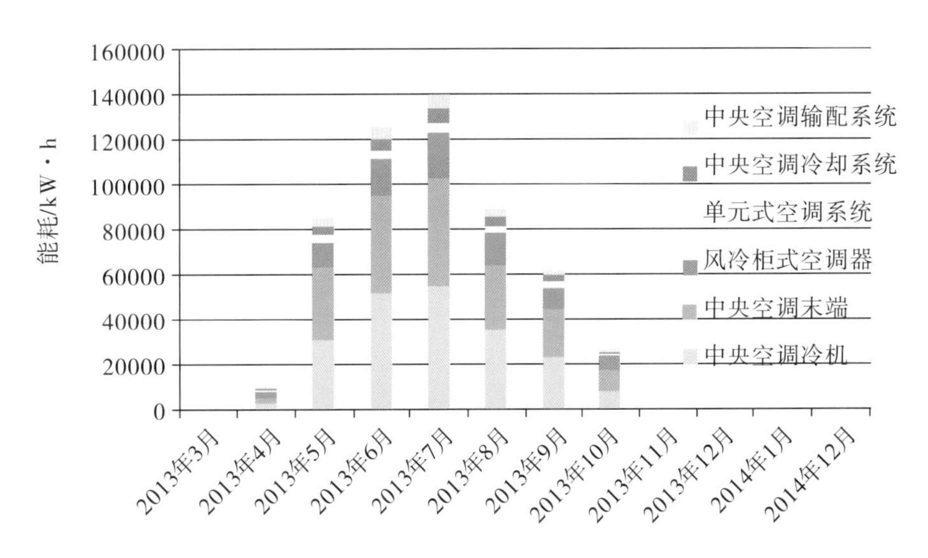

图 6-26　生态园空调系统各项能耗拆分统计

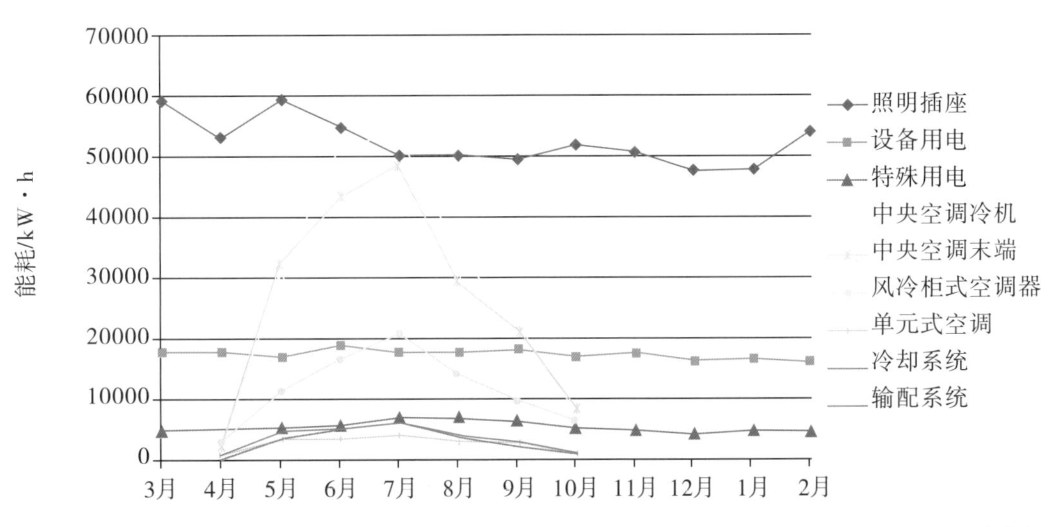

图 6-27　生态园全年各项能耗逐月变化情况

由于项目冬季水源热泵系统未运行，空调季为 4 月下旬至 10 月初，5 月至 7 月的空调能耗逐渐升高，7 月份的空调制冷能耗达到最大，8 月至 9 月的空调能耗又逐渐下降。

冬季和过渡期，即 3 ~ 4 月、11 月 ~ 次年 2 月空调能耗为全年最小值。全年的照明、设备能耗较稳定。

6.3.4 设计阶段能耗对比分析

由于设计阶段能耗模拟软件的局限性，模拟的能耗不包括设备用电和特殊用电。为了分析生态园实际的节能情况，该项目根据提供的电能月报表，除去设备用电和特殊用电，与设计阶段的国标参照建筑能耗进行了对比分析，结果见表 6–15。

表 6–15 实际运行能耗与参照建筑能耗对比

	国标参照建筑	实际运行能耗
照明能耗 /kW · h	795 426.37	622 423
风冷柜式空调器能耗 /kW · h	156 734.28	81 514
单元式空调系统 /kW · h	38 630.28	18 401
中央空调冷机 /kW · h	38 7473.63	203 118
中央空调冷却系统 /kW · h	35 779.32	22 547
中央空调输配系统 /kW · h	47 904.53	24 722
中央空调末端 /kW · h	353 049.06	185 580
网络机房空调 /kW · h	66 576.00	64 179
总能耗 /kW · h · a^{-1}	1 881 573	1 222 484
单位面积能耗指标 /kW · h · m^{-2} · a^{-1}	49.96	38.18
考虑实际使用面积修正后的单位面积能耗指标 /kW · h · m^{-2} · a^{-1}	58.50	44.70
面积修正能耗比例 /%	100%	76.43%

该项目全年运行电耗实测值仅为 38.2 kW · h/m^2，仅为对应参照建筑能耗的 78%。其中空调能耗占 37%，修正面积后电耗绝对值也仅为 44.7 kW · h/m^2，其中空调电耗绝对值仅为 14.2 kW · h/m^2，达到了低于参照建筑能耗 80% 的目标。

6.4 应用结论

6.4.1 岭南历史建筑改造中小型高效空调设计建议

（1）太阳能空调可小面积示范使用，如在重要的宣传性展厅和报告厅使用，结合屋面布置太阳能集热器，这些功能房间同时做好全自然通风。

（2）在考虑热泵溶液除湿新风系统前提下，建议进行高温多联机以及高温冷水机组的区域划分，如集中办公区采用高温冷水机组（应用面积达到 10 000 m^2 以上），其余分散办公区域采用独立的高温或常规风冷 VRV 系统。空调年电耗预计达到 25 ～ 28 kW/ m^2。

（3）在考虑常规热回收新风前提下，建议采用水冷、风冷 VRV 系统或商用变频分体机组的组合方案。空调年电耗预计达到 30 ～ 32 kW/ m^2。

（4）分体机在实际运行中开机时间可能减少 10% ～ 15%，因此分体机能耗也可能达到 25 ～ 30 kW/m^2。

（5）对于需要独立使用空调但使用时间不长的展厅和报告厅，建议采用蒸发式全热回收新风机组 + 变频分体空调。

6.4.2　华南理工大学设计院主楼空调改造方案制定

设计院主楼的空调面积 2186 m^2，夏季空调计算冷负荷 403 kW，折合冷负荷指标 184 W/ m^2，主要空调方案描述如下：

（1）首层领导接见室、休息厅采用可变冷媒流量的高温多联机系统，空调总面积 102 m^2，总计算冷负荷 20 kW，室外机置于首层东侧室外地坪。

（2）二层领导办公室、小会议室采用单元式空调机，便于灵活使用；空调总面积 218 m^2，总计算冷负荷 40 kW，室外机置于三层室外平台。

（3）其余房间均采用可变冷媒流量的多联机系统，室外机置于二层屋顶花园。

（4）首层领导接见室、休息厅、办公室和三层办公室均采用独立的自带冷热源的新风换气机，双向通风设备可回收排风中的能量，达到节能的目的。

（5）二层大会议室采用新风换气机，双向通风设备可回收排风中的能量，达到节能的目的。

（6）二层领导办公室采用静音风机将室外新风送入室内。

第7章 历史建筑的给排水改造技术

历史建筑，顾名思义，是从历史不同时期留存至今，或者曾经存在过的建（构）筑物，重点强调的是"历史性"。"历史"相对于"现在"而言，是某个特定的时段，历史建筑是数十年前甚至百年前存在或存在过的，具有一定历史、科学、艺术价值的，能反映城市历史风貌与地域特色的建（构）筑物。

此次作为节能示范工程改造对象的华南理工大学建筑设计研究院建筑群属于一般性历史建筑。一般性历史建筑是部分有历史价值的建筑，虽然目前还不是文物保护建筑，但是将来可能成为文物保护建筑，属于潜在的文物建筑。

随着岁月的变迁，历史建筑也饱经风霜，出现不同程度的自然老化现象，并且多数历史建筑能耗较高，与现行规范差距甚大。对于一般性历史建筑的节能改造方式，需要贯彻"合理利用"的方针；必须遵循"不改变文物原状"，不得随意损毁、改建、添建或者拆除不可移动文物的"原真性"的原则。对历史建筑进行改造，除了满足新的功能需求之外，还要对历史建筑进行绿色和节能的技术改造。这些都是在保护的基础上进行的综合改造利用。在改造过程中应合理运用围护体系节能改造、自然通风、天然采光、再生能源利用、资源回用、新型空调能效智能控制等先进技术，以降低历史建筑的能耗水平，提高历史建筑的舒适度，提升历史建筑的使用性能，延长历史建筑的使用寿命，实现历史建筑的可持续发展。

从给排水专业的角度出发，本着再生能源利用、资源回用的原则，可以从以下几个方面进行历史建筑的改造：①结合室外景观设计，在绿化带内，均匀布置集水渗透井和渗透沟、设置雨水收集池或将雨水就近排入景观水体，从而实现室外场地的低冲击排放，减少雨洪径流，降低对市政雨水管网的冲击负荷；②设置种植屋面＋蓄水池，实现雨水的收集、净化和回用；③结合场地规划设计，布置湿地景观，用人工湿地技术处理废水及景观水，回用于室外绿化、道路冲洗、冲厕等，实现非传统水源的综合利用；④充分利用太阳能和空调热回收作为热源，提供建筑物内的生活热水；⑤根据现行消防规范，增加消防系统，加强消防技术措施。

7.1 历史建筑的用水量统计及改造前的给排水工程现状

华南理工大学建筑设计研究院建筑群（以下简称"华工大设计院楼"）坐落在风景优美的华南理工大学东湖之滨，与6号楼、7号楼呈凸字形内院布局，是校园里历史最为悠久的建筑群体之一。

华工大设计院楼始建三层北屋主体，1994 年，由于设计院的发展，在原北座以南靠东湖一侧沿山体加建二层办公室及二层办公大楼，南北座之间利用中庭合为一体，其南向入口采用对称的布局，设置两座楼梯，延续传统建筑对轴的入口布置，人们拾级而上可领略华工校园东湖之美。

1994 年大楼内北部主体合一后，在将近二十年的使用过程中已出现了诸多问题：①原有的办公面积已远远不能满足使用要求；②华工大设计院已成为国内知名的设计单位，但缺乏展示自己成绩与企业文化的场所，不能满足设计院接受参观与进一步发展的需要；③十几年来为满足近期使用需求，加建了多处临时建筑，包括设计院东南侧会议室、西侧晒图室、南侧三层设计室、东侧中央空调主机及西北侧室外停车棚与变压设备，使大楼外观处于较为混乱的状况；④原建筑内部使用时间较长，已经十分陈旧，其室内疏散体系与现行规范有多处冲突；⑤原建筑设计由于当时年代的条件限制，未充分考虑的节能措施，使建筑能耗未能达到满意的效果，其墙体材料、门窗材料均无法满足节能要求；⑥原设计中南座建筑采用幕墙形式，其形式尺度与周边老建筑协调性稍差，且外墙饰面已有部分破损发霉，难以恢复。

鉴于以上原因，需要对华工大设计院楼进行整合改造，创造一个适宜的办公场所。

7.1.1　改造目标的用水量统计

表 7–1　改造前自来水用量

用水项目名称	使用人数或单位数	用水量标准	小时变化系数（K_h）	使用时间 /h	用水量			备注
					平均时 / $m^3 \cdot h^{-1}$	最大时 / $m^3 \cdot h^{-1}$	最高日 / $m^3 \cdot d^{-1}$	
办公人员	70 人	50L/（d·人）	1.5	8	0.44	0.66	3.5	
绿化用水	1500m^2	3L/（m^2·d）	1.0	4	1.13	1.13	4.5	
小计					1.57	1.79	8	
未预见水量	按本表 1 至 4 项之和的 10% 计				0.16	0.18	0.8	
合计					1.73	1.97	8.8	

表 7–2　改造后自来水用量

用水项目名称	使用人数或单位数	用水量标准	小时变化系数（K_h）	使用时间 /h	用水量			备注
					平均时 / $m^3 \cdot h^{-1}$	最大时 / $m^3 \cdot h^{-1}$	最高日 / $m^3 \cdot d^{-1}$	
办公人员	250 人	18L/（d·人）	1.5	8	0.56	0.84	4.5	
未预见水量	按本表 1 至 4 项之和的 10% 计				0.06	0.08	0.45	
合计					0.62	0.92	4.95	

表 7-3　改造后中水用量

用水项目名称	使用人数或单位数	用水量标准	小时变化系数（K_h）	使用时间 /h	用水量			备注
					平均时 / $m^3 \cdot h^{-1}$	最大时 / $m^3 \cdot h^{-1}$	最高日 / $m^3 \cdot d^{-1}$	
办公人员	250 人	32L/（d·人）	1.5	8	1	1.5	8	
绿化用水	1500 m^2	3L/（m^2·d）	1.0	4	1.13	1.13	4.5	
小计					2.13	2.63	12.5	
未预见水量	按本表 1 至 4 项之和的 10% 计				0.21	0.26	0.13	
合计					2.34	2.89	12.63	

7.1.2　改造前的给排水状况

华南理工大学建筑设计研究院改造前建筑物性质为办公场所，地上三层，地下两层，建筑高度小于 24 m，建筑物体积小于 10 000 m^3。办公楼内使用分体空调。设计院楼室内设有给排水系统，消防仅配置灭火器。地上三层，每层设置一个公共卫生间。给水利用校区给水管道直接供至各层卫生间。给水管材采用镀锌钢管。室内排水采用污废合流，排水管材采用排水 PVC-U 管。屋面雨水采用外排水，排至室外明水排沟，再汇至校内东湖。雨水管材采用 PVC-U 管。

7.2　历史建筑的给排水改造依据及需求

7.2.1　项目申报书和合同书中对本专业的要求

在该项目申报书和合同书中对给排水专业的要求是进行水资源综合利用改造：结合室外场地规划改造和历史建筑改造，引入雨水低冲击排放和人工湿地水处理技术。重点研究内容：一是实现室外场地的低冲击排放；二是设置种植屋面 + 蓄水池，实现雨水的收集、净化和回收利用；三是用人工湿地技术处理废水及景观水，实现非传统水源的综合利用。

在该项目申报书和合同书中要求给排水专业达到的主要技术、经济指标：比同类办公建筑节水 50% 以上，非传统水源利用率不低于 40%。

7.2.2　现行国家及地方标准对给排水工程设计的要求

对历史建筑进行改造，除了满足新的功能需求之外，更要对历史建筑进行绿色和节能的技术改造。目前广州市为进一步加强建设领域节能减排工作，促进资源节约型和环境友好型社会建设，实现低碳广州建设目标，根据《广东省民用建筑节能条例》等相关法规规定，市政府颁布相关文件对全市符合特定条件和在一定区域范围内的房屋建筑实施绿色建筑技术。主要文件有：

（1）广州《关于加快发展绿色建筑的通告》（穗府〔2012〕1 号），文件中有关水专业的条文为："纳入绿色建筑建设范畴的十二层以下（含十二层）居住建筑和实行集中供应热水的医院、学校、宾馆等公共建筑应当安装太阳能热水系统。对于根据实际情况确实无法应用太阳能的建筑工程，建设单位应当从市建设行政主管部门公布的建筑节能专家委员会名单中遴选专家，组织审议，决定是否选用其他可再生能源技术或产品。"

（2）广州《关于加强我市市政和房建工程排水设计工作的通知》（穗水排水〔2011〕77 号）相关条文为："①房屋工程排水设计应根据我市排水规划实行雨污分流及雨水综合利用。宜通过设置雨水调蓄设施和综合利用工程控制地表径流，尽量使建设用地雨水径流系数和外排雨水量不超过开发建设前的水平。②为避免可能发生的损失，各有关单位应根据市政及房建工程的类别、性质及重要程度，适当提高排水工程的设计标准。a. 适当提高市政工程排水设计重现期标准。新建项目、新建区域和成片改造区域排水设施重现期一般不小于 5 年，重要地区（含立交桥）重现期不小于 10 年，其他项目和一般区域重现期一般选用 3 年，确有困难的区域可选用 2 年。可采用排水管渠改造、控制地表径流、设置调蓄、增加强排设施等综合措施，实现重现期达到相应的标准及要求。b. 适当增大市政工程排水管径。公共雨水管管径宜不小于 400 mm，雨水口连接管管径宜采用 300 mm；公共污水管管径宜不小于 400 mm；截流式合流管的充满度按照满流设计。对雨污分流制排水工程，新建污水管道宜采用 3 倍的旱流污水量复核管道过流能力。对合流制排水工程，截流倍数可根据旱流污水的水质、水量、排放水体的卫生景观要求和排水区域大小等因素经计算确定。c. 强化房建工程地下室设计防涝措施。应重视防止雨水通过电缆沟等地下管沟进入地下室。应优化竖向设计，适当提高地下室入口的标高，并落实相应的防涝措施，如设置横向截水沟、地下室集水池、抽水泵等。应根据地下室发生水浸时应急抢险的需要，适当提高强排设施的建设标准。③完善市政与房建工程排水管道衔接。应利用既有排水设施，从位置、标高、流量、流速等方面复核与既有管线的衔接。排水管不宜倒虹；确需倒虹的地方加大倒虹管设计流速，采取措施以便清疏。新建项目污水管道宜重力流接入公共污水收集系统，不能重力流接入时可在用地红线内自建泵站提升后接入。"

（3）广州《关于贯彻执行〈广州市人民政府关于加快发展绿色建筑的通告〉有关事项的通知》（穗建技〔2012〕229 号）。

（4）《广州市水务管理条例》

（5）《广州市建设项目雨水径流控制管理办法》

（6）《GB50400—2006 建筑与小区雨水利用工程技术规范》

7.2.3　现行消防设计对给排水工程设计的要求

目前，给排水消防设计主要执行以下规范：

（1）《GB50974—2014 消防给水及消火栓系统技术规范》

（2）《GB50016—2014 建筑设计防火规范》

（3）《GB50045—95 高层民用建筑设计防火规范》

（4）《GB50084—2001 自动喷水灭火系统设计规范》（2005 年版）

（5）《CECS263: 2009 大空间智能型主动喷水灭火系统技术规程》

（6）《GB50370—2005 气体灭火系统设计规范》

（7）《GB50140—2005 建筑灭火器配置设计规范》

7.2.4 绿色建筑设计对给排水专业设计的要求

绿色建筑设计应执行国家规范《GB/T50378—2006 绿色建筑评价标准》，相关给排水专业的条文如下：

5 公共建筑

5.2 节能与能源利用的优选项

5.2.18 根据当地气候和自然资源条件，充分利用太阳能、地热能等可再生能源。可再生能源产生的热水量不低于建筑生活热水消耗量的 10%，或可再生能源发电量不低于建筑用电量的 2%。

5.3 节水与水资源利用的控制项

5.3.1 在方案规划阶段制定水系统规划方案，统筹、综合利用各种水资源。

5.3.2 设置合理、完善的供水、排水系统。

5.3.3 采取有效措施避免管网漏损。

5.3.4 建筑内卫生器具合理选用节水器具。

5.3.5 使用非传统水源时，采取用水安全保障措施，且不对人体健康与周围环境产生不良影响。

5.3 节水与水资源利用的一般项

5.3.6 通过技术经济比较，合理确定雨水积蓄、处理及利用方案。

5.3.7 绿化、景观、洗车等用水采用非传统水源。

5.3.8 绿化灌溉采用喷灌、微灌等高效节水灌溉方式。

5.3.9 非饮用水采用再生水时，利用附近集中再生水厂的再生水，通过技术经济比较，合理选择其他再生水水源和处理技术。

5.3.10 按用途设置用水计量水表。

5.3.11 办公楼、商场类建筑非传统水源利用率不低于 20%，旅馆类建筑不低于 15%。

5.3 节水与水资源利用的优选项

5.3.12 办公楼、商场类建筑非传统水源利用率不低于 40%，旅馆类建筑不低于 25%。

7.2.5 节水设计要求

目前，给排水节水设计主要执行以下规范：

（1）《GB50555—2010 民用建筑节水设计标准》

（2）《CJ/T164—2014 节水型生活用水器具》

7.2.6 智慧建筑与给排水工程界面及技术评估

作为智慧建筑，给排水专业需为智能化专业提供以下支持：

（1）向智能化专业提供水表的位置及数量，要求按用途设置用水计量水表，水表采用远传方式，在控制中心计算机上集中显示水表数据。

（2）向智能化专业提供各个水箱的溢流水位、超低水位，要求在这些水位报警。

（3）向智能化专业提供地下室集水井的位置及数量，要求在集水井超高水位报警。

（4）向智能化专业提供水泵（包括给水泵、消防泵和潜污泵）的位置及数量，要求在控制中心显示水泵的运行状况。

（5）向智能化专业提供消防的控制要求。

7.2.7 与其他专业的界面评估及配合

（1）与景观专业配合室外集水渗透井、渗透沟、雨水收集池及人工湿地等低影响开发措施的设置。

（2）与建筑专业配合种植屋面及人工湿地的设置，以及屋顶太阳能板的设置。

（3）与装修专业配合室内消火栓箱、喷头的设置。

（4）与结构专业配合种植屋面及人工湿地屋面降板的设置，以及种植屋面及蓄水池的荷载。

（5）与空调专业配合空调热回收供应热水。

7.2.8 改造工程的功能性要求

（1）达到绿色三星的要求。

（2）建筑物的使用功能不变。但改造后的建筑物面积、体积都有所增加，并且增加部分地下室，装修档次也比改造前提高。

7.3 改造工程给排水专业的评估及实施

根据华南理工大学建筑设计研究院楼的现状，针对改造的需求，设计人员设计了以下的实施方案。

1. 给水系统

室内给水系统分两套管网。公共卫生间冲厕及绿化采用学校区域中水站供给的中水。洗手盆、淋浴等与人体皮肤接触的用水点利用学校自来水水压直接供给。改造时重新敷设给水管，中水管道采用衬塑钢管，卡箍连接；自来水管材采用薄壁不锈钢管，卡环连接。

2. 热水系统

该建筑仅在值班室卫生间设置一个淋浴器，需要供应热水。拟在屋顶设置一套家用太阳能热水装置，并配电辅助加热。

3. 排水系统

室内生活排水采用污废合流。污水采用重力流排放，设伸顶通气管。生活污水排至化粪池预处理后，再排至学校污水管网。改造时重新敷设排水管，排水管采用离心铸造排水铸铁管，卡箍连接。

4. 雨水排放系统

天面雨水采用内排水系统，经雨水斗、立管排至学校雨水沟，再排至校园的西湖。

两个二层露台采用种植屋面。原考虑屋面采用种植屋面 + 蓄水池，采用此项技术屋面承受荷载加大，且屋面板需下沉 400 mm，因此在改造项目中无法实现。

由于设计院楼濒临校园东湖，场地雨水排至校园东湖储存简单易行，既降低造价又减小了下雨时对校园雨水管网造成的冲击负荷。因此该项目不必在室外另做雨水蓄水池。室外采用下沉式绿地、渗透铺装及渗排一体化等技术减少了雨水径流量。

5. 中水系统

华南理工大学2号楼、经管楼及设计院楼设置区域中水处理站。从校园东湖取水，经沉淀、过滤、消毒处理后回用于这几栋楼的绿化、车库地面冲洗及部分楼层公共卫生间的冲厕。由于2号楼、经管楼、设计院楼均临校园东湖，且都在进行改造，因此采用区域中水处理站比分散设置中水处理站造价有所降低，且东湖的取水点减少，不影响东湖的美观。

6. 消防系统

由于改造后单体建筑的建筑面积大于3000 m^2，且设有集中空调系统。故改造后增加室内消火栓系统和自动喷水灭火系统。因设计院楼内面积紧张，无法设置因增加室内消火栓系统和自动喷水系统而需要设置的消防泵房及消防水池。设计院楼附近的高层建筑励吾楼的消防水量和消防水泵均满足设计院楼的消防要求，故拟从励吾楼驳接消防水管引至设计院楼。

7.4 评估及结论

历史建筑的改造着眼于满足新的功能需求，更要着重于绿色和节能的技术改造。本书通过分析华南理工大学建筑设计研究院的改造，由点及面，对历史建筑的技术改造提出一般指导性原则及技术指引。

7.4.1 方案设计的原则

针对历史建筑的新的功能需求，从以下原则出发重新进行给排水系统和消防系统的方案设计。

（1）使用功能改变，或使用功能不变，建设规模（包括建筑面积、体积、建筑高度等）改变，重新计算用水量、排水量。

（2）根据新的功能需求及建设规模，重新进行给排水系统方案设计。设计的原则是给排水管道的敷设尽量保证对现有结构的改变小，并尽量提高建筑物的使用空间，并且不影响建筑的外立面，与室内装修协调一致。给排水系统的管材应与时俱进，做到节能环保。

（3）根据新的功能需求及建设规模，消防系统的方案设计应严格执行现行的消防规范，保证历史建筑改造后的消防安全。

从以上原则出发，方可保证给排水系统及消防系统的方案设计适应历史建筑的改造。

针对历史建筑的绿色节能技术改造，给排水专业应从以下几个方面着手，实现再生能源的利用，资源回收利用。

（1）采用低影响技术（包括下凹式绿地、植被浅沟、雨水花园、生物滞留、屋顶绿化、透水人行道、渗透铺装、雨水调蓄、渗排一体化系统等）的一种或几种，保证改造后的雨水综合径流量小于改造前雨水综合径流量。

（2）设置种植屋面+蓄水池，实现雨水的收集、净化和回用。

（3）结合场地景观设计，布置人工湿地，用人工湿地技术处理废水及景观水，再回用于室外绿化、道路冲洗、冲厕等；或取用附近的湖水经处理后回用于室外绿化、道路冲洗、冲厕等，实现非传统水源的综合利用。

（4）充分利用太阳能和空调热回收作为热源，提供建筑物内的生活热水。

（5）根据现行消防规范，增加消防系统，加强消防技术措施。

7.4.2　技术改造的指引

为了实现历史建筑的可持续发展，历史建筑的改造主要着重于绿色节能的技术改造，给排水专业可考虑从以下几方面实现。

7.4.2.1　基于 LID 理念，采取低影响技术，保证改造后的综合雨水径流量小于改造前的综合雨水径流量

LID（Low Impact Development），即低影响开发，是一门基于雨水管理的工程技术。其主要想法是在源头对雨水进行控制，也就是如何很快地让雨水进行渗透和蒸发，以及雨水的回收再利用。它将绿色空间、本土资源、自然水文功能结合到一起考虑。其优点不单单在保护环境方面，相比起传统的地下排水系统的巨大花费，LID 在具体操作时更加经济实惠。低影响技术包括下沉式绿地、植被浅沟、雨水花园、生物滞留、屋顶绿化、透水人行道、渗透铺装、雨水调蓄、渗排一体化系统等。广州《关于加强我市市政和房建工程排水设计工作的通知》（穗水排水〔2011〕77 号）文件中要求建设用地雨水径流系数和外排雨水量不超过开发建设前的水平。因此我们在改造过程中采用低影响开发理念，研究低影响开发前后雨水 Ψ 值的变化。

1. 雨水径流量的计算

（1）雨水径流量的计算公式

$$Q = Q_s - Q_d \qquad (7\text{–}1)$$

式中　Q——雨水径流量，L/s；

Q_s——雨水设计流量，L/s；

Q_d——采用雨水径流控制措施后径流削减总量，L/s。

根据“改造后雨水径流量不超过改造前雨水径流量”，那么 $Q_{jsq} \geqslant Q_{jsh}$。

式 7–1 中

$$Q_s = q\Psi F \qquad (7\text{–}2)$$

式中　Q_s——雨水设计流量，L/s；

q——设计暴雨强度，L/（s · hm^2）；

Ψ——综合径流系数；

F——汇水面积，hm^2。

其中，汇水面积应以实际汇水面积为准，不限于项目红线范围。

（2）不同下垫面的雨水径流系数（见表 7–4）

表 7–4　不同下垫面的雨水径流系数

下垫面归类	下垫面种类	雨水径流系数 Ψ_c
非渗透路面	硬屋面、沥青屋面、未铺石子的层面	0.85 ~ 0.95
	铺石子的平屋面	0.6 ~ 0.7
	混凝土和沥青路面	0.85 ~ 0.95
	大块石铺砌路面或沥青表面处理的碎石路面	0.55 ~ 0.65
	水面	1.0

续表 7-4

下垫面归类	下垫面种类	雨水径流系数 Ψ_c
可渗透路面	干砌砖石或碎石路面	0.35 ~ 0.40
	级配碎石路面	0.40 ~ 0.50
	非铺砌的土路面	0.25 ~ 0.35
	透水性人行道	0.25 ~ 0.35
	渗透铺装地面	0.20 ~ 0.30
绿地	绿地及下沉式（下凹式）绿地	0.1 ~ 0.2
	绿化屋面	0.3 ~ 0.4
	植被草沟	0.1 ~ 0.2
	雨水花园	0.1 ~ 0.2

资料来源：广州市市政工程设计研究院，《广州市建设项目雨水径流控制指引》

（3）雨水径流系数计算

建设项目综合径流系数计算公式

$$\Psi=\frac{\Sigma(F'_{fst}\times\Psi'_{fst})+\Sigma(F'_{kst}\times\Psi'_{kst})+\cdots\Sigma(F'_{ld}\times\Psi'_{ld})}{S_m} \tag{7-3}$$

式中 Ψ——综合径流系数；

S_m——建设项目用地面积，m^2；

Ψ'_{fst}——不同非渗透地面对应的径流系数；

F'_{fst}——不同非渗透地面对应的面积，m^2；

Ψ'_{kst}——不同可渗透地面对应的径流系数；

F'_{kst}——不同可渗透地面对应的面积，m^2；

Ψ'_{ld}——不同绿地对应的径流系数；

F'_{ld}——不同绿地对应的面积，m^2。

非渗透硬化地面径流系数计算公式

$$\Psi_{fst}=\frac{\Sigma F_{层面}\Psi_{层面}+\Sigma F_{混凝土、沥青路面}\Psi_{混凝土、沥青路面}+\cdots+\Sigma F_{块石地面}\Psi_{块石}+\Sigma F_{水面}\Psi_{水面}}{\Sigma F_{非渗透}} \tag{7-4}$$

可渗透硬化地面径流系数计算公式

$$\Psi_{kfst}=\frac{\Sigma F_{碎石}\Psi_{碎石}+\Sigma F_{土路面}\Psi_{土路面}+\cdots+\Sigma F_{渗透性人行道}\Psi_{渗透性人行道}+\Sigma F_{渗透铺装}\Psi_{渗透铺装}}{\Sigma F_{可渗透}} \tag{7-5}$$

绿地地面径流系数计算公式

$$\Psi_{kld}=\frac{\Sigma F_{下凹式绿地}\Psi_{下凹式绿地}+\Sigma F_{绿化屋面}\Psi_{绿化屋面}+\cdots+\Sigma F_{植被草沟}\Psi_{植被草沟}+\Sigma F_{雨水花园}\Psi_{雨水花园}}{\Sigma F_{绿地}} \tag{7-6}$$

2. 低影响开发措施

科学合理地选择雨水径流措施，应优先选用低影响开发措施。低影响开发措施包括下沉式绿地、植被草沟、雨水花园、生物滞留、屋顶绿化、透水性人行道、雨水调蓄措施、渗排一体化设施、储存回用措施等。

1）下沉式绿地

（1）下沉式绿地雨水径流削减量计算

$$Q_{xd}=\frac{U_x}{t}-\frac{U_x}{T_x}+S_x \tag{7-7}$$

式中　Q_{xd}——下沉式绿地雨水径流削减量，L/s；

S_x——下沉式绿地下渗量，L/s；

U_x——下沉式绿地蓄水量，L；

t——降雨历时，s；

T_x——下沉式绿地蓄水量排空时间，s。

（2）下沉式绿地的设计要求

①下沉式绿地应低于周边铺砌地面或道路，应根据当地土壤的渗透性能验算，并结合绿地的植物特性综合确定，下沉深度宜为 50 ~ 100 mm，一般不大于 200 mm；设在下沉式绿地内的雨水口，其顶面标高应当高于绿地 20 ~ 50 mm，当路面设置立道牙时应采取将雨水引入绿地的措施，同时宜设置能在 24 h 内排干积水的设施。

②雨水宜分散进入下沉式绿地，当集中进入时应在入口处设置缓冲措施。

③下沉式绿地植物宜选用耐旱耐淹的品种。

④下沉式绿地应在 24 h 排干积水。

（3）下沉式绿地示意图

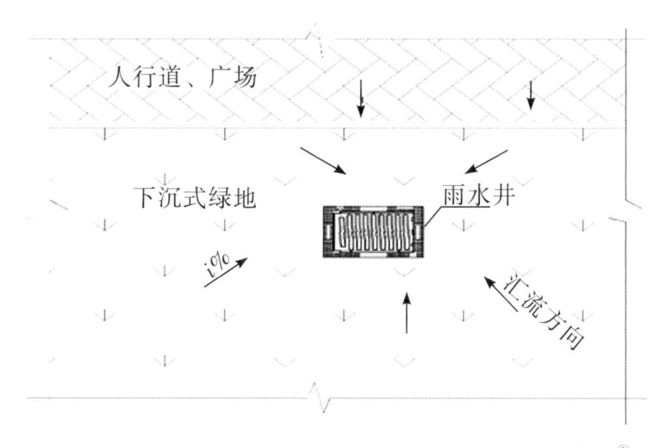

图 7–1　下沉式绿地平面示意图[①]

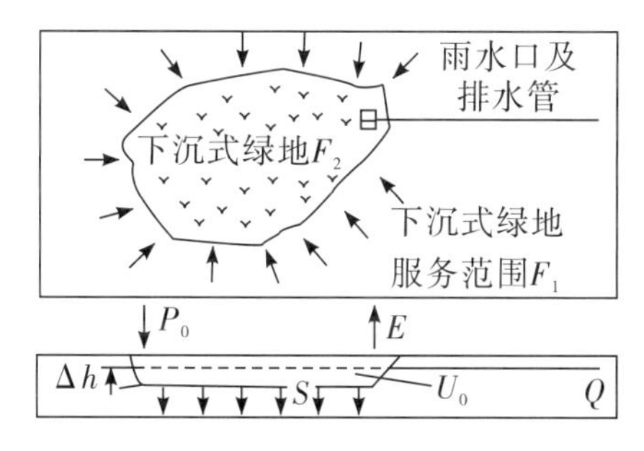

图 7–2　下沉式绿地示意图

2）植被草沟

（1）植被草沟雨水径流削减量计算

$$Q_{zd}=\frac{U_z}{t}-\frac{U_z}{T_z}+S_z \tag{7-8}$$

式中　Q_{zd}——植被草沟雨水径流削减量，L/s；

U_z——植被草沟蓄水量，L；

t——降雨历时，s；

T_z——植被草沟蓄水量排空时间，s；

S_z——植被草沟下渗量，L/s。

① 第 7 章的图 7–1 ~ 图 7–10 来源：广州市市政工程设计研究院，《广州市建设项目雨水径流控制指引》。

（2）植被草沟的设计要求

①植被草沟纵向坡度宜取 1% ~ 5%，不得小于 1%。

②植被草沟断面宜采用梯形，也可采用抛物线、三角形和矩形。断面采用梯形或三角形时，其边坡（水平：竖直）应大于 3∶1，边坡不得小于 2∶1。

③植被草沟中雨水流速应小于 0.8 m/s。

④植被草沟宽度宜为 0.6 ~ 2.4 m。

⑤植被草沟宜种植密集的草皮草，不宜种植乔木及灌木植物。

⑥植被草沟应有配水措施，使其入水均匀分散。

⑦植被草沟积水深度应符合以下规定：

- 中间位置的最大集水深度宜为 0.3 m；
- 草沟下游终点位置的最大集水深度为 0.45 m。
- 植被草沟可设置地下穿孔管排水。

⑧有条件时应优先考虑利用道路绿化带采取植被浅沟等生态排水方式。

（3）植被草沟示意图

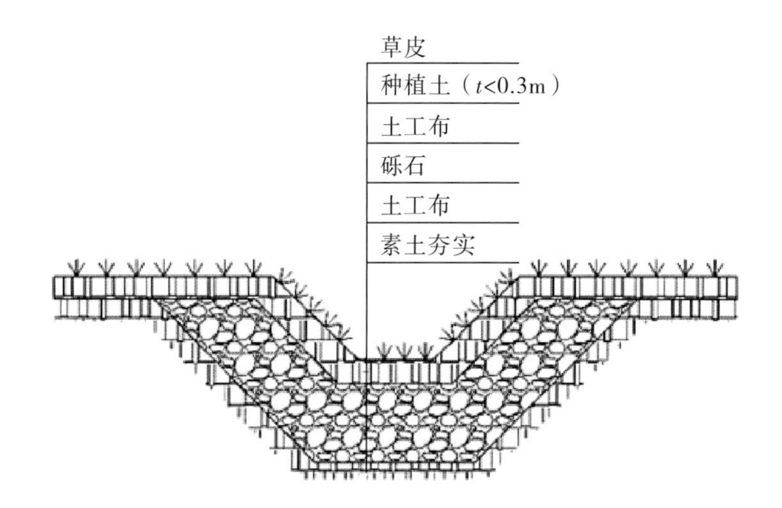

图 7-3　植被草沟断面示意图

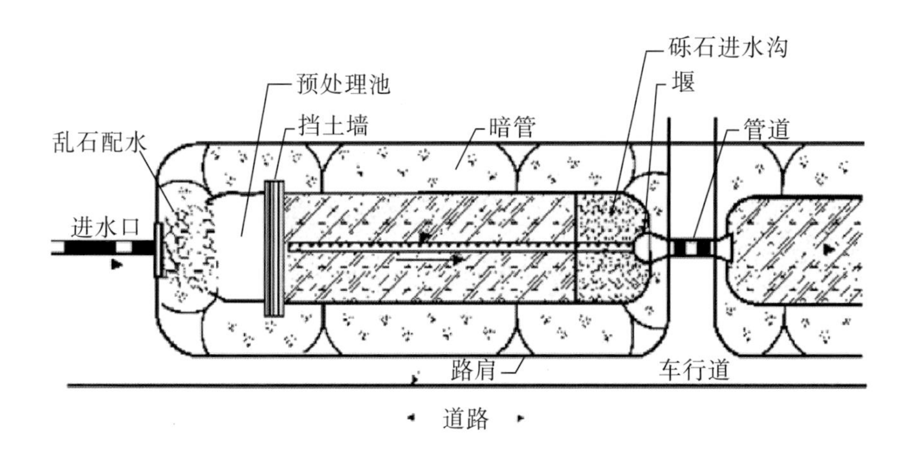

图 7-4　植被草沟平面图

3）雨水花园

（1）雨水花园雨水径流削减量计算

$$Q_{yd}=\frac{U_y}{t}-\frac{U_y}{T_y}+S_y+G_y \tag{7-9}$$

式中　Q_{yd}——雨水花园雨水径流削减量，L/s；

U_y——雨水花园蓄水量，L；

t——降雨历时，s；

T_y——雨水花园蓄水量排空时间，s；

S_y——雨水花园下渗量，L/s；

G_y——雨水花园砂层填料空隙的储水量，L/s。

（2）雨水花园设计要求

雨水花园从上至下，一般分为耐水植物、蓄水层、种植土及填料层、砂层或砾石层以及穿孔集水管等。

（3）雨水花园示意图

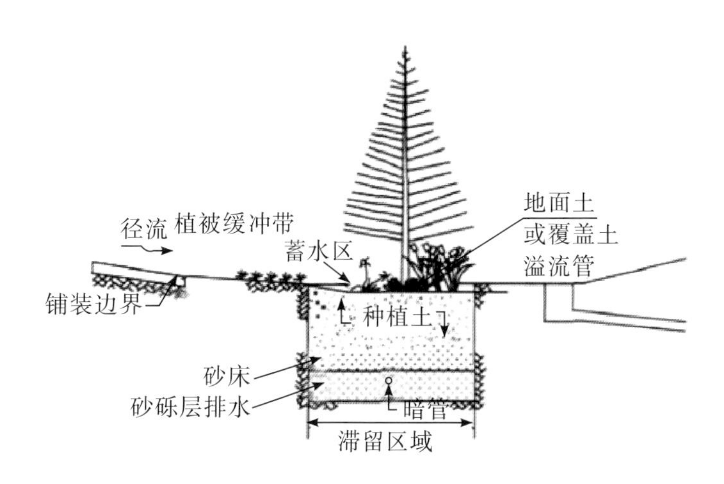

图 7–5　雨水花园断面示意图

4）生物滞留

（1）生物滞留雨水径流削减量计算

$$Q_{sd}=\frac{U_s}{t}-\frac{U_s}{T_s}+S_s \tag{7-10}$$

式中　Q_{sd}——生物滞留措施雨水径流削减量，L/s；

U_s——生物滞留蓄水量，L；

t——降雨历时，s；

T_s——生物滞留蓄水量排空时间，s；

S_s——生物滞留下渗量，L/s。

（2）生物滞留设计要求

①生物滞留系统是由表面雨水滞留层、种植土壤覆盖层、植被及种植土层、砂滤层和雨水收集等部分组成。

②生物滞留适用于汇水面积小于 1 hm^2 的区域，为保证对径流雨水污染物的处理效果，系统的有效面积一般为该汇水区域不透水面积的 5% ~ 10%。

（3）生物滞留系统示意图

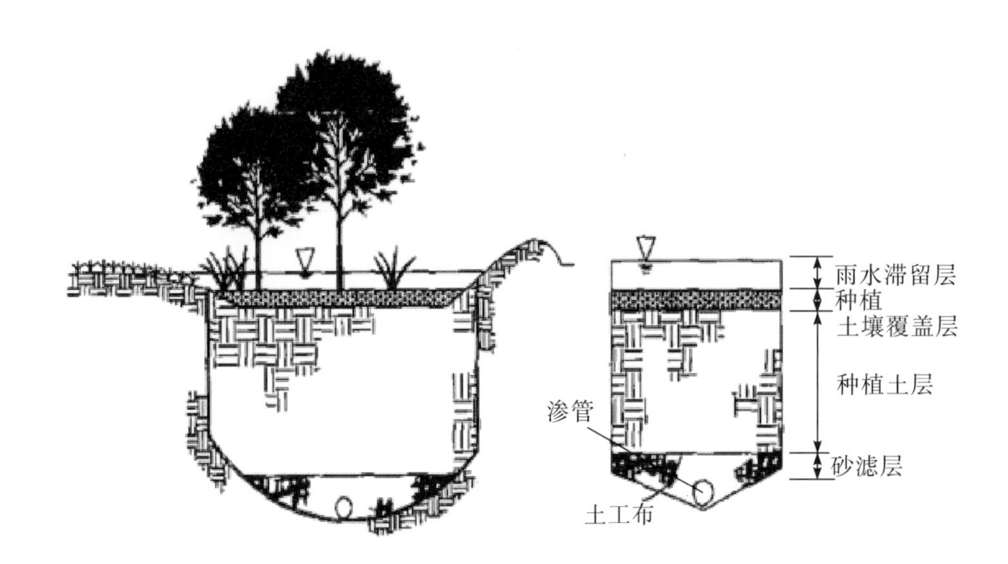

图 7-6　生物滞留系统断面示意图

5）屋顶绿化

（1）屋顶绿化雨水径流削减量计算

$$Q_{wd}=P_{Nt}（1-\Psi_{Nt}）\times F_{wa} \quad (7-11)$$

式中　Q_{wd}——屋顶绿化雨水径流削减量，L/s；

Ψ_{Nt}——屋顶绿化径流系数；

P_{Nt}——重现期为 N、历时为 t 的设计降雨量，L；

F_{wa}——屋顶绿化面积，m^2。

（2）屋顶绿化设计要求

①屋顶绿化分为花园式屋顶绿化及简单式花园绿化，新建建筑宜采用花园式屋顶绿化，若原有建筑活荷载大于等于 3.0 kN/m^2，需进行花园式屋顶绿化时，应进行荷载评估，根据实际的荷载进行相应的设计；建筑活荷载大于 2.0 kN/m^2，可进行简单式屋顶绿化。

②屋顶绿化应以植物造景为主，把生态功能放在首位。

③防水层应采用耐腐蚀、防根系插刺、抗老化的材料，花园式屋顶绿化的防水等级应采用Ⅰ级防水，简单式屋顶绿化采用Ⅱ级防水。

④屋顶绿化设计应由具有园林设计资质的单位承担，在新建建筑上进行屋顶绿化，应算出屋顶绿化的荷载，确定楼面荷载等级来进行楼板配筋。在旧建筑物屋顶进行绿化，应先全面调查建筑的承重情况，应符合《GB50207—2012 屋面工程质量验收规范》和《GB50345—2012 屋面工程技术规范》的技术要求，根据屋顶的承重评估，设计屋顶绿化方案。

⑤屋顶绿化荷载计算必须按照《GB50009—2006 建筑结构荷载规范》规定执行，按屋顶绿化最大的荷载进行屋面承载力的核算，确保楼房的承重安全。

⑥屋顶绿化的防水做法和质量应符合《GB50207—2002 屋面工程施工质量验收规范》和《JGJ 155—2007 种植屋面工程技术规程》的相关规定的要求。

⑦屋顶绿化宜与建筑物同步设计、同步施工和同步竣工验收，应明确养护管理责任人。

（3）屋顶绿化示意图

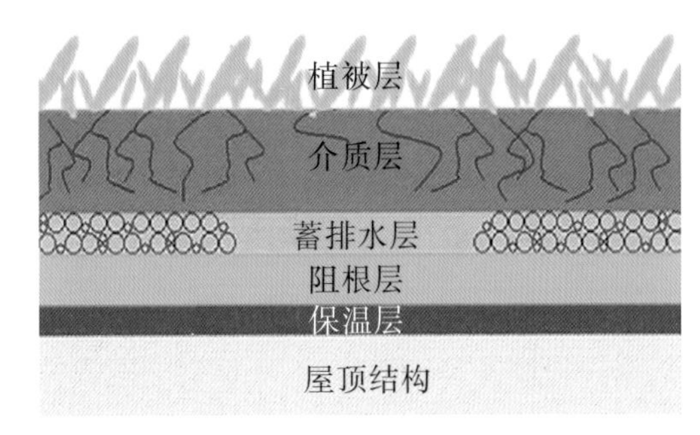

图 7–7　建筑物屋顶绿化断面示意图

6）渗透铺装

（1）渗透铺装雨水径流削减量计算

当缺少相关计算参数时，渗透铺装措施雨水径流削减量可按照下式计算：

$$Q_{td}=P_{Nt}（1-\Psi_{Nt}）\times F_{ta} \tag{7–12}$$

式中　Q_{td}——透水地面铺装雨水径流削减量，L/s；

Ψ_{Nt}——透水地面径流系数；

P_{Nt}——重现期为 N、历时为 t 的设计降雨量，L；

F_{ta}——透水地面铺装面积，m^2。

当相关计算参数齐全时，渗透铺装措施雨水径流削减量可按照下式计算：

$$Q_{td}=（\frac{W_p}{t}+K_j）\times F_{ta} \tag{7–13}$$

式中　W_p——透水地面铺装层容水量，mm；

K_j——基层的饱和导水率，mm/min；

t——降雨历时，s。

（2）渗透铺装设计要求

①硬化地面可采用透水铺装入渗，根据土基透水性要求可采用半透水和全透水铺装结构。

②透水地面包括自然裸露地面、公共绿地、绿化地面、镂空面积大于等于 40% 的镂空铺地（如植草砖），以及透水砖、透水沥青和透水混凝土。

③新建项目硬化地面中，建筑物的室外可渗透地面率不小于 40%。其中，人行道、室外停车场、步行街、自行车道、广场和建设工程的外部庭院应分别设置渗透性铺装设施，其渗透铺装率不小于 70%。

④具备透水地质要求的新建（含改、扩建）人行步道、城市广场、步行街、自行车道应采用透水铺装路面，透水铺装路面横坡坡度宜为 1.0% ~ 1.5%，并且透水铺装面积的比例不应小于 70%。

⑤透水砖地面的铺装结构自下而上由土基、透水底基层、透水基层、透水找平层、透水砖面层组成，其面层在边缘应有约束。

⑥透水路面结构应便于施工，利于养护并减少对周边环境及生态的影响。

⑦透水砖地面的表面平整度应每 20 m 检测一处，允许偏差小于等于 5 mm。顺直度反映

铺装砖缝的顺直程度，采用 5 m 拉线和钢尺法检测。透水砖地面的纵缝顺直度应每 40 m 检测一处，允许偏差小于等于 10 mm；横缝顺直度应每 20 m 检测一处，允许偏差小于等于 10 mm。

⑧面层透水砖的透水系数应不小于 0.1 mm/s，下面各层的透水系数应不小于上层的。

⑨面层透水砖的有效孔隙率应不小于 8%，透水混凝土的有效孔隙率应不小于 10%，砂砾料和砾石的有效孔隙率应大于 20%。

⑩未尽事宜参照《CJJ/T 135 透水水泥混凝土路面技术规程》《CJJ/T190 透水沥青路面技术规程》《DB 11/T 686 透水砖铺装施工与验收规程》以及《DBJ 13-104—2008 透水砖路面（地面）设计与技术规程》的相关规定。

（3）渗透铺装示意图

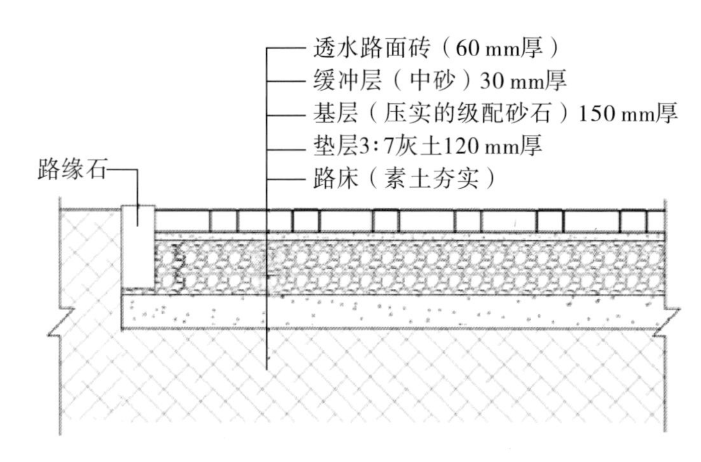

图 7-8　渗透砖铺装断面示意图

7）透水人行道

（1）透水人行道雨水径流削减量计算

当缺少相关计算参数时，透水人行道雨水径流削减量可按照下式计算：

$$Q_{td}=P_{Nt}(1-\Psi_{Nt})\times F_{ra} \tag{7-14}$$

式中　Q_{td}——透水地面铺装雨水径流削减量，L/s；

Ψ_{Nt}——透水人行道径流系数；

P_{Nt}——重现期为 N、历时为 t 的设计降雨量，L；

F_{ra}——透水人行道铺装面积，m^2。

当相关计算参数齐全时，渗透铺装措施雨水径流削减量可按照下式计算：

$$Q_{td}=\left(\frac{W_p}{t}+K_j\right)\times F_{ra} \tag{7-15}$$

式中　W_p——透水地面铺装层容水量，mm；

K_j——基层的饱和导水率，mm/min；

t——降雨历时，s。

（2）透水人行道设计要求

①透水人行道路面结构除满足承载要求以外，还应满足透水、储水功能要求。

②透水人行道路面结构类型的选择应根据土基承载能力、土基的均匀性、地下水的分布来确定。

③透水人行道下的土基应具有一定的渗透性能，土壤渗透系数应不小于 1.0×10^{-4} cm/s，

且渗透面距离地下水位应大于 1.0 m。渗透系数小于 1.0×10^{-6} cm/s 或膨胀土等不良土基，在水源保护区，不宜修建透水人行道。

④透水砖、透水水泥混凝土及透水水泥稳定碎石的有效孔隙率应不小于 15%，渗透系数应不小于 1.0×10^{-2} cm/s。

⑤透水人行道横坡度不宜小于 1.0%。特殊路段或步行广场可根据实际情况结合其他排水设施设置纵、横坡度。

（3）透水人行道示意图

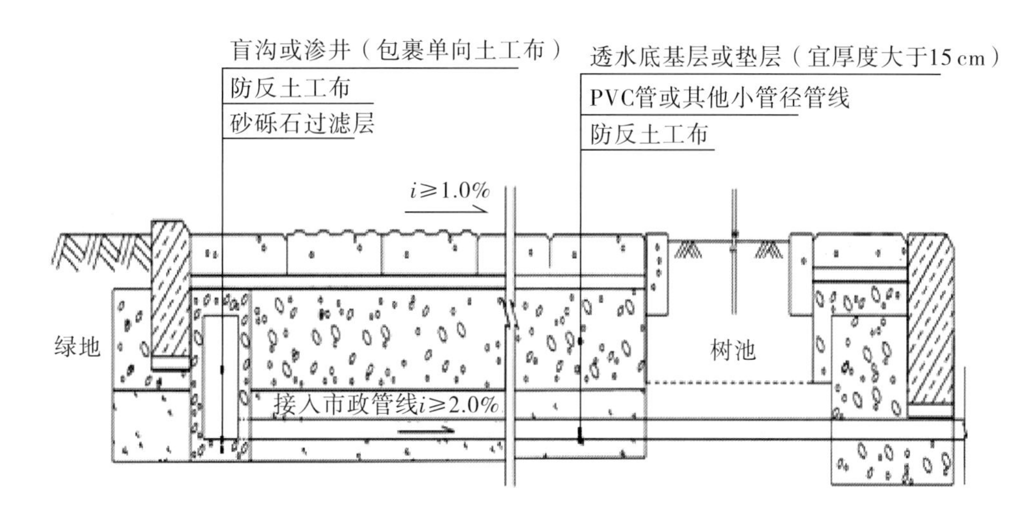

图 7-9　透水人行道横断面示意图

8）雨水调蓄池

（1）雨水调蓄池雨水径流削减量计算

$$Q_{txd}=1000\left(\frac{V_{txd}}{t}-\frac{V_{txd}}{T_{txd}}\right) \tag{7-16}$$

式中　Q_{txd}——雨水调蓄设施雨水径流削减量，L/s；

V_{txd}——雨水调蓄设施有效容积，m^3；

t——降雨历时，s；

T_{txd}——排空时间，s。

（2）雨水调蓄池设计要求

①建设项目需要削减排水管道峰值流量防止地面积水、提高雨水利用程度时，可设置雨水调蓄设施。

②雨水调蓄池的设置优先考虑与景观水池、消防水池、雨水利用池合建，尽量利用现有设施。

③雨水调蓄设施包括雨水调蓄池、水塘、水池、湖泊、屋面水池、屋顶雨水流量控制水池等。

④雨水调蓄设施的位置，应根据调蓄目的、排水体制、管网布置、溢流管下游水位高程和周围环境等综合考虑后确定。

⑤新建建设工程硬化面积达 10 000 m^2 以上的项目，除城镇公共道路外，应当设置雨水调蓄设施，具体配建标准为：雨水调蓄措施有效容积数值按实际硬化面积的 5% 进行计算（计算结果取整数）。

（3）雨水收集及回收利用流程图

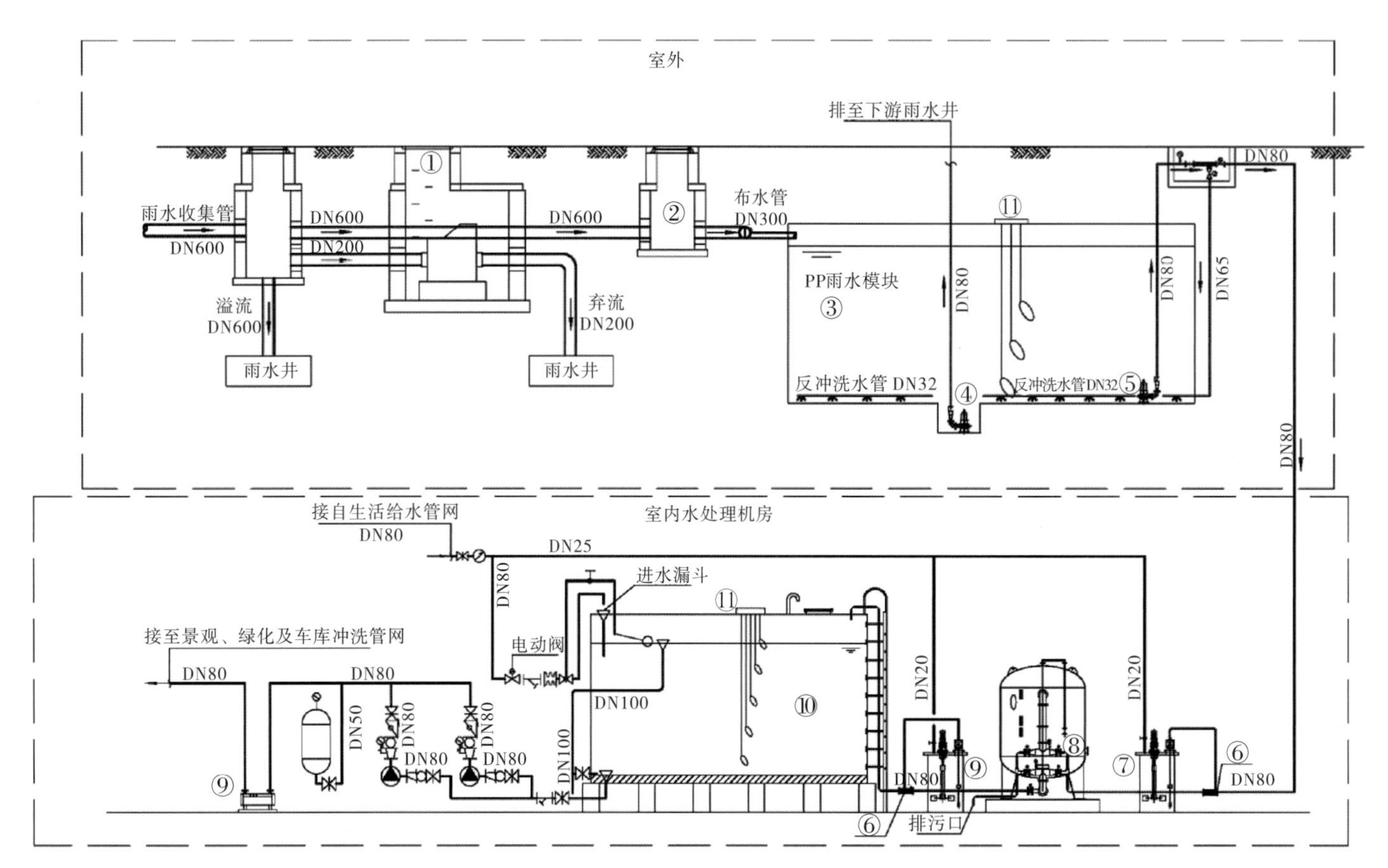

序号	①	②	③	④	⑤	⑥	⑦
名称	弃流装置	布水井	PP雨水模块	排泥泵	雨水提升泵	管道混合器	混凝剂加药装置
序号	⑧	⑨	⑩	⑪	⑫	⑬	
名称	过滤砂缸	消毒剂投药泵	清水箱	液位计	雨水回收利用供水设备	雨水回收利用控制箱	

图 7–10　雨水收集及回收利用流程图

9）渗排一体化系统

渗排一体化系统，由一系列具有渗透功能的雨水检查井与采用穿孔管管材的管渠组成，具有雨水渗透、储存、排放的综合功能，以土壤入渗为雨水的间接利用方式，适用于土壤有一定渗透能力的雨水利用工程。

（1）雨水渗透管雨水径流削减量计算

$$Q_{gd} = W_s \tag{7–17}$$

式中　Q_{gd}——雨水渗透管雨水径流削减量，L/s；

W_s——渗透量，L/s。

其中，渗透量计算如下：

$$W_s = 1\,000\,\pi\, rL\alpha KJ \tag{7–18}$$

式中　W_s——渗透量，L/s；

α——综合安全系数，一般可取 0.5 ~ 0.6；

K——土壤渗透系数，m/s；

J——水力坡降，一般可取 L=1。

（2）雨水渗透管设计要求

①渗透管沟应设置沉泥井等预处理设施。

②渗透管可采用 PVC 穿孔管、PE 渗排管、无砂混凝土管等材料制成，塑料管开孔率应控制在 1% ~ 3% 之间，无砂混凝土管的孔隙率应大于 20%。

③渗透管敷设坡度宜采用 0.01 ~ 0.02。

④渗透管四周填充砾石或其他多孔材料，砾石层外包土工布，土工布搭接宽度不应小于 150 mm。

⑤渗透检查井的出水管口管底标高不应高于入水管口管底标高，也不应高于上游相邻井的出水管口管底标高。

⑥渗透管沟设在行车路面下时覆土深度不应小于 700 mm。

⑦城镇公共道路雨水的排放和削减应当设置渗排一体化系统。

（3）渗排一体化系统示意图

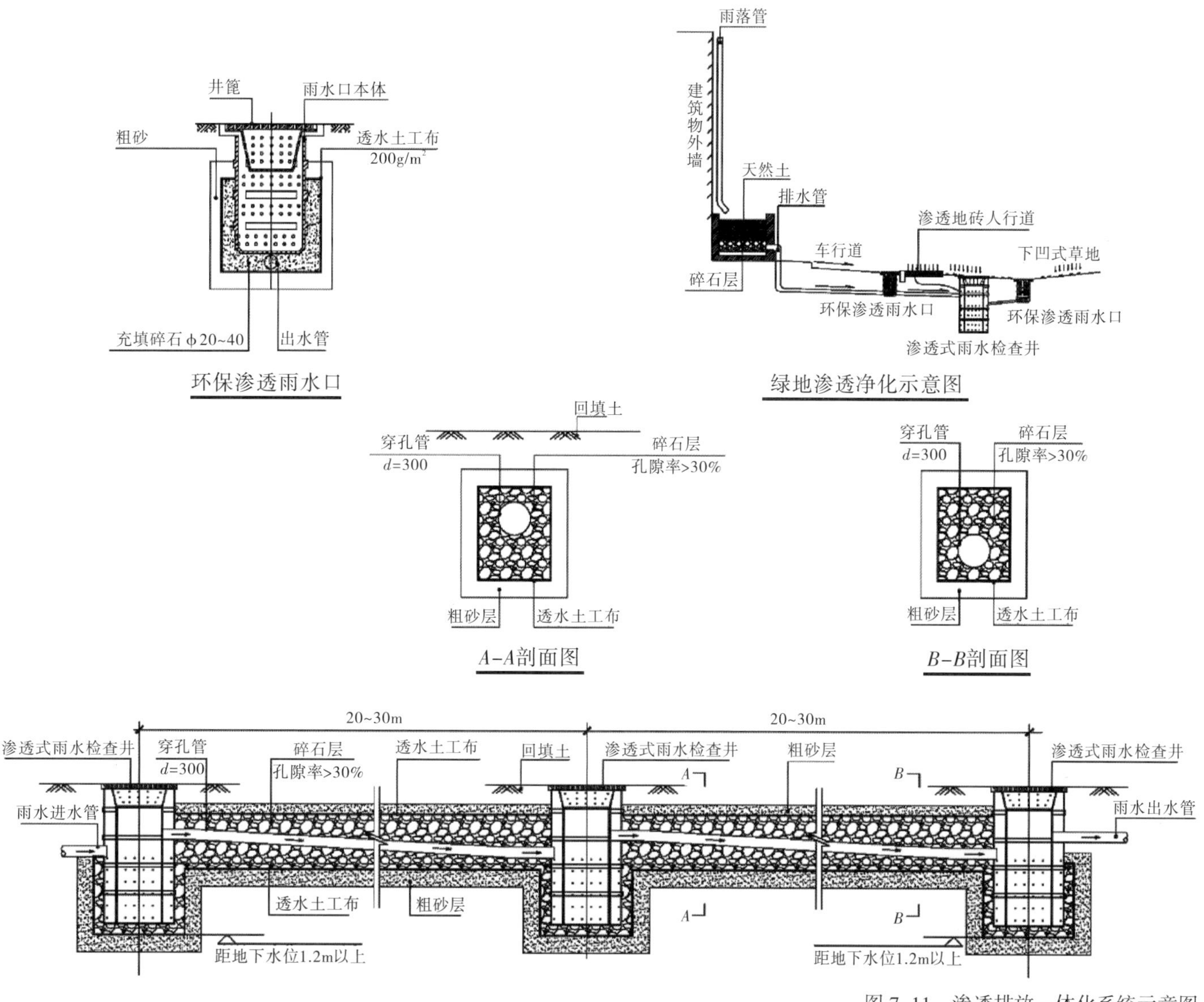

图 7–11　渗透排放一体化系统示意图

从上面的阐述我们可以看到低影响技术多种多样，每样技术都能或多或少地减少雨水径流量。我们可以根据场地的景观需求，本着降低工程造价的原则，选择应用多项低影响技术，以保证改造后的雨水径流量小于改造前的雨水径流量，且控制综合径流系数不大于 0.5。

7.4.2.2 人工湿地处理废水及景观水

1. 人工湿地的原理

人工湿地由介质层和湿地植物两大系统组成，是利用这两大系统共同营造的生态系统，综合物理、化学、生物三个领域放大功效，使污水处理功效达到最大化。

介质层分多层铺设，视所需处理污水的性质不同而定，每一层介质层的介质粒径配合比、组成成分、厚度和它污水处理能力的关系，都涉及许多土力学的知识，如孔隙率、渗透系数、水饱和度、颗粒间作用力等，这是环境工程与土力学的相互结合、相互渗透。

介质层由不同介质按特定配比混合组成，介质不仅过滤固体物、固定由细菌引起的薄膜，而且通过表面的吸附和氧化作用提高对污染物的去除能力。介质层由上至下分为好氧区、兼氧区、厌氧区，为好氧微生物、厌氧微生物提供生长和工作环境。其中好氧微生物所需氧气通过实地的漫渗、折渗和湿地植物的光合作用获得。

湿地植物事先经过培育，使其根系更适应恶劣的污水环境，而且针对污水、景观水处理的具体要求，有各自不同的适合植物的种类及配比。优选优配的湿地植物为湿地正常运行起到了疏通介质层的作用，可以稳定介质层的渗透性。

2. 人工湿地的工艺流程（图 7–12）

（1）污水处理

污水通过各自的污水管道汇集进入湿地系统，在进入湿地处理之前，先通过沉淀池沉淀过滤污水中漂浮物、砂粒、粪便等，然后污水通过布水泵的提升，在自控系统控制下自动向湿地布水。污水从湿地的布水管流出，然后经过多层介质层，从上到下层层渗透，在此过程中污物被逐步分解吸收，再由集水管收集导出湿地，然后达标排放或中水回用。

（2）景观水处理

在景观水池的上游建造一块湿地，在景观水池的下游设置循环取水泵。景观水通过循环取水泵的提升向湿地布水，净化处理后从景观水池的上游回景观水池。这样一来，湿地不仅净化处理了景观水，而且还使原来封闭的景观水体强制性地循环流动起来。整个净化过程在自控系统控制下自动运行。

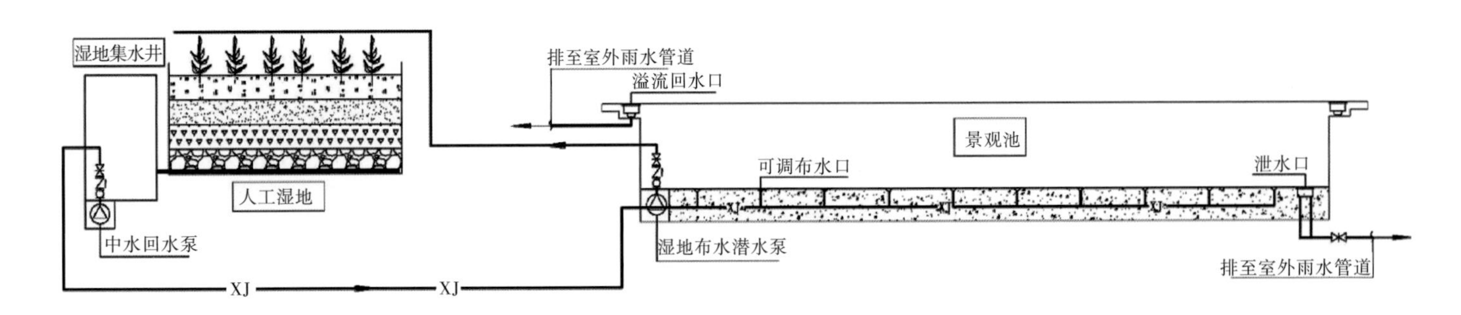

图 7–12 景观池水处理工艺流程图

（3）人工湿地的技术特点

①湿地系统所有的材料都来源于大自然，对周边环境没有二次污染。

②湿地不需要添加任何化学药剂。

③湿地没有常规污水处理厂通用的曝气设备，除了用污水泵提升污水之外，湿地没有任何其他机电设备。

④能高效降解有机物、氮、磷、细菌、重金属等污染物，尤其是湿地在除磷脱氮方面具有特殊处理功能。

⑤湿地表面干燥，没有积水，人可以在上面行走，不像常规污水处理厂周围附近臭味很重而引起居民的投诉。

⑥湿地本身就是绿化，在处理污水的同时还是景观绿地，可美化周边环境。

⑦湿地系统工艺流程简单，管理方便，不需要专业水平很高的技术人员，日常管理人员主要工作以巡视为主。

⑧日常运行费用低。

（4）人工湿地的构成

①防水衬垫。确保湿地内污水不会向外渗漏而污染地下水，也保证不会有外来不明水源进入湿地系统增加污水处理负荷。

②使污水净化工艺达到最大化的介质和介质层。

③布水系统、集水系统及湿地水位监测控制系统。布水管和集水管的排布密度、孔径大小、缝隙密度都与污水在湿地内的扩散范围和分布均匀程度有关。

④湿地植物。

⑤自控系统。控制提升水泵自动开启和关闭。

工程上可以结合景观设计，设置人工湿地，用人工湿地技术处理废水及景观水，回用于室外绿化、道路冲洗、冲厕等，实现非传统水源的综合利用。只要场地许可，采用人工湿地技术实现废水资源化，简单易行，并且日常运行费用低。

7.4.2.3　绿色屋顶 + 雨水蓄水及回用

1. 原理

绿色屋顶功用是通过在屋顶种植绿色植物起到滞留雨水的作用，并通过雨水管将雨水输送到预设的蓄水池，对雨水进行净化再利用。它不仅形成立体绿化，而且能实现降低室内温度、减少热岛效应、储存雨水、净化空气、节约能源等一系列功能，并具有审美价值。因此对绿色屋顶雨水蓄水及回用进行研究，同时具有社会效益和经济效益。

2. 绿色屋顶 + 雨水蓄水示意图（图 7–13）

从图 7–13 可以看到，采用种植屋面 + 蓄水池，需要结构降板 400 mm 且承受覆土、蓄水池的荷载。对于改造项目，已建屋面很难应用此项技术，对于新增的屋面可考虑采用此项技术。

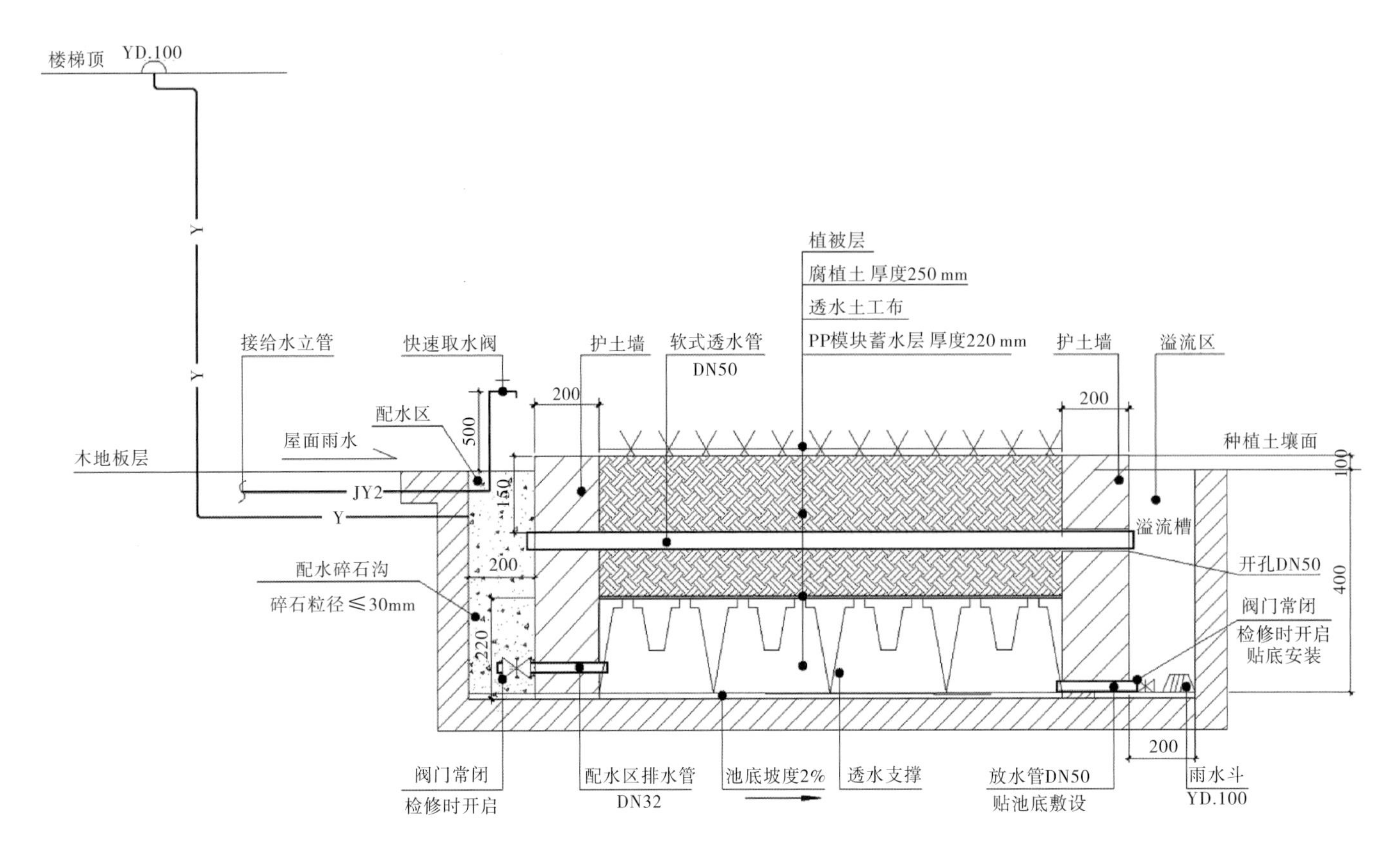

图 7-13 屋顶人工湿地系统原理示意图

7.4.2.4 利用太阳能和空调热回收作为热源，提供建筑物的生活热水

改造的建筑物如果有稳定的热水需求，首先考虑太阳能或空调余热作为热源，以达到节能的目的。

下面是分别以空调余热和太阳能为热源的集中供应热水的流程图（图 7-14、图 7-15）。

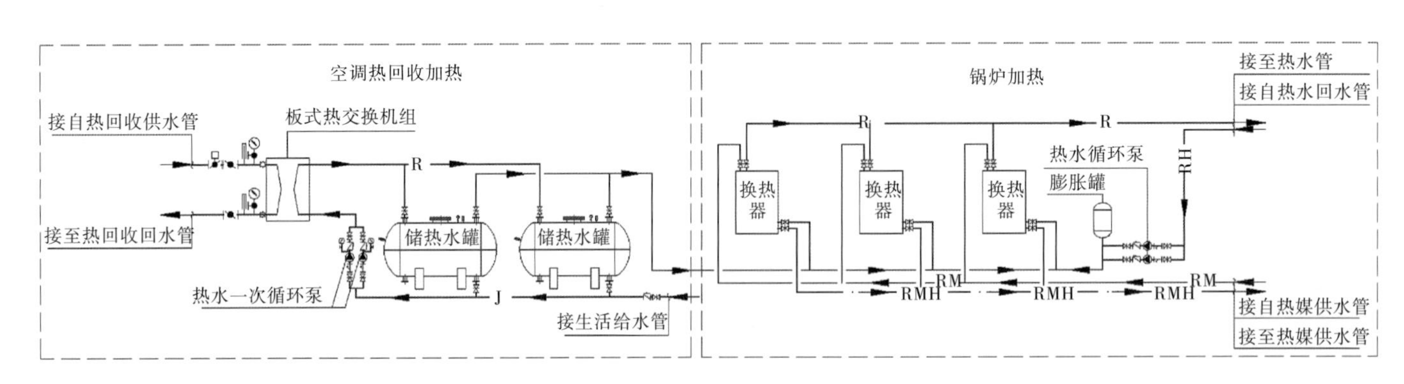

图 7-14 以空调余热为热源的集中热水供应流程图（锅炉辅助加热）

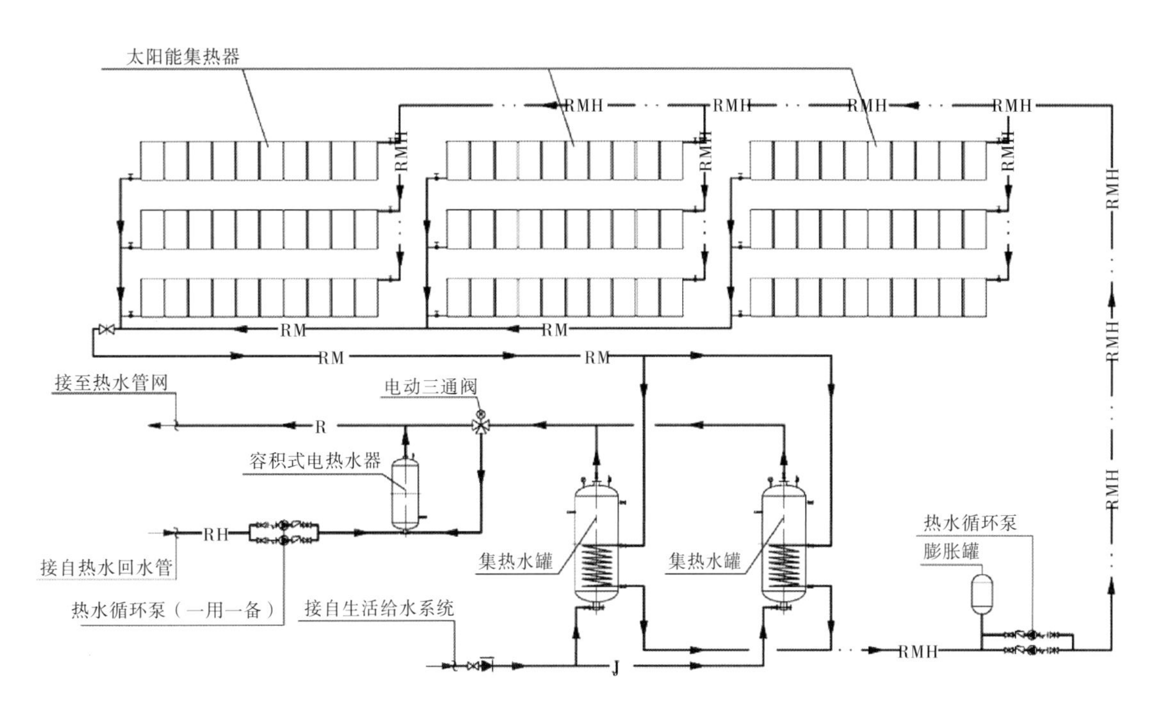

图 7-15　以太阳能为热源的集中热水供应流程图（电辅助加热）

7.4.2.5　消防系统

历史建筑改造时，要严格执行现行的消防规范，完善消防系统，加强消防技术措施，保证历史建筑的消防安全。

第 8 章
岭南建筑的建筑电气改造技术

8.1 岭南建筑的建筑电气现状

岭南建筑的特点主要体现在文化、地域、气候等几个方面。岭南建筑特别是历史建筑的电气改造，主要目标是通过改造让建筑成为绿色、节能、智慧的建筑。根据调查，岭南建筑特别是其中的历史建筑因为建筑年代久远，电气设备普遍比较陈旧。随着经济的发展和人们生活水平的提高，各种电气设备用量激增，其电气设备、线路落后的问题也越来越突出。具体有以下几个突出的问题：

（1）电气线路往往经过多次改造，各种线路乱拉乱接的问题比较突出。配电线路容易出现故障，同时故障点的查找比较困难。供电的可靠性差，而且有较大的安全隐患。

（2）一表多用、无表乱用，管理漏洞多，各种损耗大。电费无法准确计量，往往采用分摊等方式收取，导致使用单位节电的积极性不高。

（3）照明光源、灯具及附件等陈旧，控制方式不尽合理。

（4）没有结合建筑特点充分利用自然光、太阳能等可再生能源。

8.2 岭南建筑电气设备改造的历史契机

目前国家正大力推动公共建筑节能改造，国务院发布的《“十二五”节能减排综合性工作方案》中提出了如下目标：到 2015 年，全国万元国内生产总值能耗比 2010 年下降 16%；“十二五”时期公共建筑节能改造 6000 万平方米，形成 3 亿吨标准煤的节能能力。《方案》中对建筑的节能提出具体的要求，要求推动建筑节能，制定并实施绿色建筑行动方案，从规划、法规、技术、标准、设计等方面全面推进建筑节能；要求加强公共建筑节能监管体系建设，完善能源审计、能效公示，推动节能改造与运行管理；要求调整能源结构，因地制宜大力发展太阳能等可再生能源。国家的规划正是一个契机，我们完全可以利用现有的成熟技术，通过节能改造使大量老建筑焕发新的活力，给使用者一个安全、舒适、节能、环保并融合现代科技的使用环境。

8.3　岭南建筑改造中的电力监控技术及能源管理系统

8.3.1　在岭南建筑中设置电力监控及能源管理系统的重要性

在岭南建筑的节能改造中，如何提高供电系统运行的可靠性与安全性，如何降低建筑运行过程中的能耗，如何降低运行管理成本，如何进行建筑能耗量化管理，如何评估节能效果，这些都是改造工作要关注的问题。而电力监控及能源管理系统恰好能很好地解决以上问题。该系统不但节约了大量人工数据采集、手动控制及查错的工作量与时间，而且非专业的管理者也可在很短的时间内掌握系统的操控（图 8–1）。当设置了能源管理系统的建筑达到一定的规模，就可以建立能耗监测信息库，为政府部门制定建筑物用能标准，为能源生产和计划调度决策提供可靠依据。

图 8–1　电力监控系统作用示意图

电力监控及能源管理系统是最近十年才发展起来的新技术，在岭南建筑中能源管理系统基本是空白。随着 2005 年国家发布的《公共建筑节能设计标准》提出分项计量的要求，2010 年以后《公共建筑用能监测系统工程技术规范》《广州市建筑用电分项计量导则》等规范的出台，该系统也迅速得到发展和推广。电力监控及能源管理系统是在自动化技术和信息技术基础上建立的系统，由各计量装置、数据采集器和能耗数据管理的软硬件系统组成。系统通过实时监控建筑各种能源的详细使用情况，随时发现设备的异常状态；通过监测能源消耗的异常变化，为节能降耗提供直观科学的依据；通过实时的在线监控和分析管理，促进物业管理水平的进一步提高和运营成本的进一步降低，从而使能源使用合理，控制浪费，达到节能减排、节能降耗的目的。其价值体现如图 8–2 所示。

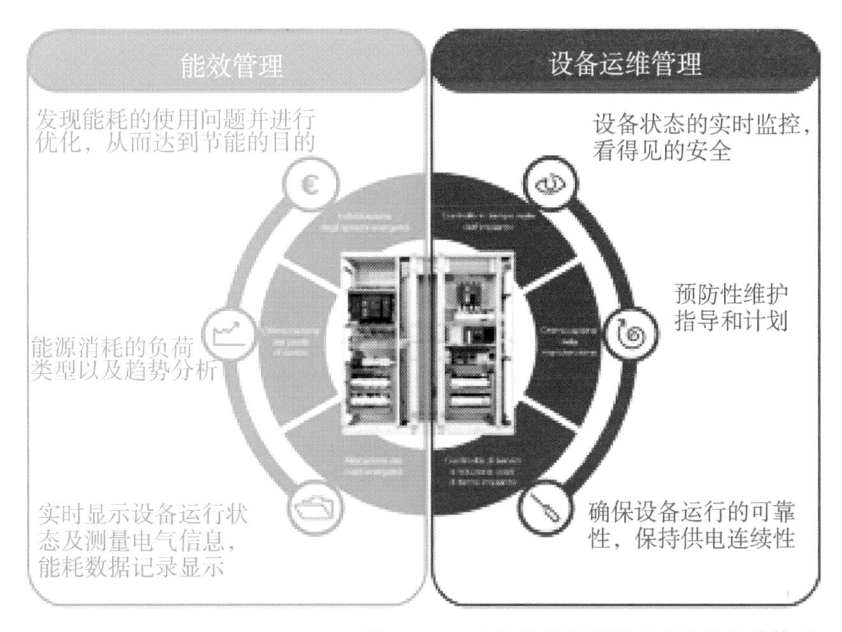

图 8–2　电力监控及能源管理系统的价值体现

我们可以把电力监控及能源管理系统分成下述三个层次。

8.3.1.1 电力监控系统

电力监控系统的主要功能是实时监控配电线路及设备的运行状态。首先，通过监测配电系统各项参数，可以随时发现设备的异常，做到及时报警，快速定位；甚至可以通过互联网对设备进行在线故障诊断，确保系统安全稳定运行。其次，此系统可以显示并记录各供配电设备的运行情况，评估设备运行寿命，提供预防性维护指导。与传统的定期人工检修相比，此系统可以确保设备运行的可靠性，减少停电时间，保持供电连续性。

电力监控系统测量的参数主要有以下几种：

（1）各段母线、各回路的电压、电流、有功功率、无功功率、功率因数、频率等参数。

（2）断路器、隔离开关状态、事件记录、故障记录（包括动作前后与故障有关的电流量和电压等）。

（3）电能质量监视。导致电力设备故障或误操作的电压、电流或频率的静态偏差和动态扰动统称为电能质量问题。具体表现为：电压、频率有效值的变化；电压波动和闪变、电压暂降、短时中断和三相电压不平衡、谐波；暂态和瞬态过电压。监控系统通过仪表监视并记录这些参数的变化和幅度。

（4）安全监视。监控系统在运行过程中，对采集的电流、电压等模拟量不断进行监视，如发生越限的情况，立刻发出报警信号，同时记录和显示超限时间和超限值。另外，还监视保护装置及自控装置工作是否正常等。

8.3.1.2 由电力监控系统发展而成的能源管理系统

要想降低能源消耗就必须采取有效的方式管理能源。对于现代化的建筑而言，在没有能源管理系统的时候，很难全面了解建筑内空调、水泵、照明等设备的运行情况，以及水、电、气、冷等能源的消耗情况，从而使大量能源在不知不觉中被浪费掉。而能源管理系统不但能实时测量各种电气参数，显示和记录能耗数据，还能对能源消耗的负荷类型和趋势进行分析，发现能耗的使用问题并提出针对性的优化建议和运行策略，找到设备的理想能耗状态，合理确定设备运行状态设定值，控制设备的启停时间，从而达到节能的目的。

能源管理系统的组成主要有以下几个方面：

（1）现场数据采集。数据采集是能源管理系统的重要基础环节，数据需包含以下几个方面：

①电能。依据《公共建筑节能标准》及广东省的实施细则，要求对照明、空调、插座、动力等用电设备的耗电量进行分项计量。电耗数据的分项见表 8-1。

表 8-1 各类用电设备能耗分类

<table>
<tr><th>分项用途</th><th>分项名称</th><th>一级子项</th><th>二级子项</th></tr>
<tr><td rowspan="4">常规
能耗</td><td rowspan="4">照明、插座系统耗电</td><td rowspan="2">功能区照明与插座用电</td><td>功能区照明</td></tr>
<tr><td>功能区插座</td></tr>
<tr><td>公共区域照明和插座用电</td><td></td></tr>
<tr><td>室外景观照明用电</td><td></td></tr>
</table>

续表 8-1

分项用途	分项名称	一级子项	二级子项
常规能耗	空调系统能耗	冷热站	冷热源机组
			冷冻泵及采暖泵
			冷却泵
			冷却塔
		空调末端用电	全空气机组及新风机组
			风机盘管
			空调区域的通、排风设备
			分散空调
	动力系统能耗	电梯用电	
		水泵用电	给排水系统
			生活热水热源
		非空调通风用电	
		消防用电	
特殊能耗	特殊能耗	信息与智能化中心	信息与智能化中心设备
			信息与智能化中心专用空调
		厨房设备	
		洗衣设备	
		游泳池设备	
		专业用途设备	医院医疗设备
			超市冷藏设备
			其他专业设备
		其他特殊用电	

②生活用水。对住宅、宿舍等场所，按户设置智能远传水表。对于公共建筑，按照厨房餐厅、盥洗室、洗衣房、绿化、水景、空调、游泳池、其他八个分项分类计量。

③煤气。对使用煤气的场所，按户设置智能远传煤气表。

④冷量 / 热量。对有集中供冷、集中供热系统的建筑物，可以按户设置测量流量及温差的冷量 / 热量表。而对于分体空调、VRV 机组则只设置电量计量。

⑤可再生能源计量。若建筑物设有可再生能源如太阳能光伏发电系统、太阳能热水、雨水回收等设备，要对其生产及消耗进行计量。

（2）数据分析。采集到的数据均存入数据库，以进行实时设备运行状态及建筑物能耗分析。在长期运行数据积累的基础上，可以进一步分析建筑物的营运效益与设备老化情况等。

（3）节能控制。节能控制是能源管理系统的重点，包括暖通空调最优启停的管理、夜间能源管理、通风率管理、峰值需求控制、轮循控制等。为减少管理环节，对于设置了 BA 系统的建筑，建议把信息反馈给 BA 系统，统一通过 BA 系统来控制设备。对于没有设置 BA 系统的建筑，能源管理系统只在一些用电回路上设置开关实施控制，较复杂的设备调节管理建议由人工完成。

8.3.1.3　能耗管理平台

电力监控及能源管理平台的基本功能是操作人员可以方便、直观地获取现场的实时数据，并适时地下达控制指令，达到实时监控的目的。电力监控组态软件具备以下组成部分和基本功能：

（1）网络构成。电力监控及能源管理系统采用现场总线技术，实现分散控制、集中管理。所有信号采集设备均用 485 总线手拉手连接，每路总线上的设备不超过 32 个，每条总线的长度不超过 1000 m。不同类型的仪表如智能型断路器、电表、水表、燃气表、冷量表宜分别接入不同的总线。所有设备接入控制主机，再通过主机接入互联网。

（2）图像显示功能。包括图像显示、绘制位图、元图、编辑等。

（3）实时 / 历史曲线显示功能。显示实时曲线和历史曲线，使用户更加方便地了解现场数据的变化情况。

（4）报表功能。将指定的各种数据信息进行汇总，按预定格式输出到打印机或保存为文件；报表格式组态灵活，操作方便。

（5）报警功能。实现报警的组态，包括选择报警服务器、报警数据源、报警显示方式、报警信号打印等，还实现动态报警确认功能。

（6）身份校验功能。在程序启动和退出时分别进行用户的登录和退出。用户在程序中的某些操作（如修改文件、删除文件、读 / 写数据、连接服务器等）需要进行权限的校验，防止某些用户进行非法操作。

（7）TCT/IP 协议及接口。电力监控系统作为变电站自动化、楼宇自控等系统的子系统，提供了网络接口，使上级系统能够方便地通过互联网与电力监控系统进行数据交换。同时预留向城市建筑能耗监管信息系统上传数据的接口。

8.3.2　存在问题分析

8.3.2.1　电力监控及能源管理系统的主要功能和任务的确定

从目前投入运行的电力监控及能源管理系统的运行经验看来，系统只负责监测能耗，不控制用电设备运行。

对于没有设置 BA 系统的建筑，电力监控及能源管理系统除了要具备设备运行状态监测、现场数据采集与分析、设备故障诊断与报警等功能外，可以在设备的供电回路上设置简单的控制功能，如对用电设备或用电回路的定时开关功能、远程控制通断、用电上限报警 / 断电功能等，以达到自动节电的目的。但是由于系统控制手段有限，其能耗分析结果和优化运行建议的落实，主要通过人工操作完成。

对于设置了 BA 系统的建筑，因为 BA 系统是专业的建筑设备管理系统，有完善的测量和执行机构，也有成熟的控制程序，其针对电梯、空调、水泵等设备的运行特点，有对应的控制流程。简单的如水泵的水位控制，复杂的如空调机组基于室内外温度、湿

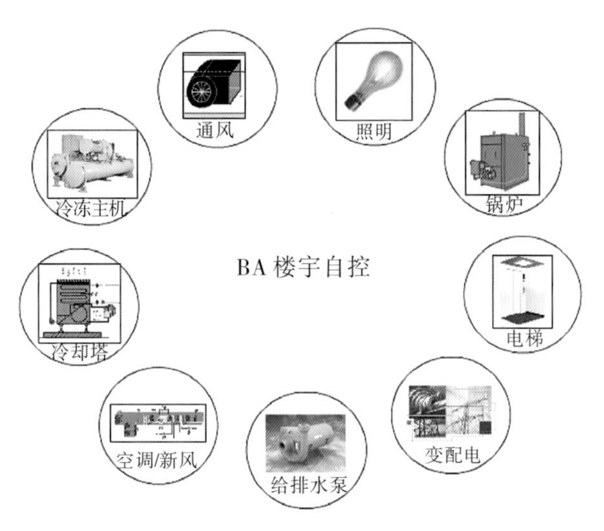

图 8-3　BA 系统管理范围示意图

度、空气质量以及系统温差、流量、压差等参数的自动控制。而电力监控及能源管理系统检测的数据只局限于能耗方面，不足以直接控制复杂的设备，而且过多的系统介入设备控制，只会增加调试的难度，容易产生更多的故障点，得不偿失。所以电力监控及能源管理系统的功能对建筑物能源消耗情况进行检测和分析，应定义为 BA 系统的一个子系统，只为 BA 系统的管理提供数据支持，而不参与设备控制。

8.3.2.2　测量的范围和监控的深度问题

目前，关于系统的多功能表应设置到哪一级有较多的争议。有些观点认为应该多设置计量表，例如在办公室每个用电回路均设置计量表，甚至在每个插座回路设置计量表，同时对用电设备进行定时控制、远程控制、能耗上限控制。这样可以更详细地掌握能源消耗情况，能源管理可以针对每个设备，节能的责任可以细化到个人。但这样做的缺点是，系统监测越细致，系统上设备就越多，系统的稳定性、及时性就越差，不但造成投资的增加，而且功能的增加也加大了设备调试的难度，特别是增加了供电系统的故障点，影响供电的连续和稳定。

综合以上几点，电力监控及能源管理系统的设计在满足建筑物的使用功能的前提下，也要考虑实际经济效益，不能因为节能而过高地消耗投资。在选用节能的新设备上，应具体了解其原理、性能、效果，从技术上、经济上进行比较后，再选定节能设备，才能真正达到节能的目的。而且对于不同性质的建筑，其监控的具体项目范围和深度也不相同。

（1）对住宅、宿舍等类型的建筑，要求监控系统简单经济，只要求以户为单位设置水、电、气的计量表。

（2）对于办公建筑，小开间的办公室按照房间设电表，大开间的办公室对照明、空调、动力分别设置电表。公共区域的公共照明与空调按照楼层分别设置电表。设中央空调的，在各房间设置冷量表，其他空调系统只计量空调用电。对电梯、水泵、排风机等设备，逐台设置计量表。

（3）对于商场、车站、医院、体育馆、博物馆、图书馆等公共建筑，按照房间或场所对照明、空调、动力分别设置电表，对其中的租赁使用场所和独立经济核算单元，除设置独立的电表外，按需要设置水表、冷量表。

《广州市建筑用电分项计量导则》对分项计量列有相关内容：第 3.3.2 条注明“对于单套设备额定功率不大于 3 kW 的小型空调通风设备，用电可包括在照明用电中计量。”第 3.3.13 条注明“与设备共同供电的设备房内照明设施和供设备运行、维护使用的插座，空调等配套设施用电可列入相应的用电项内。”第 3.3.15 条注明“分户计量计费的区域，可按其主要用电性质划分到相应的用电分项。”

8.3.3 设计案例

华南理工大学建筑设计研究院办公楼为20世纪80年代初期的建筑，在30多年的使用过程中，虽然有过多次维修翻新，但供电系统干线一直保留。供电系统有以下几个主要问题：

（1）大楼原有的供电系统随着人员和设备的不断增加，供电系统不堪重负。

（2）楼内几个设计所设置了电表，但是会议室、领导办公室及走廊门厅等公共区域均没有设置计量表。

（3）各房间、特别是大空间办公室的配电回路划分不合理，跳闸时影响的设备多。

（4）很多隐蔽线路出现故障时，无法查找故障点。

现设计院已对办公楼进行节能改造，不但要求更新电力设备，而且增设了电力监控及能源管理系统，其系统组成及功能设置如下所述。

8.3.3.1 系统概述

系统以计算机、通信设备、测控单元为基本工具，为变配电系统的实时数据采集、开关状态检测提供了基础平台，它可以做到实时掌握配电系统运行情况，可以降低运作成本，提高生产效率，并具备故障定位和故障检测等功能，可加快系统故障时的反应速度。同时系统中采用电力仪表作为内部管理电表，以完成对各回路、各功能区的分项电能数据的采集，通过后台电能管理系统完成电能分项计量。

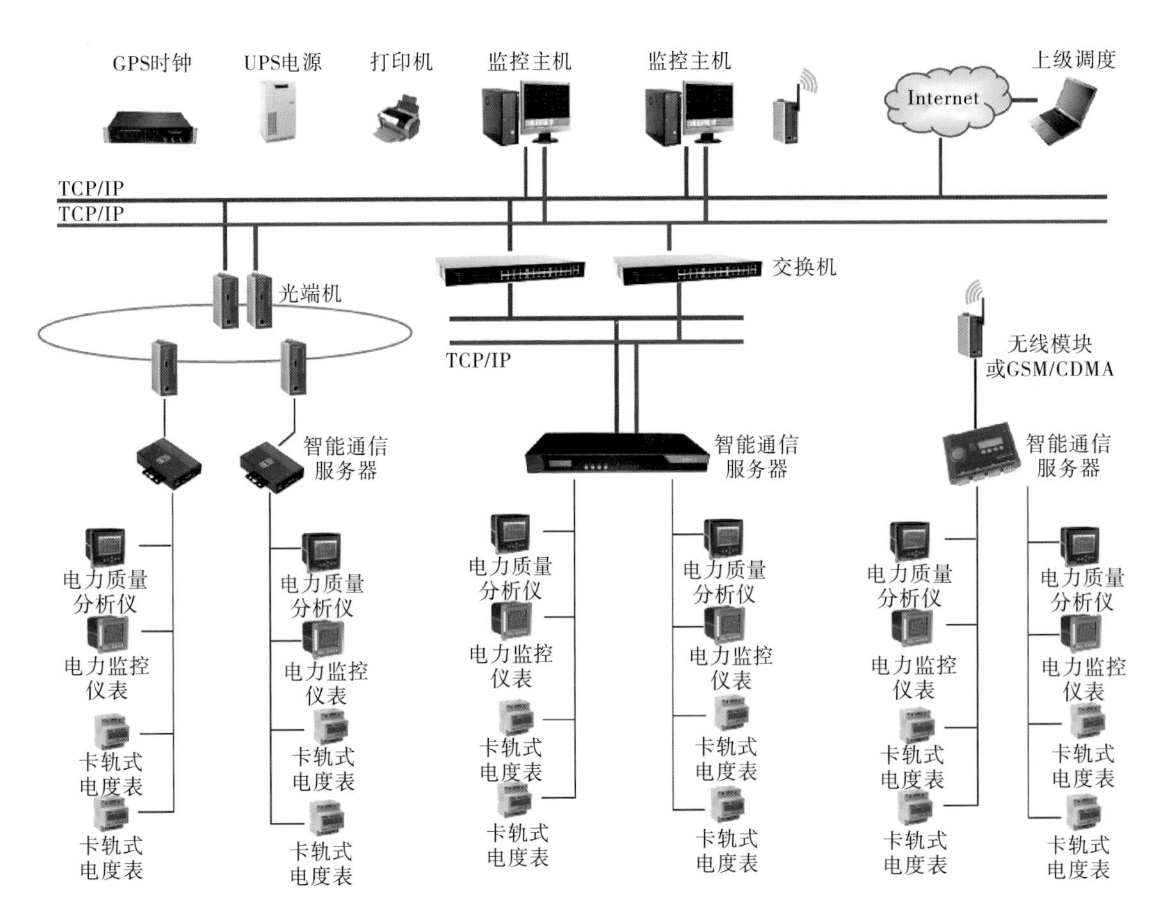

图8-4 华南理工大学建筑设计研究院电力控制及能源管理系统

8.3.3.2　系统组成

华南理工大学建筑设计研究院电力监控及能源管理系统由站控管理层、网络通信层和现场设备层组成，其系统拓扑图见图 8–4。

站控管理层针对能耗监测系统的管理人员，是人机交互的直接窗口，也是系统的最上层部分。主要由系统软件和必要的硬件设备，如计算机、打印机、UPS 电源等组成。监测系统软件具有良好的人机交互界面，对采集的现场各类数据进行信息计算、分析与处理，并以图形、数显、声音等方式反映现场的运行状况。

网络通信层主要是由通信管理机、以太网设备及总线网络组成。该层是数据信息交换的桥梁，负责对现场设备回送的数据信息进行采集、分类和传送等工作；同时，转达上位机对现场设备的各种控制命令。

现场设备层是数据采集终端，主要由智能仪表组成，采用具有高可靠性、带有现场总线连接的分布式 I/O 控制器构成数据采集终端，向数据中心上传存储的能耗数据。测量仪表担负着最基层的数据采集任务，其监测的能耗数据必须完整、准确并实时传送至数据中心。

8.3.3.3　系统的设备和功能

在变电所内各进出线回路设置多功能仪表，实现以下功能：

（1）主中压进线回路 / 重要低压进线回路的监控（图 8–5）。

①遥测：三相电压、电流、有功功率、无功功率、视在功率、有功电能、无功电能、功率因数、频率、电流 / 电压谐波畸变率、最大 / 最小值等的监测。

②遥信：开关分合状态或故障状态。

③可设定报警输出。

④就地显示。

⑤标准通信接口及通信协议。

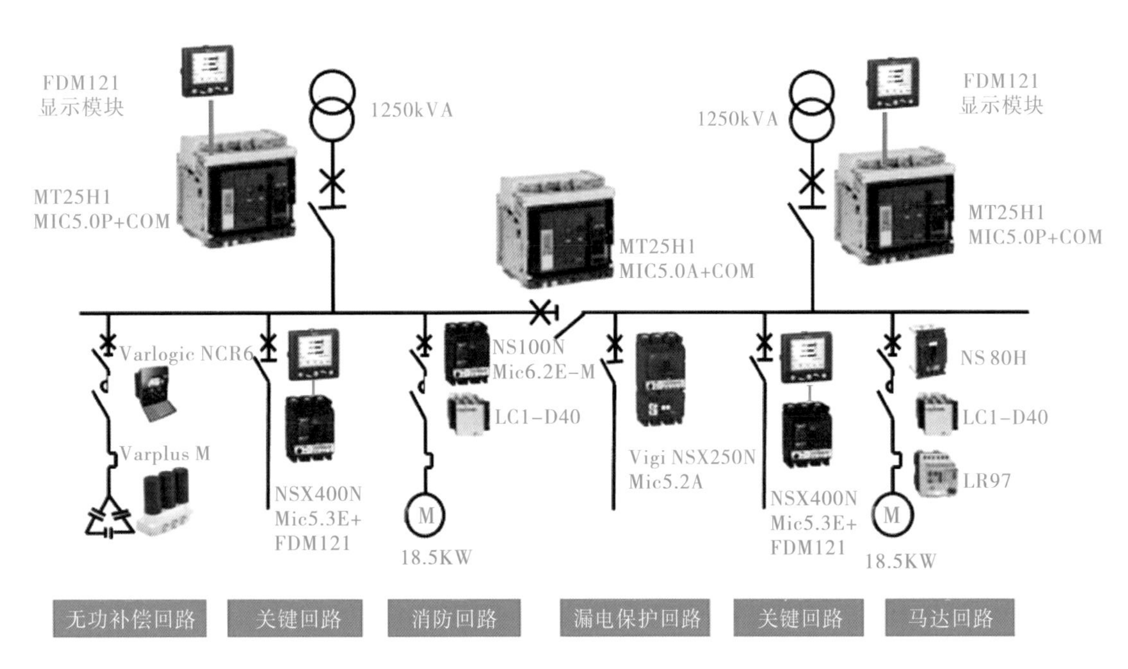

图 8–5　低压配电系统元件应用方案

⑥电能质量监测。单次谐波分析（>32次）、电压骤升/骤降及扰动监视、波形报警（电压和电流）、波形捕捉（自适应、扰动、标准）。

（2）低压进线回路/重要出线回路的监控。

①遥测：包括三相电压、电流、有功功率、无功功率、视在功率、有功电能、无功电能、功率因数、频率等。

②遥信：开关分合状态或故障状态的通信。

③可设定报警输出。

④就地显示。

⑤标准通信接口。

（3）一般出线回路的监控。

①遥测：包括单相（或三相）电流和母排电压，可设定报警及延时。

②遥信：断路器分合状态、故障状态。

③标准通信接口。

（4）低压柜内的断路器均选用智能型断路器，监控系统通过通信模块，读取断路器的以下参数：

①故障、报警记录：详尽的脱扣和报警历史记录。

②事件记录：准确、海量的操作运行事件存储。

③维护信息：触头磨损、计数器、设备信息。

（5）各小开间办公室，在房间配电箱设置多功能表测量电流、电压、有功功率、有功电度。对照明、空调、插座回路不再设置分项计量表，详见图8-6。

（6）各大开间办公室，在配电箱进线处设置多功能表测量电流、电压、有功功率、有功电度。另外，对照明、空调、插座分别设有功计量表。

（7）公共空间如门厅、走廊、卫生间等，按楼层或区域设置配电箱，在房间配电箱，在进线处设置多功能表测量电流、电压、有功功率、有功电度，详见图8-6。

（8）对VRV空调室外机、新风机、水泵等单台功率超过3kW的用电设备，逐台设置有功计量表。

8.3.3.4　*后台操作系统及功能*

电力监控及能源管理系统能实现常规的“遥信”“遥测”功能，不设置遥控功能。具体功能设置如下：

（1）遥信。对开关运行状态、保护工作等开关量进行监视，计算机实时显示和自动报警。监控系统主监控画面显示各回路的运行状态，红色代表合闸，绿色代表分闸，断路器变位时会发出报警信号，提醒用户及时处理故障。

（2）遥测。显示主要设备的电参数，其中包括线三相电压、电流、功率、功率因数、电能、频率等。系统不断地采集、记录数据，分析并处理后自动生成报表。

（3）显示。可显示各回路基本信息，如仪表型号、回路名称、柜子编号等，以图形实时显示各回路电参量，以曲线图、柱状图等形式显示各参数等，其监控界面见图8-7。

（4）报警功能。对低压各进、出线回路的开关运行状态和负载进线监控，对开关变位和负载越限弹出报警界面指示具体的报警位置并声音报警，提醒值班人员及时处理。负载超限值在相应权限下可自由设置。

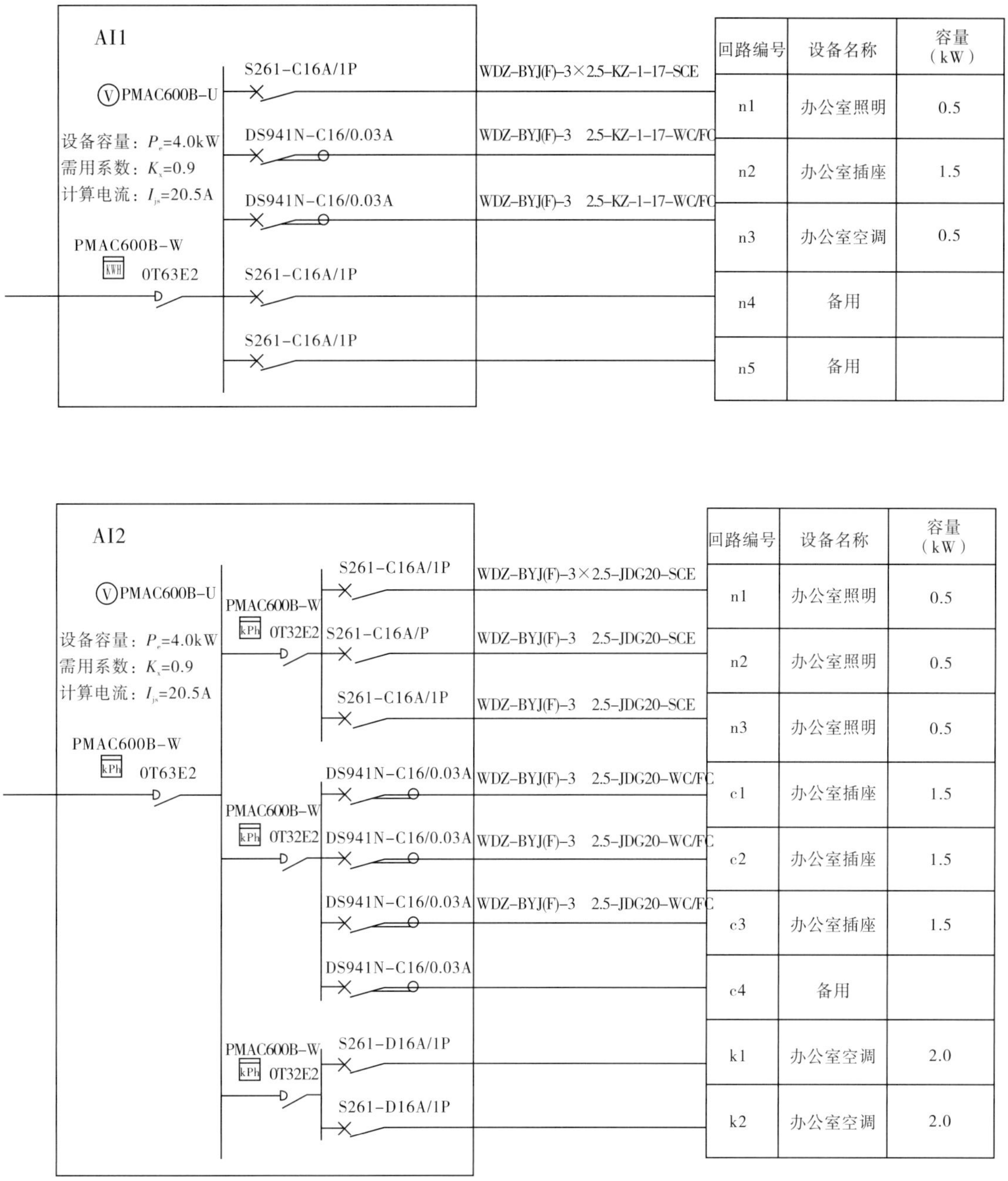

AI1

PMAC600B-U

设备容量：P_e=4.0kW

需用系数：K_x=0.9

计算电流：I_{js}=20.5A

PMAC600B-W

0T63E2

S261-C16A/1P　WDZ-BYJ(F)-3×2.5-KZ-1-17-SCE

DS941N-C16/0.03A　WDZ-BYJ(F)-3　2.5-KZ-1-17-WC/FC

DS941N-C16/0.03A　WDZ-BYJ(F)-3　2.5-KZ-1-17-WC/FC

S261-C16A/1P

S261-C16A/1P

回路编号	设备名称	容量（kW）
n1	办公室照明	0.5
n2	办公室插座	1.5
n3	办公室空调	0.5
n4	备用	
n5	备用	

AI2

PMAC600B-U

设备容量：P_e=4.0kW

需用系数：K_x=0.9

计算电流：I_{js}=20.5A

PMAC600B-W

0T63E2

PMAC600B-W　0T32E2

S261-C16A/1P　WDZ-BYJ(F)-3×2.5-JDG20-SCE

S261-C16A/P　WDZ-BYJ(F)-3　2.5-JDG20-SCE

S261-C16A/1P　WDZ-BYJ(F)-3　2.5-JDG20-SCE

PMAC600B-W　0T32E2

DS941N-C16/0.03A　WDZ-BYJ(F)-3　2.5-JDG20-WC/FC

DS941N-C16/0.03A　WDZ-BYJ(F)-3　2.5-JDG20-WC/FC

DS941N-C16/0.03A　WDZ-BYJ(F)-3　2.5-JDG20-WC/FC

DS941N-C16/0.03A

PMAC600B-W　0T32E2

S261-D16A/1P

S261-D16A/1P

回路编号	设备名称	容量（kW）
n1	办公室照明	0.5
n2	办公室照明	0.5
n3	办公室照明	0.5
c1	办公室插座	1.5
c2	办公室插座	1.5
c3	办公室插座	1.5
c4	备用	
k1	办公室空调	2.0
k2	办公室空调	2.0

图 8-6　办公室照明配电箱系统图

（5）用电量报表功能。可选择时间段进行查询，支持任意时间段电度累计查询，具备数据导出和报表打印等功能。该报表各回路名称和数据库关联，方便用户修改回路名称。用户也可以直接打印报表，或以 Excel 格式另存到其他位置。

（6）数据分析。系统对监控数据进行能耗趋势分析和对比，为电力系统的优化提供决策依据，其显示图见图 8-8。

（7）系统能够定期按要求把数据上传到学校的能源管理平台。

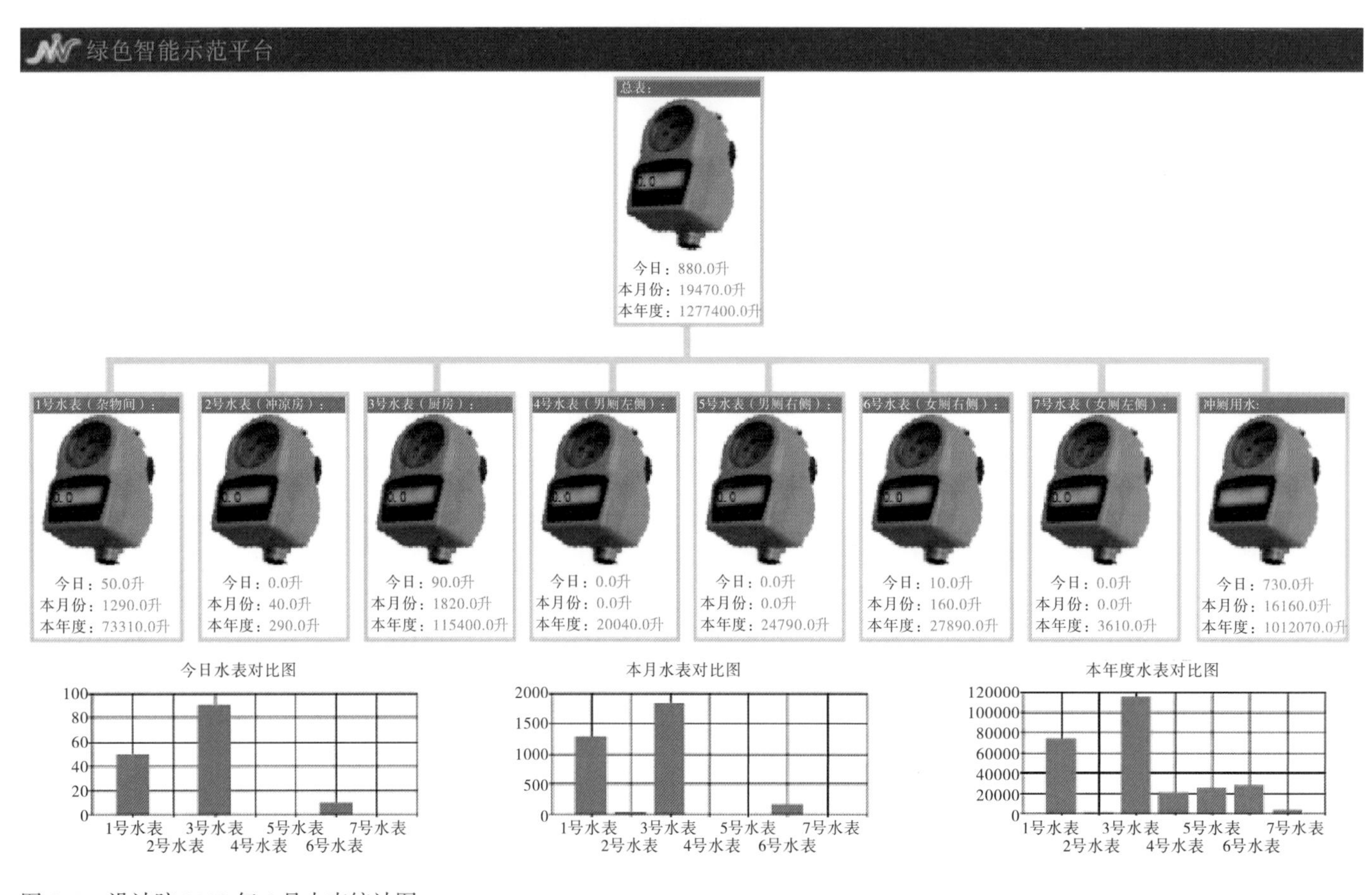

图 8-7　设计院 2013 年 6 月水表统计图

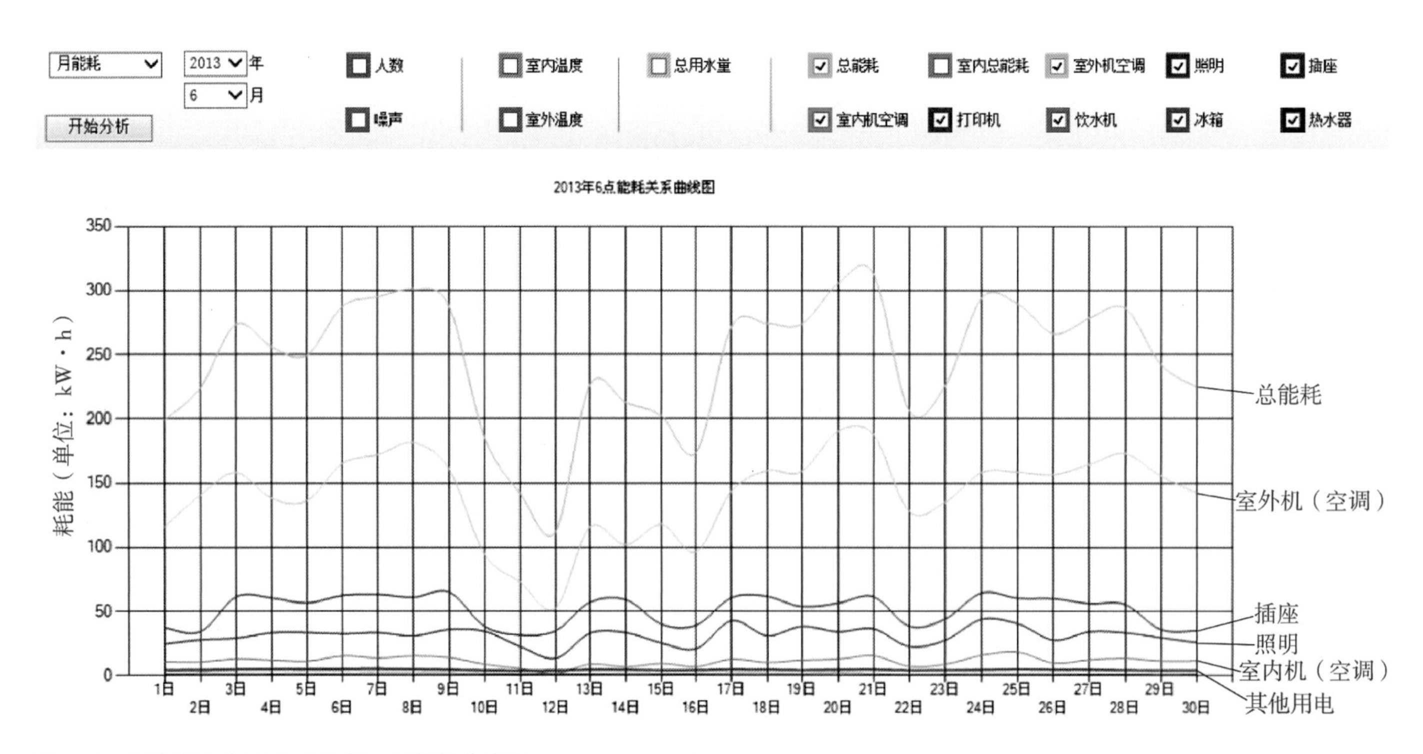

图 8-8　设计院设计二所 2013 年 6 月能耗曲线图

8.4　岭南建筑改造中的照明节能技术

8.4.1　岭南历史建筑照明现状

在经济高速发展的今天，节约能源已经成为保证社会、经济、生态可持续发展的必然要求，而建筑照明节能是社会节能的核心组成部分之一。长期以来，岭南建筑照明一味强调使用效果，却忽视了节能问题。随着能源日益短缺，照明节能的作用越来越重要。据统计，我国岭南建筑中照明用电量约占总用电量的 12%，在楼宇中，照明能耗更是占了电力消耗的 30% 以上，照明能耗相当大。因此，照明节能潜力巨大，照明节能设计迫在眉睫。必须在保证照度的基础上，推广合理、高效、节能的照明系统，以达到节约能源的目的。

8.4.2　岭南历史建筑照明存在的主要问题

随着节能意识日益深入人心，如今岭南建筑照明节能的应用已经取得了一定的成效与突破，但是在节能措施上往往不尽如人意，主要存在以下问题：

（1）照明光源利用不尽合理

纵观众多岭南历史建筑，大部分采用白炽灯、粗管荧光灯、大功率卤素灯等光源，而此类光源光效低、寿命短、耗材多。

（2）照明灯具选择不尽合理

大多数岭南历史建筑中，大量选用了以下灯具类型：直接型、半直接型、全漫射型、半间接型及间接型，而此五种类型灯具向上向下的光通量依次为 90% ~ 100%、60% ~ 90%、40% ~ 60%、10% ~ 40%、10% 以下，光通利用率低，浪费能源。

（3）照明灯具附件的选择不尽合理

大部分岭南历史建筑中，绝大多数灯具采用电感式镇流器。电感式镇流器由于有频闪，耗电量大，多次启动易损坏阴极，缩短灯管寿命，频繁维修，易损坏灯具。

（4）照明配电线路及控制方式不尽合理

据了解，众多岭南历史建筑中，照明配电线路路径过长、迂回过多，造成电压降较大，浪费能源。而且，照明配电线路多数采用穿管明敷甚至不穿管明敷，存在严重的安全隐患。同时，岭南历史建筑中往往用一个翘板开关控制一连串的灯具，不能结合具体场所选择合理的控制方式，如走廊、门厅等公共区域不能进行分组分区控制，课室、办公室等不能结合具体朝向充分利用自然光而进行分组控制，会议室、报告厅等场所不能进行智能调光控制。种种控制方式的不合理，造成能源的浪费。

（5）照明的维护与管理不尽合理

岭南历史建筑中，照明光源、灯具、附件及线路等未能得到定期的检查、维护，由于线路的老化、灰尘的覆盖等造成灯具效率大大降低，且存在严重的安全隐患。

8.4.3　解决方法

建筑照明节能是一项系统工程，主要从提高系统（光源、灯具、启动设备）的总效率，改善照明控制方式，利用天然光以及加强维护管理等方面综合考虑。

8.4.3.1　选用高效节能光源

推广使用高光效光源。各种照明光源的电能转换中，高压钠灯的光效最高，而荧光灯和金属卤化物次之，高压汞灯较低，而白炽灯最低。各常用光源的特点及适用场合详见表8-2。

表 8-2　常用光源的特点及适用场合

光源	发光效率 / $lm \cdot W^{-1}$	特点	适用场合
白炽灯	10 ~ 15	具有光源小、便宜、通用性强、彩色品种多、显色性好、可调光等优点；而光效最低、能耗大、寿命短	适用于需要调光、要求显色性高、迅速点燃、频繁开关及需要避免对测试设备产生高频干扰的地方和屏蔽室等；还适用于艺术照明、装饰照明、橱窗展示照明和美术馆陈列照明等。除以上特殊需要外不宜采用
细管荧光灯（ϕ16）和紧凑型荧光灯	一般为 30 ~ 60，光效高的可达 80	具有寿命长、光效高、显色性好、体积小、重量轻、安装维修便利等优点，但生产过程和报废后对环境有污染，主要是汞污染	办公、教室、车库等
高压汞灯	35 ~ 50	光效较低，寿命较白炽灯长，启动时间长，二次启动要待灯体冷了之后才能点亮	适用于室内外的工业照明、庭院照明、道路照明、街区照明等，除以上特殊需要外不宜采用
高压钠灯	可达 80 以上，最高发光效率 140	具有发光效率高、耗电少、寿命长、透雾能力强和不诱虫等优点，但显色性差	广泛应用于道路、高速公路、机场、码头、船坞、车站、广场、街道交汇处、工矿企业、公园、庭院照明及植物栽培。高显色高压钠灯主要应用于体育馆、展览厅、娱乐场所、百货商店和宾馆等
金属卤化物灯	80 ~ 120	具有光效高、显色指数高、色温高等优点，但由于材料、工艺的限制，目前国产金属卤化物灯寿命在 8000 h 左右	体育场馆、展览中心、游乐场所、商业街、广场、机场、停车场、工厂等
LED 灯	100 以上	具有低电压驱动，体积小，重量轻，显色性好，调光性能好，寿命长，不用镇流器，通断电响应时间很短，耗材少等优点，但价格偏高。发展前景很好	商场、娱乐场所、博物馆、咖啡厅、地下车库等，以及建筑物外观照明、景观照明、标识与指示性照明、娱乐场所及舞台照明等

根据以上常用光源的特点，为节约电能，合理选择光源的主要措施如下：

（1）尽量减少白炽灯的使用量。

（2）优先选用细管荧光灯（ϕ16）和紧凑型荧光灯。

（3）减少高压汞灯的使用，特别是不应使用自镇流高压汞灯。

（4）合理选用高效、长寿命的高压钠灯、金属卤化物灯。

（5）合理选用 LED 新型光源。

总之，从光源的七大要素——光效、显色性、色温、使用寿命、启动性能、装饰性、单位比价出发，在满足前两个因素的前提下，兼顾其余因素进行选择。

8.4.3.2　选用高效节能灯具

灯具按光通量在上下空间分布的比例分为五类：直接型、半直接型、全漫射型、半间接型和间接型。其光通量及特点见表 8–3。

表 8–3　五类灯具的光通量及特点

	光通量	特点
直接型	90% ~ 100%	灯具的光通量的利用率最高
半直接型	60% ~ 90%	少部分射向上方，射向上方的分量将减少照明环境所产生的阴影的硬度并改善其各表面的亮度比
全漫射型	40% ~ 60%	最常见的是乳白色玻璃球形灯罩，其他各种形状漫射透光的封闭灯罩也有类似的配光。这种灯具将光线均匀地投向四面八方，因此光通利用率较低
半间接型	10% ~ 40%	它的向下分量往往只用来产生与天棚相称的亮度，此分量过多或分配不适当也会产生直接或间接眩光等缺陷
间接型	10% 以下	灯具的光通量的利用率最低

根据以上灯具的光通量及特点，为节约电能，合理选择灯具的主要措施如下：

（1）在满足眩光限制要求下，应优先选择直接型灯具。此类灯具效率大于 80%，由于灯具上半球光有一定的比例，室内空间亮度高，光环境亮度对比小，舒适而不易疲劳，宜用于室内各面反射率较高的场所，如办公室、商店、公共场所等。

（2）根据使用环境不同，选择控光合理的灯具。此类灯具采用铁板制成反射罩，内涂白色烤漆，或采用高纯铝反射灯罩包括蝙蝠翼配光灯具。主要适用于工作面要求照度高、室内反射条件较差的场所，如蝙蝠翼配光灯具主要用于教室照明。

（3）选用光能量维持率好的灯具。

（4）选用光利用系数高的灯具。

（5）选用照明与空调一体化灯具。

8.4.3.3　选用功率损耗低、性能稳定的灯用附件

镇流器是最常用的附件之一，一般分为电感镇流器和电子镇流器两大类，其特点见表 8–4。

表 8-4 镇流器的分类及特点

	电感式镇流器	普通电子镇流器	标准型 3AAA 牌电子镇流器
温升 /℃	最高达 +120	+50	+10 ~ 20
功率因数	0.46	0.5 ~ 0.6	0.97
平均寿命 /h	≥ 50 000	5 000 ~ 8 000	≥ 30 000
保护功能	无	一般不具备	具有防灯管短路、防异常、防潮、防雷、抗电磁干扰等功能
特点	优点：相对可靠； 缺点：有频闪；耗电量大；电压或温度偏低不能一次启动，多次启动易损坏阴极，缩短灯管寿命；启辉器寿命短，需常更换，频繁维修，易损坏灯具	优点：无频闪，耗电较电感式小。 缺点：易损坏，寿命较短；流明系数较低；电磁辐射强，影响周围用电设备的正常使用	优点：高品质、高可靠性、长寿命；自身功耗小，省电 30%；减少电能损耗，自身温升低；灯管出现异常时自动切断电源；具有过压保护，防止短时间电压冲击和临时性电压过高；具有更好的防火性能，灯管保持在低温下工作；电磁辐射低，基本不影响周围用电设备正常工作。 缺点：价格偏高
适用范围	高压钠灯、金属卤化物灯	连续紧张的视觉作业场所和视觉条件要求高的场所（如设计、绘图、打字等），要求特别安静的场所（病房、诊室等）及青少年视看场所（教室、阅览室等）	连续紧张的视觉作业场所和视觉条件要求高的场所（如设计、绘图、打字等），要求特别安静的场所（病房、诊室等）及青少年视看场所（教室、阅览室等）应优先选用

根据以上灯用附件特点，为节约电能，合理选择灯用附件的主要措施如下：

（1）在连续紧张的视觉作业场所和视觉条件要求高的场所（如设计、绘图、打字等），要求特别安静的场所（病房、诊室等）及青少年视看场所（教室、阅览室等）应优先选用电子镇流器。

（2）在需要调光的场所，可以用三基色荧光灯配可调光数字式镇流器，取代白炽灯或卤素灯，能大大提高能效。

（3）所选镇流器的流明系数 μ 不应低于 0.95。

（4）当使用电感镇流器时，其能耗应符合现行国家标准《GB17896 管形荧光灯镇流器能效限定值和节能评价值》的规定。

（5）应选用高品质、低谐波的产品，不应单纯追求价廉，应满足使用的技术要求，考虑运行维护效果，并作综合比较。

8.4.3.4 合理选用照明控制方式

合理的照明控制方式，不仅使用方便，给人们带来舒适的生活工作环境，还能达到节能的效果。

（1）手动控制。一个开关控制的灯数不宜过多，如小型办公室宜每灯一开关，开关位置要合适，以便随手控制开关；根据不同功能场所设置开关，如工厂车间按班组设开关，体育设施按不同运动项目分区设开关；靠窗一侧的灯具进行单独控制，如天然光充足时关灯。

（2）自动控制。采用调光、定时、光控等开关进行自动控制，通过限制照明使用时间、调节照度等实现节电目的。如定时开关可用于住宅楼梯照明、广告照明、标志灯、值班照明等；办公楼走廊区域的照明控制可采用红外传感器控制，达到人来灯亮人走灯灭的节能效果。

（3）智能照明控制。由于不同的区域对照明质量的要求不同，需调整控制照度，来实现场景控制、定时控制、多点控制等各种控制方案，从而实现照明控制人性化。传统照明系统中，配有传统镇流器的日光灯经常以较低的频率闪动，这种频闪使工作人员头脑发胀、眼睛疲劳，工作效率降低。而智能照明系统中的可调光电子镇流器则工作在很高的频率下，不仅克服了频闪，而且消除了启辉时的亮度不稳定，在为人们提供健康、舒适环境的同时，也提高了工作效率，延长了灯具的使用寿命。智能照明控制系统使用了先进的电力电子技术，能对大多数灯具（包括日光灯、霓虹灯等）进行智能调光，当室外光较强时，室内照度自动调暗，室外光较弱时，室内照度则自动调亮，使室内的照度始终保持在恒定值附近，从而能够充分利用自然光，实现节能的目的。除此之外，智能照明管理系统采用设置照明工作状态的方式，按时进行自动开、关照明，通过智能化管理使系统能最大限度地节约能源。如办公楼中的会议室、报告厅、走廊、门厅等场所可优先考虑智能照明控制，以达到节能效果。

8.4.3.5　采用新技术——纳米反光技术

纳米反光板采用特殊的纳米镜面镀膜处理技术配合修正改良的光学曲率，能够大幅度提升光的反射率，反射率达到 99% 以上，使得照射在天花板的光源能够投射到有效照明区，而通过光源的提升，让原来的灯管达到以一抵二甚至以一抵三的照明效果。纳米反光技术应用于照明系统中能有效提高光线的全反射率及漫反射率，扩大光线照射范围，增加灯光的发光效率，从而减少灯管数量，从根本上降低照明系统能耗，做到节能而不降低照明亮度，达到真正的绿色节能。同时纳米反光板漫反射率高达 95% 以上，使光线更柔和，更均匀，避免局部过明或过暗，减少眩光，起到了保护视力的作用。因此，结合工程实际合理采用纳米新技术，能达到一定的节能效果。

8.4.4　设计案例：华南理工大学建筑设计研究院照明节能改造设计

8.4.4.1　光源的选择

（1）展览厅、门厅、走廊、卫生间、领导接见室、领导休息厅、会议室、楼梯选用 LED 光源。

（2）办公室、网络机房、UPS 房、打图室、茶水间、司机休息室、资料室、会议室选用 T5 直管荧光灯和紧凑型荧光灯。

8.4.4.2　灯具的选择

（1）展览厅、门厅、走廊、卫生间、领导接见室、领导休息厅、会议室、楼梯选用保护罩灯具。

（2）办公室、网络机房、UPS 房、打图室、茶水间、司机休息室、资料室、会议室选用格栅灯具。

8.4.4.3　灯具附件的选择

该工程灯具附件选用标准型 3AAA 牌电子镇流器。

8.4.4.4　控制方式的选择

（1）该工程各楼梯照明采用声光控制方式。

（2）该工程小型办公室、秘书室、卫生间、强弱电间、打图室等场所采用翘板开关手动控制方式进行控制。

（3）该工程新增了智能照明控制系统。智能照明系统主要由工作站、智能照明编程器、可编程开关控制器、控制面板、遥控器、手持式编程器及网络设备等部件组成。系统采用分布式照明控制系统，模块化结构，分散布置。智能照明控制区域分别有大堂、公共区域、会议室、VIP 会客室、领导办公室、总工室、展厅等。该项目各控制区域的控制方式见表 8–5。

表 8–5　华工建筑设计研究院照明节能改造各控制区域的控制方式

控制区域	控制原则
大堂	照度控制、调光控制、时钟控制、软件中央控制
公共区域	红外传感器控制、调光控制、时钟控制、软件中央控制
会议室	面板控制、红外传感器控制、调光控制、空调控制、投影控制、窗帘控制
VIP 会客室	触摸屏控制、红外传感器控制、调光控制、空调控制
领导办公室	红外传感器控制、桌面蓝牙控制、空调控制
总工室	红外传感器控制、桌面蓝牙控制、空调控制
展厅	红外传感器控制、调光控制、软件中央控制

8.4.5　智能照明区域控制功能详述

8.4.5.1　大堂

大堂的照明采用照度控制、调光控制（利用调光的方式，对大堂吊灯实现 0% ~ 100% 的亮度控制）、中央控制（在主控中心对所有照明回路进行监控，通过计算机操作接口调节回路的照度）、定时控制（平时、清洁、节假日、白天、晚上、下半夜定时控制）。

可以根据外界自然光来控制靠窗口的回路照明，在采光效果好并且比较隐蔽的地方配置照度传感器，用于自动感应控制外界的灯光。通过照度传感器感光控制，靠近室外的照明回路，根据外界自然光的亮度自动开关控制。当外界亮度很强时，靠近室外的回路关闭；当外界照度不够时，系统自动开启靠近室外的照明回路，补充照度。

同时配合时钟控制模块对大堂的灯光进行场景切换，来取得最佳的照明效果。

如每天 8:00—12:00（14:00—18:00），上班时间，人流量大，定时打开所有照明回路（除应急照明）；每天中午 12:00—14:00，休息时间，人流量比较小，定时打开 1/2 灯光；每天 18:00—00:00 打开 1/4 灯光，以方便加班的员工出入大楼。

在主控室做集中管理与监控，达到节省用电又实现最佳的照明效果的目的，使大堂实现真正的智能管理。

8.4.5.2　公共区域

走廊区域的照明控制采用红外传感器控制、调光控制、定时控制、中央控制。

通过时钟控制方式来控制走道的灯光，设置白天、傍晚、晚上、下半夜、高峰期等多个场景模式。

同时走廊区域开启红外设备感应，实现人来灯亮人走灯灭的节能效果。

在主控室进行集中管理与监控，达到节省用电又实现最佳的照明效果的目的，走廊区域实现真正的智能管理。

8.4.5.3　会议室

会议室的照明控制采用面板控制，红外传感器控制，调光控制，空调、投影、窗帘控制的控制方式。

在会议室的入门处安装红外感应器，当感应器感应到有人推开会议室的门或走进会议室，就会向系统发送对应的场景打开空调，打开靠墙的槽灯，方便使用人员寻找到安装在会议室门口位置的触摸屏。

工作人员可以根据需要手动选择会议模式、演讲模式、报告模式等，还可以通过会议室里面的触摸屏，发送不同的模式来控制会议室内的灯光、投影幕的升降和窗帘的开关及空调的开关。

会议室的灯光控制系统可以和窗帘、投影仪设备进行联动，当需要播放投影时，会议室的窗帘自动关闭，同时灯也自动缓慢地调暗；关掉投影仪，灯又会自动柔和地调亮到合适的照度。

会议室控制模式有以下几种：

（1）准备模式。在会议准备开始的时候，全部的筒灯逐渐点亮，当贵宾入场的时候，暗藏灯带逐渐点亮，所有灯光逐渐变亮。

（2）报告模式。会议正式开始时调亮全部灯光，使会议室显得辉煌，会议进行过程中，可以调节各回路的明暗程度而改变视觉效果。如中间会议桌区域灯光亮度调至 100%，暗藏灯带调至 100% 的亮度，其他筒灯调至 50% 亮度。

（3）投影模式。投影时将暗藏灯带关闭，前排筒灯关闭，后排筒灯调至 50% 亮度，投影幕自动放下。

（4）休息模式。当会议中间休息时，可以将中间会议桌区域灯光亮度调至 50%，其他灯光关闭。

（5）会议结束模式。当会议结束时，可以调节筒灯和灯槽的亮度，投影幕自动收起，表示欢送贵宾离开，随后自动关闭空调。

8.4.5.4　VIP 会客室

VIP 会客室的照明控制采用了触摸屏控制、红外传感器控制、调光控制、空调控制。

当红外感应器感应到人员来临，欢迎模式打开，空调打开，会议模式开启，这个时候红外感应设备会自动屏蔽。

工作人员也可以根据需要手动选择场景。触摸屏安装在会议室门口位置，工作人员可以去按触摸屏而达到所需的模式，比如会议模式、演讲模式、报告模式等。

会客室控制模式有以下几种：

（1）准备模式。在会客准备阶段，全部的筒灯逐渐点亮，当客人入场的时候，暗藏灯带逐渐点亮，所有灯光逐渐变亮。

（2）会客模式。会面正式开始时调亮全部灯光，使会客室显得辉煌，会面进行过程中，可以调节各回路的明暗程度而改变视觉效果。如会议桌中间区域灯光亮度调至 100%，暗藏灯带调至 100% 的亮度，其他筒灯调至 50% 亮度。

（3）休息模式。当会谈过程中间休息时，可以将中间会议桌区域灯光亮度调至 50%，其他灯光关闭。

（4）会客结束模式。当会面结束的时候，可以渐渐调亮筒灯和灯槽的亮度，表示欢送贵宾离开。

（5）会客结束后，人员离场，自动关闭空调，红外感应自动开启。

8.4.5.5 领导办公室

领导办公室的照明控制采用红外传感器控制、空调控制、桌面蓝牙控制。

当人员进入领导办公室，通过门口的红外测距感应技术和进入办公室内红外探头感应到后，系统会自动开启室内的灯光、空调等设备。

进入办公室后，手机蓝牙会自动与桌面蓝牙相互匹配，匹配成功后，无线蓝牙会发送打开办公桌上灯光的指令。当人员下班离开办公室或中途离开办公室时，手机蓝牙与桌面蓝牙链接断开，系统会自动关闭灯光和空调。

当没有蓝牙时，可通过座位一侧的红外测距探头来开启座位上灯光。

8.4.5.6 总工室

总工室的照明控制采用红外传感器控制、桌面蓝牙控制、空调控制。

总工室门口安装红外测距设备进行感应控制。当人员进入时，公共区域的灯光会自动打开；当人员走近办公桌时，桌面蓝牙发生感应，桌面上灯光自动开启；当一名人员离开办公室，手机蓝牙与桌面蓝牙链接断开，他所在的办公区域灯光熄灭；当所有人员离开总工室，系统关闭所有灯光；当没有蓝牙时，可通过座位一侧的红外测距探头来开启座位上灯光。

8.4.5.7 展厅

展厅的照明控制采用红外传感器控制、调光控制、集中控制。

参观人员进入展厅时，展厅开启欢迎模式，室内灯光逐渐亮起。当人员靠近展台时，红外设备启动，展台的投射灯亮起；当人员离开展台时，灯光会自动熄灭。

8.5 光伏发电技术在岭南建筑改造中的应用

8.5.1 岭南历史建筑光伏发电现状

表 8–6 为我国各地区太阳能总辐射量与年平均日照当量统计数据。

表 8–6 我国各地区太阳能年辐射量与年平均日照时间

地区类别	地区	太阳能年辐射量		年日照总时数 /h	标准光照下日平均日照时间 /h
		MJ/（m^2·年）	kW·h/（m^2·年）		
一	宁夏北部、甘肃北部、新疆南部、青海西部、西藏西部	6680 ~ 8400	1855 ~ 2333	3200 ~ 3300	5.08 ~ 6.30
二	河北西北部、山西北部、内蒙古南部、宁夏南部、甘肃中部、青海东部、西藏东南部、新疆南部	5852 ~ 6680	1625 ~ 1855	3000 ~ 3200	4.45 ~ 5.08

续表 8–6

地区类别	地区	太阳能年辐射量		年日照总时数 /h	标准光照下日平均日照时间 /h
		MJ/（m^2·年）	kW·h/（m^2·年）		
三	山东、河南、河北东南部、山西南部、新疆北部、吉林、辽宁、云南、陕西北部、甘肃东南部、广东南部、福建南部、江苏北部、安徽北部、台湾西南部	5016 ~ 5852	1393 ~ 1625	2200 ~ 3000	3.80 ~ 4.45
四	湖南、湖北、广西、江西、浙江、福建北部、广东北部、陕西南部、江苏南部、安徽南部、黑龙江、台湾东北部	4190 ~ 5016	1163 ~ 1393	1400 ~ 2200	3.10 ~ 3.80
五	四川、贵州	3344 ~ 4190	928 ~ 1163	1000 ~ 1400	2.50 ~ 3.10

表 8–6 显示，我国岭南地区拥有丰富的太阳能资源，这里年日照时间长（2200 ~ 3000 h）、年平均辐射量较大（1393 ~ 1625 kW·h/m^2），适合大力发展光伏产业。目前岭南地区正在走可持续发展的绿色崛起之路，清洁能源将成为岭南地区优先发展的方向。

自 2013 年下半年以来，国家不断出台光伏产业利好政策，带动国内光伏市场回暖。接着，广东省政府发布了《广东省人民政府办公厅关于促进光伏产业健康发展的实施意见》（下称《意见》），提出拓展分布式光伏发电应用。《意见》提出发展目标：到 2015 年，广东省光伏制造业持续稳健发展，资源配置进一步优化，骨干光伏企业核心竞争力进一步提升，产业技术水平和自主创新能力位居全国前列；分布式光伏发电应用有效拓展，全省光伏发电总装机容量争取 2015 年达到 100 万 kW，2020 年达到 400 万 kW。

为此，广东出台了促进光伏发电的政策。如，光伏电站标杆上网电价为 1 元 /kW·h；分布式光伏发电方面，实行全电量补贴政策，补贴标准为 0.42 元 /kW·h（含税）；对符合税法规定的由政府能源主管部门审核备案的光伏发电新项目，自取得第一笔生产经营收入纳税年度起，前三年免征企业所得税，第四至第六年减半征收企业所得税。同时，在利用土地上，也有一系列支持政策。这一系列补贴优惠政策的出台，有效推动了岭南地区太阳能光伏发电产业不断向前发展。

8.5.2　光伏发电系统的组成

太阳能光伏发电系统就是利用太阳能电池中半导体材料的光伏效应，将太阳辐射直接转换为电能的一种发电系统。一套基本的太阳能发电系统，主要由太阳光伏电池板、防反充二极管、逆变器、充电控制器、蓄电池和测量设备组成。太阳能光伏发电系统主要分为独立光伏系统（包括直流系统和交流系统）和并网光伏系统两类。

8.5.3　光伏发电存在的主要问题

随着我国光伏组件生产能力逐年增强，成本不断降低，市场不断扩大，装机容量也逐年增大，如今岭南地区光伏发电技术的应用已经取得了一定成效与突破，但还存在一些有待攻克的问题。主要有以下几个方面：

（1）光电转化率很低

众所周知，太阳光电池主要功能是将光能转换成电能，这个现象称为光伏效应。光伏效应的特性使得我们在选取太阳能电池板原材料的时候有诸多不便。因为要求我们必须考虑材料的光导效应及如何产生内部电场。电池板原材料不仅要吸光效果好，还需要光导效果好。所以材料的选取对于光伏发电来说是一项很大的制约因素，必须充分了解太阳光的成分及其能量分布状况。从目前太阳能发展的情况来看，材料的选取仍然是个突破点。即使在非常高效的材料下进行光电转换，它的效率仍然很低。因此，太阳能光伏发电的转换效率低，依旧是制约光伏产业发展的瓶颈。不过，随着科技实力提高，光电转化效率也会逐步提高。

（2）光伏发电占用面积大

从目前的实际情况来看，以单晶硅或多晶硅为主要原料的太阳能电池板越来越多地点缀于岭南建筑的屋顶、墙壁，成为一座座"清洁无污染"的太阳能电站。太阳能能量密度低，使得光伏发电系统的占地面积会很大，每 10 kW 光伏发电功率占地约需 100 m^2，平均每平方米面积发电功率仅为 100 W。

（3）受气候环境因素影响大

太阳能光伏发电的能源直接来源于太阳光的照射，而地球表面上的太阳照射受气候的影响很大，长期的雨天、阴天、雾天甚至云层的变化都会严重影响系统的发电状态。岭南地区环境因素的影响也很大，比较突出的一点是，空气中的颗粒物（如灰尘）等沉落在太阳能电池组件的表面，阻挡了部分光线的照射，这样会使电池组件转换效率降低，从而造成发电量减少甚至电池板损坏。

（4）光伏发电成本过高

太阳能光伏发电的效率较低，到目前为止，一般离网（有蓄电池）的成本比较贵，达4 ~ 5元 /kW·h，如果是大型并网（无蓄电池）型的，在我国西部的成本在 1 元左右（最新光伏电站招标报价），一个 10 MW 的电站投入大约是 2.5 亿元人民币。东部因为光照条件稍差，成本在 1.5 ~ 2 元之间。光伏发电的成本仍然是其他常规发电方式（如火力和水力发电）的几倍，这是制约其广泛应用的最主要因素。在太阳能电池中，硅系太阳能电池无疑是发展最成熟的，但其成本居高不下，远不能满足大规模推广应用的要求。尽管光电转化效率低，但受原料价格和提纯工艺的限制，发电成本始终居高不下，让很多企业和商家客户望洋兴叹。晶硅太阳能电池的主要材料是硅片，比如铺设大面积的太阳能电池幕墙。然而目前，太阳能电池板主要用的硅的最高纯度是 99.9999%，但其技术被德国、日本、美国等几个公司垄断了，因此国内太阳能电池用的硅都是进口的，价值不菲，成本过高。

8.5.4 解决方法

尽管在岭南建筑中，太阳能光伏发电存在不足，但是能源问题越来越严峻，大力开发可再生能源将是解决能源危机的主要途径。只要不断地探索解决方法，光伏发电技术在岭南建筑改造中的前景十分广阔。

（1）合理选用太阳能光伏电池，提高电池的光电转化效率

目前在用的光伏电池主要包括单晶硅电池、多晶硅电池、薄膜电池和聚光太阳电池。其特点对比见表 8–7。

表 8–7　几种主要光伏电池的特点对比

品类	单晶硅电池	多晶硅电池	薄膜电池	聚光太阳电池
光电转换效率	15% 左右，最高的达到 24%	约 12%	约 10%	可达 42.7% 左右
特点	这是目前所有种类的太阳能电池中光电转换效率最高的，但制作成本很高，以至于它还不能被大量广泛地使用。由于单晶硅一般采用钢化玻璃和防水树脂进行封装，因此坚固耐用，使用寿命一般可达 15 年，最高可达 25 年	多晶硅太阳能电池的制作工艺与单晶硅太阳能电池差不多，但是多晶硅太阳能电池的光电转换效率要低不少。从制作成本上来讲，它比单晶硅太阳能电池要便宜一些，材料制造简便，节约电耗，总的生产成本较低，因此得到大量应用。此外，多晶硅太阳能电池的使用寿命也要比单晶硅太阳能电池短。从性能价格比来讲，单晶硅太阳能电池还是略好	与单晶硅和多晶硅太阳电池的制作方法完全不同，工艺过程大大简化，硅材料消耗很少，电耗更低。它的主要优点是在弱光条件也能发电。但非晶硅太阳能电池存在的主要问题是光电转换效率偏低，且不够稳定，随着时间的延长，其转换效率衰减，并且由于材料来源（铟和硒）稀有，其发展必然受到限制	优点是转换效率高，缺点是不能利用漫射辐射，必须使用跟踪器，成本较高，目前主要用于航空航天领域

根据以上目前在用的光伏电池特点，结合具体建筑特点及业主要求，应优先选用光电转化效率高的电池，并应考虑最初投资与长期运行的综合经济效益。

（2）我国岭南地区年日照时间长（2200 ~ 3000 h）、年平均辐射量较大（1393 ~ 1625 kW·h/m^2），拥有较为丰富的太阳能资源，在经济条件允许的情况下，宜设置太阳能光伏发电系统。

（3）根据建筑物使用功能、电网条件、负荷性质和系统运行方式等因素，来确定光伏系统的类型。具体可参照表 8–8。

表 8–8　各系统特点及适用范围对比表

系统类型	电流类型	是否逆流	有无储能装置	特点	适用范围
并网光伏系统	交流系统	是	有	最佳效能且发电效率高；系统无须维护，且易设计；可解决高峰电力不足的困扰	发电量大于用电量，且当地电力供应不可靠
			无		发电量大于用电量，且当地电力供应比较可靠
		否	有		发电量小于用电量，且当地电力供应不可靠
			无		发电量小于用电量，且当地电力供应比较可靠

续表 8-8

系统类型	电流类型	是否逆流	有无储能装置	特点	适用范围
独立光伏系统	直流系统	否	有	能量损失少，易设计；需维护和更换蓄电池	偏远无电网地区，电力负荷为直流设备，且供电连续性要求较高
			无		偏远无电网地区，电力负荷为直流设备，且供电无连续性要求
	交流系统		有	成本低于架设输电设备；需维护和更换蓄电池，能量损失高，不易设计	偏远无电网地区，电力负荷为交流设备，且供电连续性要求较高
			无		偏远无电网地区，电力负荷为交流设备，且供电无连续性要求

（4）结合具体的建筑特点，考虑光伏与建筑屋顶一体化

光伏建筑一体化，是应用太阳能发电的一种新概念。简单地讲，就是将太阳能光伏发电方阵安装在建筑的围护结构外表面来提供电力，如光电瓦屋顶、光电幕墙和光电采光顶等。根据光伏方阵与建筑结合的方式不同，光伏建筑一体化可分为两大类：一类是光伏方阵与建筑的结合，另一类是光伏方阵与建筑的集成。在这两种方式中，光伏方阵与建筑的结合是一种常用的形式，特别是与建筑屋面的结合。由于光伏方阵与建筑的结合不占用额外的地面空间，是光伏发电系统在岭南建筑改造中的最佳安装方式。

岭南建筑改造项目适合采用非建材式的光伏建筑一体化技术。因为这种形式不需要对建筑物的原有结构进行大的改动，只需在建筑物外表面安装金属支架，将光伏组件固定在金属支架上。当然，这样光伏组件阵列及固定安装连接件凸出在建筑物屋顶或者侧墙之外，建筑物的整体美观性会受到一定的影响。在安装金属支架的时候，有可能对建筑物的屋顶或者外墙造成一定的破坏，比如损坏建筑物屋顶的防水层等。

因此，在综合考虑经济性、美观性的前提下，可适当考虑光伏与建筑屋顶一体化。

（5）结合具体的建筑特点，光伏与建筑幕墙一体化

光伏建筑一体化在设计时，通常根据建筑物所在地的经纬度，结合当地气象公布情况，寻找日照发电最佳角度。一般太阳能光伏系统的方阵采用正南方安装，其太阳能年采集能量最高。光伏幕墙在设计时，还需考虑风压、抗震、风荷载所处的标高以及密封性能的问题，选择合适的安装角度和方向。光伏幕墙采光顶是最佳的安装结构形式。

光伏建筑一体化在应用中，也应考虑阴雨天对室内侧光线的影响，可以将组件的透光率设计为 10% ~ 50% 不等，通过组件中晶体硅电池片的排列间隔，而达到合适的透光率。一些场合也可用非晶硅加工成建筑组件，这需要考虑组件的安全性能是否能达到建筑幕墙部位的设计要求。光伏采光顶采用横隐竖明的结构形式，更便于屋面的排水。由于光伏幕墙是建筑中一种特殊表达形式，有必要考虑通风降温的实际问题。设计时，将外装饰与幕墙结构协调结合，使光伏建筑一体化更富有生机，更能体现现代建筑的环保绿色设计理念。

光伏幕墙能够利用太阳能将太阳光转换成直流电能，通过逆变器变换成交流电源，或通过控制器整流稳压成直流电能。其发电系统有独立电网系统和并网系统以及带蓄能的独立电网系统等形式，可以对其进行设计配置于光伏建筑一体化建筑中。由于蓄电池的使用寿命和

维护的问题，并网系统应用于光伏幕墙往往更具优势。并网系统的建造价格比带蓄能的独立电网系统要低，而且并网系统的年发电量比独立电网系统要大。带蓄能的独立电网系统具有应急发电功能。

8.5.5　设计案例：华南理工大学建筑设计院研究太阳能光伏发电设计

8.5.5.1　系统简介

（1）项目概况

华南理工大学建筑设计研究院（以下简称“设计院”）地处广东，属于热带季风气候区，年平均气温为 24 ℃，年平均降雨量 2072 mm，年平均日照近 2000 h，年平均辐射量约为 5000 MJ/m^2，终年无霜雪。

根据要求，在设计研究院屋顶安装总容量为 15 kWp 的太阳能电池组件，共安装 60 块 260 Wp 的太阳能电池组件，输出电力质量满足国家相关标准。出于项目经济性及技术可靠性方面的考虑，依据屋顶情况尽量设计朝南走向倾斜安装的方式。组件产生的直流经逆变器把直流电转换成 380V 交流电，最后经过交流配电并到公共电网，实现低压并网，按全部上网、在用户侧就近消耗的分布式发电方式。

（2）新增太阳能光伏发电系统功能介绍

设计院改造中，采用了太阳能光伏发电系统，在设计院屋顶安装总容量为 15 kWp 的太阳能电池组件，共安装 60 块 260 Wp 的太阳能电池组件，具体系统详见图 8-9。光伏发电系统配置了一套完整的监控系统，包括数据采集器、传感器、本地计算机、远程数据服务器等设备器件。数据采集器通过 RS485 数据线从逆变器获取运行状态信息，包括光伏阵列的直流电压、直流电流、直流功率，并网逆变器的内部温度、交流输出电压、交流输出电流、交流输出功率，当日发电量、总发电量等数据信息。数据采集器可连接大型 LED 显示屏，显示并网光伏系统的总发电量、当日发电量、总的二氧化碳减排量、环境温度、环境湿度。

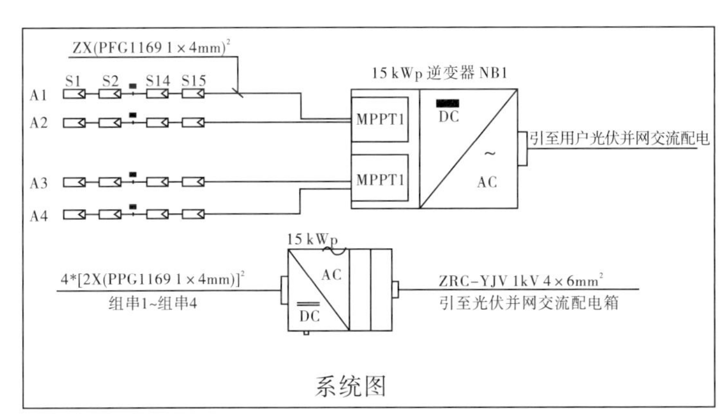

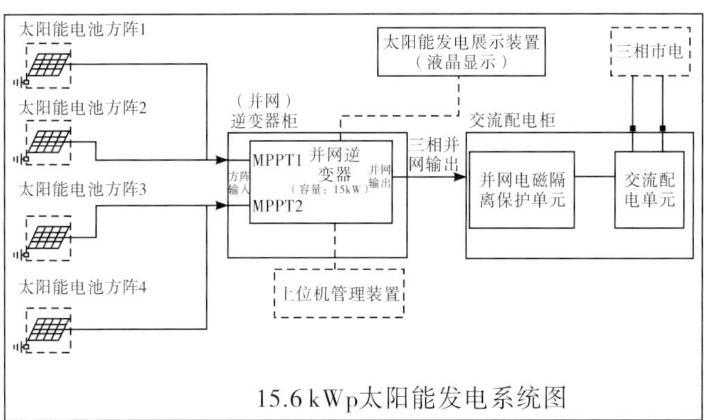

图 8-9　设计院太阳能光伏发电系统

（3）总体设计原则

该项目设计本着美观、可靠、安装维护便捷、能够充分体现其节能示范的设计原则，采用国内外知名配件产品，模块化设计。

① 太阳辐照量

为了增加光伏阵列的输出能量，尽可能避免光伏组件之间互相遮光，以及被屋顶电气设备、通风设备、屋顶边缘及其他障碍物遮挡阳光，设计者充分考虑了太阳能组件的安装有效区域，尽最大可能提高太阳能电池阵列的输出效率。

②高可靠性

由于太阳能发电成本较高，而且主要部件太阳能电池板的使用寿命在25年以上，同时大功率电站都是强电，所以要求整个系统具备非常高的可靠性，整套系统全部采用标准化、模块化设计，而且充分考虑当地气候，所有设备的耐候性都要表现优秀，同时采用全天候监控系统，发现故障及时报告，及时解决。

③经济性、高效性、先进性

组件：太阳能组件的效率需大于15%，采用多晶硅高效率组件。高效率的太阳能电池组件大大减少了安装所需的区域面积，也减少了安装和制造的成本。

逆变器：通过使用具有沟槽栅结构的IGBT（绝缘栅双极型晶体管），以及通过先进的MPPT算法，最高效率可达98.5%，同等功率太阳能组件的太阳能发电功率得到有效提升。这样交流谐波小，总电流波形畸变率小于3%，输入电网电流更干净，对电网影响更小，有效地维护了外部电网的稳定。逆变器选用壁挂式户外机，便于安装管理。

电缆：从光伏组件到逆变器，以及从逆变器到并网，交流配电的电力电缆应尽可能保持在最短距离，减小线路的压降损失，提高系统的输出效率；减小电缆尺寸以降低成本，同时减轻屋顶负荷并增加其灵活性；由于连接的电缆较长，应尽可能按最短距离布置电缆；通常，在设计太阳能光伏电站时，需要将直流部分的线路损耗控制在3%以内。

支架：在该项目实施过程中，支架方案选用优质热镀锌钢材支架，模块化标准设计；标准配套螺丝等辅助材料件为不锈钢，外形美观、结构牢固、施工方便、经久耐用。

（4）系统配置

对于15 kWp并网光伏电站，设计使用15 kWp的太阳能电池组件的串并联连接后，需将其连接到由易事特研发生产的无变压器型高效率太阳能逆变器上。

15 kWp的光伏并网发电系统主要设备配置清单见表8–9。

表8–9　设计院15 kW的光伏并网发电系统主要设备配置

序号	名称	型号规格	数量	单位	备注
1	光伏组件（多晶硅）	260 Wp	60	块	
2	光伏支架	热镀锌钢结构16 kWp	1	项	
3	光伏并网逆变器		1	台	
4	光伏导线（直流）	4 mm^2 YJV0.6/1 kV 红	200	m	
		4 mm^2 YJV0.6/1 kV 黑	200	m	
5	光伏导线（交流）	5×4 mm^2 电缆	30	m	
6	系统的防雷和接地装置		1	套	
7	土建及配电等基础设施	并网断路器400 V，32 A/3 P	1	套	
8	系统连接电缆线防护材料	线槽、线管等	1	套	
9	光伏连接器	MC4连接器	10	套	

8.5.5.2 光伏并网系统方案设计

1. 光伏阵列设计

多晶硅太阳能光伏组件电池转换效率高，稳定性好，同等容量太阳能电池组件所占面积小，因此，此屋顶系统采用多晶硅电池极板固定倾角安装，选用天利太阳能公司生产的功率为 260 Wp 的多晶硅电池组件，峰值电压 31.3 V，开路电压 38.2 V。组件效率高，组件转化效率为 16%。

根据光伏并网逆变器的 MPPT 工作电压范围（380 ~ 800 V）及最大直流电压（1000 V），以及装机容量考虑，每个电池串列按照 15 块电池组件串联进行设计，每个串列开路电压 38.2 V × 15=573 V，每个串列峰值功率电压 31.3 V × 15=469.5 V。每 4 个光伏组件串列接入一台光伏并网逆变器，实现交流输出并入用户电网。总功率为：260 × 60=15.6 kWp。

2. 并网逆变器的参数

（1）并网逆变器总体介绍

并网逆变器采用无变压器设计，宽输入电压范围，高转换效率，在欧洲对应的效率可达 97.3%。采用 IP65 设计，适于室外安装。多台逆变器并联运行，简化系统设计。同时，可与上位机通信，实时观察运行状态，方便监控。

该并网逆变器的主要性能特点如下：

①适用于户用型小型光伏电站，也可组串使用；

②无变压器设计，最大转换效率达 98%（在欧洲对应的效率 97.3%）；

③双通道独立的 MPPT，每个通道带 3 路输入组串，可灵活配置和安装；

④无功功率可调，功率因数范围为超前 0.9 至滞后 0.9；

⑤三电平空间矢量调制技术；

⑥采用膜电容，提高系统寿命；

⑦宽直流电压输入范围，最高可达 1000 V；

⑧户外防水型设计（IP65）；

⑨宽范围工作温度：–25 ℃ ~ +60 ℃，45 ℃时能保证最大输出功率；

⑩多语种液晶显示界面，可自由设置各种运行参数；

⑪防孤岛保护功能；

⑫直插式防水端子；

⑬ RS485 和 USB 串行通信接口；

⑭拥有 TüV CE 认证、CQC（金太阳认证）。符合德国 VDE 0126–1–1 标准要求，英国 G83–1–1、G59–2 认证，意大利 ENEL Guide 认证，澳洲 AS4777、AS3100 认证。

（2）并网逆变器电路结构

图 8–10 所示为光伏并网逆变器的主电路拓扑结构。光伏组件产生的电能先经过防雷器与直流滤波器。防雷器吸收直流侧浪涌电压，直流滤波器抑制高频信号传导干扰。采用双 BOOST 电路结构，由电容储能来保持直流电压稳定，三相全桥逆变单元将直流电转换成与电网同频率、同相位的交流电，经过滤波器滤波产生正弦波交流电，通过三相变压器隔离升压后，再经由交流滤波器抑制各种干扰，将正弦波电流并入电网发电。为了使光伏阵列以最大功率发电，在直流侧使用了先进的 MPPT 算法（最大功率点跟踪）。

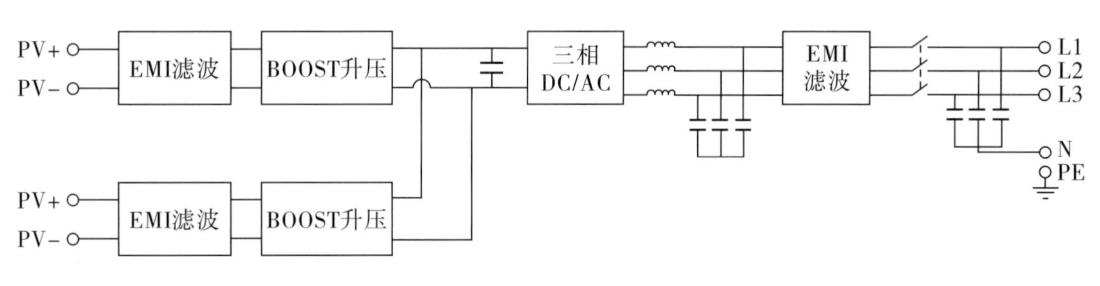

图 8-10　并网逆变器主电路拓扑结构

（3）技术指标（见表 8-10）

表 8-10　并网逆变器的主要技术指标

直流侧参数	
最大直流电压	1000 VDC
最大功率电压跟踪范围	380 ~ 800 VDC
最大直流功率	15.5 kWp
最大直流输入电流	2 × 20 A
MPPT 输入路数	2 × 3
交流侧参数	
额定输出功率	15 kW
额定电网电压	400 VAC
允许电网电压	310 ~ 450 VAC
额定电网频率	50 Hz/60 Hz
允许电网频率	47 ~ 51.5 Hz/57 ~ 61.5 Hz
总电流波形畸变率	＜ 3%（额定功率）
功率因素	0.9（超前）~ 0.9（滞后）
系统	
最大效率	98%
欧洲效率	97.3%
防护等级	IP65（室外）
夜间自耗电	0 W
允许环境温度	-20 ℃ ~ +60 ℃（＞ 45 ℃开始降额）
允许相对湿度	0 ~ 90%，无冷凝
海拔高度	2 000 m（＞ 3 000 m 需降额使用）
显示与通信	
显示	LCD
标准通信方式	RS485
可选通信方式	以太网 /USB
机械参数	
宽 × 高 × 深	570 mm × 700 mm × 230 mm
净重	50 kg

（4）系统直流输入接线

此系统直流输入的接线每台机器接入 4 个串列，机器有 2×3 路 MPPT 输入，每路 MPPT 输入接入两个串列。

3. 交流并网配电

交流并网配电建议通过一个 3P 断路器接入公共电网回路，要求备用回路参数如表 8–11 所示。

表 8–11　公共电网回路参数

额定功率	15 kW
额定电压	380 VDC
最大输出电流	3×20 A
环境温度	–25 ℃ ~ +55 ℃
环境湿度	0 ~ 95%，无凝露

4. 接入电网设计

此项目接入南方电网广州供电电网，根据南方电网公司发布的《Q/CSG1211001—2014 分布式光伏发电系统接入电网技术规范》附录 A 的说明，同时根据项目三相输出的情况，参考国家电网公司《分布式光伏发电接入系统典型设计》，系统并网方式采用 1 回路 T 接于公共电网，接入方式如图 8–11 所示。

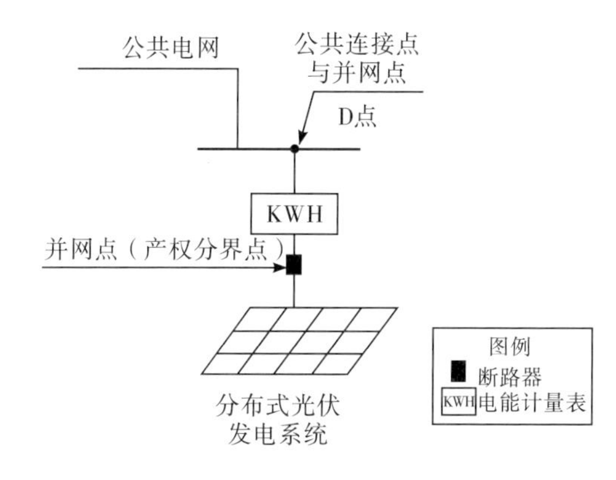

图 8–11　接入公共电网设计

5. 15 kW 光伏系统接线方案（见图 8–12）

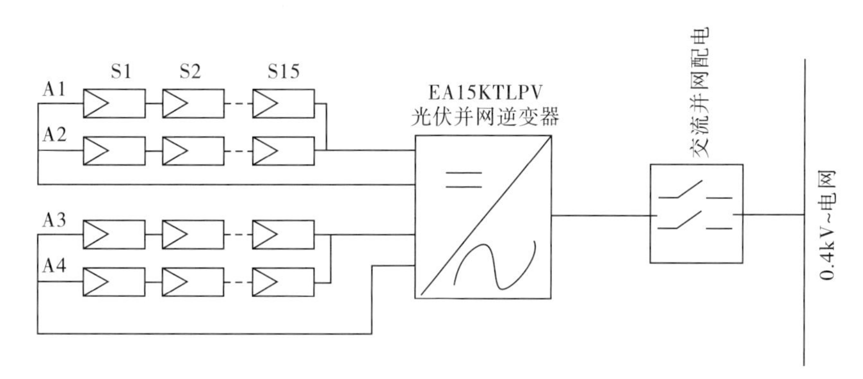

图 8–12　15 kW 光伏系统接线示意图

8.5.5.3　*效益初步分析*

光伏发电站的发电计算是在太阳辐射资源评估基础上，结合系统设计和对投产后运行小时的预算得出的。

项目地处广州，纬度较低，太阳高度角较大，太阳总辐射量与日照时数充足，具有长夏无冬的特点，累计年平均日照总时数近 2000 h，年均总太阳能辐射量约 5000 MJ/m²（水平条件下），具有较好的开发光伏发电的潜力。

1．发电量测算

光伏发电站组件采用平铺安装。经测试，该项目采用的太阳电池衰减率（即光致衰退率）为 0.8%，使用寿命长，在不发生任何外界因素致使组件损坏的情况下，其使用寿命均为 25 年。光伏发电系统效率为 80%，根据采用的太阳电池衰减率，综合可得出发电量数据，见表 8-12 ~ 表 8-15。

表 8-12　设计院光伏发电量测算

装机总量 / kW	25 年发电量 / kW・h	年均发电量 / kW・h	月均发电量 / kW・h	25 年日均发电量 / kW・h
15	379 000	15 160	1 263	41.5

表 8-13　15 kWp 并网光伏电站 25 年发电量估算

符号	名称	单位	数值
W	装机总量	MWp	0.015
H	年峰值日照小时数	h	1389
η	光伏电站系统总效率	1	0.8
I_h	倾斜面年总太阳辐射量	kW・h/ m²	1389
	倾斜面年总太阳辐射量	MJ/ m²	5
I	水平面年总辐射量	kW・h/ m²	1389
	水平面年总辐射量	MJ/ m²	5000
a	地区实际工程实践经验值		1
I_0	标准太阳辐射强度	kW/m²	1
L	年发电量	万 kW・h	1.667
b	年衰减率		0.80%

表 8-14　各年电池的衰减

年数	年衰减率	单位	数值
1	0	万 kW・h	1.667
2	0.008	万 kW・h	1.653
3	0.008	万 kW・h	1.64
4	0.008	万 kW・h	1.627
5	0.008	万 kW・h	1.614
6	0.008	万 kW・h	1.601
7	0.008	万 kW・h	1.588
8	0.008	万 kW・h	1.576

续表 8–14

年数	年衰减率	单位	数值
9	0.008	万 kW · h	1.563
10	0.008	万 kW · h	1.55
11	0.008	万 kW · h	1.538
12	0.008	万 kW · h	1.526
13	0.008	万 kW · h	1.514
14	0.008	万 kW · h	1.501
15	0.008	万 kW · h	1.489
16	0.008	万 kW · h	1.477
17	0.008	万 kW · h	1.466
18	0.008	万 kW · h	1.454
19	0.008	万 kW · h	1.442
20	0.008	万 kW · h	1.431
21	0.008	万 kW · h	1.419
22	0.008	万 kW · h	1.408
23	0.008	万 kW · h	1.397
24	0.008	万 kW · h	1.386
25	0.008	万 kW · h	1.374
总数	25 年总发电量	万 kW · h	37.9

表 8–15　不同时期的总发电量

符号	名称	单位	数值
L	25 年平均年发电量	万 kW · h	1.516
L_1	前 5 年总发电量	万 kW · h	8.201
L_2	前 8 年总发电量	万 kW · h	12.97
L_3	前 10 年总发电量	万 kW · h	16.08
L_4	前 15 年总发电量	万 kW · h	23.65
L_5	前 20 年总发电量	万 kW · h	30.92
总数	25 年总发电量	万 kW · h	37.9

2．经济效益测算

由以上初步估算可知，一个 15 kWp 的并网光伏发电站在广东地区的 25 年总发电量为 37.9 万 kW·h，平均每年发电 1.516 万 kW·h。按 1 元 /kW·h 的电费估算，每年可产生效益 1.516 万元。25 年发电总共可产生效益 37.9 万元。

8.5.5.4 节能减排及环境影响评估

一个 15 kWp 的并网光伏发电站的 25 年平均年发电量为 1.5 万 kW·h，相比用火力发电，每年可以减少污染物排放如表 8-16 所示。

表 8-16 15 kWp 的并网光伏发电每年减排量

年发电量 / 万 kW·h	节标准煤 /t	减排 CO_2 /t	减排 SO_2 /t	减排 NO_x /t	减排烟尘 /t
1.52	5.46	15.12	0.45	0.23	4.12

注：每发 1 度（kW·h）电，就相应节约了 0.36 kg 标准煤。同时减少污染物排放 0.272 kg 碳粉尘、0.997 kg CO_2、0.03 kg SO_2、0.015 kg NO_x。

则 25 年可以减少污染物排放如表 8-17。

表 8-17 15 kWp 并网光伏发电 25 年减排量

25 年发电量 / 万 kW·h	节标准煤 /t	减排 CO_2 /t	减排 SO_2 /t	减排 NO_x /t	减排烟尘 /t
37.9	136.45	377.9	11.37	5.69	103.09

光伏发电过程中不消耗化石燃料，无 CO_2、SO_2 等有害气体的排放，节约水资源，同时减少相应的废水和温排水等对水环境的污染，清洁干净，环境效益良好，取代任何化石能源发电的环境效益都是巨大的。同时，光伏发电系统组件安装朝向空中，几乎无噪声、无光污染。

综上，此 15 kWp 光伏并网发电系统具有较好的经济与环境效益。

第9章 岭南建筑的建筑智能化改造技术

9.1 岭南建筑智能化技术现状

由于建筑智能化在我国于20世纪90年代才开始起步，既有的岭南建筑除了电话、电视、综合布线、计算机网络、视频监控系统外，一般都没有设置其他智能化系统。而且，有线电视、综合布线、计算机网络和视频监控系统也是在2000年后才陆续增加。就机电设备而言，一般的空调也大多是以分体空调为主。照明也主要为手动开关，没有设置智能照明系统。既有的岭南建筑智能化系统基本是一片空白。

9.2 建筑智能化技术发展的现状

9.2.1 智能建筑技术概述

智能建筑的概念，在20世纪末诞生于美国。第一幢智能大厦于1984年在美国哈特福德（Hartford）市建成。我国于20世纪90年代才开始起步，但迅猛的发展势头令世人瞩目。

智能建筑中，对整个建筑的所有公用机电设备，包括建筑的中央空调系统、给排水系统、供配电系统、照明系统、电梯系统、能源管理系统等，进行集中监测、控制和管理是由建筑设备管理系统（Building Management System，BMS）完成的。其任务是对建筑物内的能源使用、建筑环境、交通及安全设施进行监测和控制，提高建筑的管理水平，降低设备故障率，减少维护及营运成本，提供一个既安全可靠，又节约能源，而且舒适宜人的工作或居住环境。这个系统是智能建筑不可缺少的部分。

“楼宇自控系统”（Building Automation System，BA或BAS）是建筑智能化行业中对“建筑设备管理系统”的俗称，也是这个系统早期的叫法。从20世纪90年代至今，建筑设备管理系统经历了20多年的发展，系统结构也发生了很大变化，主要可以分为三种形态：现场总线结构、以太网+现场总线结构、以太网结构。其中，楼控系统现场总线结构是从工业控制总线发展而来，BAS控制网络就形成了双层结构，一是控制管理层，包括人机接口单元(操作员站OPS、工程师站ENS）、现场控制站（I/O站）；二是现场层，包括现场传感器、变送器和执行器。为了保证通信网络的可靠性，多数厂家采用了双总线、环形或双重星形的网络拓扑结构。21世纪，随着企业网Intranet建立，建筑设备自动化系统普遍采用Web技术，并力求在企业网中占据重要位置。BAS中央站嵌入Web服务器，融合Web功能，以网页形式为工作模式，使BAS与Intranet成为一体系统，从而进入了以太网+现场总线结构的阶段，BAS控制网络就形成了3层结构，分别是管理层（中央站）、自动化层（DDC分站）和现场层（现场传感器、变送器和执行器）。

9.2.2 物联网技术概要

物联网，顾名思义就是连接物品的网络。其目标就是构建一个实现全球物品信息实时共享的实物互联网，让你所关注的事物在任何地方任何时候都能被你所知悉。

物联网（Internet of Things）这个词，国内外普遍公认的是MIT Auto-ID中心的Ashton教授1999年在研究RFID时提出来的。

2002年9月20日，Opto和Nokia两大公司联名发布了《Opto22携手Nokia沟通开发旨在为企业提供无线通信的新技术》的消息，并首次采用M2M（Machine to Machine）来诠释开发中的通信方案："以以太网和无线网络为基础，实现网络通信中各实体间消息交流。"2003年诺基亚在发布的《M2M技术——让你的机器开口讲话》白皮书中提出"M2M旨在实现人、设备、系统间连接"，此后"人、设备、系统的联合体"便成为M2M的标签，而这一事件成为M2M发展史上的一个重要的里程碑。

2005年，国际电信联盟（ITU）发表了《The Internet of Things（物联网）》的年度报告，向世界宣告物联网时代即将到来。这时，物联网的定义和范围已经发生了变化，覆盖范围有了较大的拓展，不再仅指基于RFID技术的物联网。按照国际电信联盟（ITU）的定义，物联网主要解决物品与物品（Thing to Thing，T2T）、人与物品（Human to Thing，H2T）、人与人（Human to Human，H2H）之间的互联。

自2009年8月时任总理温家宝提出"感知中国"以来，物联网被正式列为国家五大新兴战略性产业之一，写入政府工作报告，物联网在中国受到了全社会极大的关注，其受关注程度是在美国、欧盟和其他各国不可比拟的。

9.3 建筑物联网技术的发展

9.3.1 建筑物联网的技术特征

全面感知、可靠互联和智能处理是物联网的三大要素。建筑物联网将会具有以下的主要特点：

（1）建筑内的智能设备（安装了传感器和微处理器的设备）具有以太网接口或接入无线网络的能力，可以将设备的数据或信息经建筑物联网节点传输到邻近节点直至送达目标地址，并能接收并执行收到的信息。

（2）建筑物联网是由等价节点组成的以太网结构，每个节点都能接收/传送数据，也和路由器一样，将数据传给它的邻接点。每个节点只和邻近节点进行通信，具有自组织、自管理的能力，为建筑内的智能设备提供基础通信与计算平台，实现M2M功能。M2M存在以下三种方式：机器对机器、机器对移动终端（如用户远程监视）、移动终端对机器（如用户远程控制），重点在于机器对机器的通信。

（3）云计算中心为智能设备提供智能处理的后台技术支撑服务。

9.3.2　建筑物联网的应用技术

1. 自然通风、机械通风与空调送风（含岗位送风）的多元智能控制技术

根据人们的用能习惯及节能要求，使用控制器使自然通风、机械通风与空调送风设备在夏季时保证设定温度在 26 ℃，在冬季时保证设定温度 18 ℃。这样既保证了舒适温度，又降低了空调用量，避免了能源浪费。在过渡季，当室外温度满足要求时，风盘处于通风运行模式，并不打开空调水阀，节约能源。

按照自然通风、机械通风与空调送风（含岗位送风）传统的控制模式，主要以单变量闭环控制为主。例如，对于风机盘管系统来说，以测量的现场温度为变量，控制冷却水阀门的开启，调节现场的温度至设定值；对于变风量系统来说，以测量的风管压力为变量，控制变频器的输出频率，调节空调系统的送风量至设定值。以上两种控制模式都是为了通过对现场温度的控制，实现对建筑环境参数的控制，满足人体舒适度的要求。因此，传感器的设置原则都是以“温度控制”为主要目标，系统的控制策略也是以“温度控制”的准确性、稳定性和快速响应来考量设备运行控制的效果。

但是，从绿色节能的控制目标出发，我们不能仅仅局限于调节控制现场温度以保障人们对环境舒适度的要求，还应该提高建筑能效水平。就拿空调机运行控制来看，为了输送冷量达到控制现场温度的目的，空调机消耗了冷量和电量。机电设备运行需要依靠电动机的运转产生动力，如果根据电动机所带负载的大小及特点，尽量让电动机在最佳负载率状态下运行，其效率会越高、损耗越小，从而提高异步电机的运行效率，降低功率损耗，达到节能的目的。所以，对空调机的控制是一个多变量的控制系统，需要进行多元智能控制。需要监测送风温度、电机频率、空调机能效，通过水阀开度调节控制冷量输送量，通过变频器频率调节控制风机转速。而水阀开度调节和变频器频率调节是一个耦合量，需要通过空调机运行的能效比来判断两个控制量的平衡点和优先级，确定水阀开度调节优先，还是变频器频率调节优先。

所以，基于提高设备运行能效比的目的，采用多元智能控制技术进行现场温度调节控制，不仅可以满足舒适度的要求，也可以满足节能的要求。

2. 室内自然采光、遮阳与人工照明的多元智能技术

基于物联网的通信及传输技术可以实现同一建筑环境中的传感器和控制器的联动控制，信息传送和控制不需要通过上位机跨平台处理。对室内照度的控制，可以根据系统时钟计算太阳入射角，通过采集室内和室外照度传感器照度数据，实现智能电动窗帘控制器和智能灯光控制器联调进行控制。智能灯光控制器还可以测量照明能耗数据，便于进行能耗计量统计。

3. 基于物联网的智慧建筑数据采集技术研究

测控点的设置原则与方法：在建筑内，根据建筑空间分布特点设置智能节点，每 30 ~ 50 m^2 的空间设置一个智能节点，每个智能节点汇接 500 个智能设备。这些智能设备包括传感器和测控单元。空间内智能设备之间的信息交互和控制，可以在本地智能节点中完成，智能设备可以独立完成对被控设备的智能化管理，包括设备运行数据的采集和运行状态的控制。

（4）基于智慧建筑的微测控终端与标准测控终端结构体系研究

测控体系结构应用技术及设计原则：微测控终端属于一体化的智能设备，它包含了检

测、存储和控制功能，可以内置和外接传感器和执行器组成功能更强大的智能设备，完成被控设备静态和动态数据的采集，以及运行状态的调节和控制。设备的静态参数包括产地、品牌、批次、额定参数、设备编号等，可以通过手工录入存储在智能设备中；动态数据包括电流、电压、功率、报警信息、通信故障等，通过自身或外部设置的传感器采集获得，存储在智能设备中，供自身运行控制及外部信息调用。

9.4 建筑物联网技术在岭南建筑改造中的应用

9.4.1 岭南建筑改造项目智能化系统

按照《GB/T 50314 智能建筑设计标准》的规定，建筑智能化系统需设置六大系统，包括智能化集成管理系统、信息设施系统、信息化应用系统、建筑设备管理系统、公共安全系统以及机房工程，以保证建筑智能化系统的完整性和功能性要求，实现智能建筑安全、舒适、节能、绿色、便利的目的，并保证建筑外联内通的通信畅通。

9.4.2 消除“信息孤岛”，融合系统功能

建筑物联网是现代控制技术、通信技术与计算机技术融合的分布式网络计算平台，有针对性地解决建筑智能化存在的系统异构问题，有效地融合各种信息应用，解决普遍存在的不同信息业务承载网络相互隔离的“网络孤岛”问题。例如，将 BA 系统、电力监控系统、智能照明系统、能源管理系统统一在建筑物联网的结构体系中，信息传送和控制不需要通过上位机跨平台处理。这样可简化系统结构，融合系统功能，消除“网络孤岛”现象。又如，原来智能照明系统仅能实现照明控制，照明系统的能耗采集需要通过电力监控系统来完成，而能源管理系统的电量能耗数据还要通过电力监控系统来汇集，同时，照明系统与电动遮阳系统的联动也需要通过电动遮阳系统来完成，这些功能必须通过上位机跨平台处理。

通过建筑物联网平台，可以将智能照明、能源管理、电力监控，以及电动遮阳系统融合在统一的建筑物联网平台上，实现物物相连、信息融合的目标。

9.4.3 融合通信技术，便于功能扩展

建筑物联网采用了 CEE（Convergence Enhanced Ethernet，融合增强型以太网）技术、无线局域网技术和低功耗个域网技术，智能节点之间采用以太网有线互联，智能设备与智能节点之间采用无线局域网技术和低功耗个域网技术连接，便于建筑物联网本身的扩展。同时，由于智能设备采取无线接入模式，也便于智能设备的扩展。这样的结构完全适合建筑改造项目的智能化体系架构。

9.5 设计案例

9.5.1 华南理工大学建筑设计研究院改造方案

（1）在华南理工大学建筑设计研究院改造项目中采用建筑物联网的技术，融合智能化

结构体系，使建筑智能化的体系结构更加符合建筑空间结构特点。

（2）在建筑内，根据建筑空间分布特点设置智能节点，每 30 ～ 50 m^2 的空间设置一个智能节点，智能节点嵌入了无中心操作系统（TOS），支持多任务、并行计算处理功能，可以保证接入到系统中的各种智能设备都能平等地享用网络计算资源、调用无中心计算函数库，实现不同空间区域中各种设备的协作、优化控制。

（3）每个智能节点汇接 500 个智能设备，通过无线方式接入智能节点。这些智能设备包括建筑环境质量检测传感器和测控单元。建筑环境质量检测传感器包括温度、湿度、照度、二氧化碳、粉尘传感器，测控单元包括对通风、照明、电动窗帘设备的参数测量与控制。空间内智能设备之间的信息交互和控制，可以在本地智能节点中完成，智能设备可以独立完成对被控设备的智能化管理，包括设备运行数据的采集和运行状态的控制。

（4）空调系统采用可变冷媒流量的高温多联机系统、独立的自带冷热源的新风换气机、单元式空调机、新风换气机和静音风机。其中可变冷媒流量的高温多联机系统和独立的自带冷热源的新风换气机由厂家自带控制系统，通过接口接入建筑物联网，实现在空调末端进行能耗计量和运行控制。单元式空调机、新风换气机和静音风机采用测控单元进行运行参数采集和启停控制。

（5）对生活用水量进行计量，采用智能水表通过微测控终端接入建筑物联网，实现能耗计量。

（6）该项目主要的能耗类型是电能，对建筑内电能的能耗数据采用更加合理的分项计量方法，将建筑能耗与非建筑能耗严格区分开。

（7）设置客流统计功能，改变目前只能以静态数据反映能耗情况的现状，将建筑能耗数据与建筑内的人数关联，可以动态反映能耗数据的变化特性，为节能控制策略的制定创造条件。

9.5.2　华南理工大学东一至东五建筑改造项目

（1）在改造项目中采用了微测控终端（又称为智慧测控单元），对照明、排风扇、饮水机、打印机、风扇进行了分项能耗计量和开关控制。将电能的分项计量方法进行了重新定义，在不改动原有配电线路的情况下，可以根据用能特点任意分项组合，使建筑能耗的分项方法更趋于合理，为建筑节能的实施提供了有效、合理的措施。

（2）设置了无线绿源开关，对电动窗帘系统和照明系统进行控制。无线绿源开关内置电动力能源生成器，依靠按压开关时微小的 2 mm 行程产生的能量工作，是一种无须导线和电池的智能遥控设备。每个开关按键有唯一的 ID 码，可多个开关控制一路负载，也可一个开关控制多路负载，单个开关最多可控制八路负载。与传统的设备系统比起来，无须安装布线，不存在传统开关触电打火等安全隐患，并可节约安装费用和施工时间。由于产品本身无需电池供电，同时也减少了更换电池的成本及对环境的污染。在投入使用后建筑物更新、维修、重新装修布局，或拆除时，将大大节约材料和人工成本。

（3）通过网关对 VRV 多联机系统末端进行能耗计量和启停控制。微测控终端通过 RS485 有线和 ZigBee 无线方式进行通信，融合了数据采集和运行控制功能，实现了系统同构化。

（4）对生活用水量进行计量，采用智能水表通过微测控终端接入建筑物联网，实现能耗计量。

9.5.3　华南理工大学 5、6、7 号楼改造项目

（1）在华南理工大学 5、6、7 号楼改造项目中采用了微测控终端（又称为智慧测控单元），对照明、动力（空调、通风）进行了能耗计量和开关控制。

（2）建筑环境质量监测采用无线 ZigBee 技术实现数据传输。

（3）系统基于物联网的技术，采用统一的网络结构，将能耗计量和楼宇自控融合在一个统一的能源管理平台上，简化了系统结构，实现了数据同构，为能耗集中管控创造了条件。

（4）对生活用水量进行计量，采用智能水表通过微测控终端接入建筑物联网，实现能耗计量。

第 10 章
岭南历史建筑绿色改造案例实录

10.1　华南理工大学建筑设计研究院办公大楼改造

项目名称：华南理工大学建筑设计研究院办公大楼改造
地点：中国广州华南理工大学
总用地面积：3051 m^2
总建筑面积：3480 m^2
设计时间 / 竣工时间：2013—2016 年
设计团队：何镜堂、倪阳、郭卫宏、邓孟仁、张敏婷、舒宣武、劳晓杰、俞洋、陈华坚、耿望阳、陈欣燕、曾银波、陈祖铭、杜京京
绿色建筑技术支持：胡文斌、吴晨晨、高娜

10.1.1　建筑概况

华南理工大学建筑设计研究院（以下简称设计院）办公大楼坐落在风景优美的华南理工大学东湖之滨，和建筑学院、建筑工程系办公楼构成了华南理工大学历史最为悠久的历史建筑群体，如图 10–1 所示。设计院以中国古典建筑的形式，顺应山体，由北向南采用掉层设计，以砖红色的面砖与红砂岩作为外墙饰面材料，与周边历史建筑和睦相处。

（a）改造前的立面图

（b）场地卫星图

图 10–1　改造前的设计院办公楼风貌

在长期使用过程中，办公大楼的需求矛盾日趋显现。原有室内疏散体系与现行规范有多处冲突，存在安全隐患；办公楼功能单一，仅作设计、办公之用，无法满足50人以上的会议需求，且办公面积远不能满足使用要求；内部使用时间较长，布局和装饰已经十分陈旧，影响全国知名设计院的形象；由于年代限制，原建筑设计未充分考虑节能措施，其墙体、门窗材料均无法满足现行节能标准的要求；机电设备系统陈旧，装机负荷不能满足使用要求，影响设计生产。综上所述，决定对大楼进行改造，在创造一个适宜的设计、科研和办公场所的同时，为华南理工大学打造一个科技成果转化的示范窗口。

10.1.2 改造方向与技术体系

历史建筑属于保护对象，设计院与建筑学院、建筑工程系办公楼形成一个历史建筑组群，改造必须遵循建筑组群和谐统一的原则，不能破坏建筑群体的历史风貌。该项目采用了继承与创新的改造原则。继承有两方面含义：一是保留原有建筑群体风格，二是继承岭南建筑特色元素。按照这种原则，从室外场地、建筑立面、建筑平面、建筑空间、细部构造、机电系统、室内装饰等十个方面总结出与创新的主要策略，具体见表10–1。

表10–1 设计院办公大楼改造中继承与创新的主要策略

改造对象	继　承	创　新
室外场地	建筑群总体布局不变，保留原有地形高差、坡地植被和高大乔木	设置下沉庭院和地下室，不破坏场地原有风貌
建筑立面	立面石材色调、屋面挑檐和入口台阶保持不变	调整门窗和幕墙的类型，更换高性能+Low–E中空玻璃；增加岭南建筑特色元素
建筑平面	建筑主体平面布局不变	增加地下室，大空间办公区域采用灵活隔断
建筑空间	入口大堂、中庭保持不变	优化大堂穿堂风和中庭热压拔风，设置地下室采光通风天井，大开间办公室设置光导管，掉层和地下层设置通风连廊
细部构造	岭南风格的骑楼和挑檐自遮阳	立面形成丰富的岭南特色遮阳构件，利用窗体凹凸形成自遮阳
电气系统	无	电力监控，节能照明及控制，设备用太阳能光伏发电
空调系统	无	分区设置多联机空调，灵活的新风处理系统
给排水系统	无	消防喷淋，节水器具，中水回用，雨水收集
智能化系统	无	室内环境监控系统，综合能源管理系统，物联网技术
室内装饰	无	内置百叶中空玻璃隔断，大空间办公区域灵活隔断

结合《绿色建筑评价标准》，按照节地与室外环境、节能与能源利用、节水与水资源利用、节材与材料资源利用、室内环境质量五部分，将上述改造策略分解到建筑（含室内装饰）、结构、电气、给排水、智能化等专业的设计内容中，形成可靠的施工图设计文件。各专业设计对应的绿色建筑技术示意图如图10–2所示。

图 10–2　各专业设计对应的绿色建筑技术示意图

10.1.3　绿色建筑改造设计的内容

10.1.3.1　集约舒适的地下空间

改造在北侧加建了地下区域，地下二层加建部分面积为 622 m^2，地下一层加建部分面积为 342 m^2，两层合计增加建筑面积 964 m^2，主要用作办公室和报告厅。新建的地下区域设置了开敞的下沉庭院，配合绿化和小品，营造了别有洞天的效果，同时也改善了地下空间的自然通风和自然采光效果，如图 10–3、图 10–4 所示。

在地下区域，设计方案充分利用下沉庭院、采光天井、采光天窗和开放通透的楼梯入口等手法，营造良好的室内自然采光效果，如图 10–5、图 10–6 所示。

在地下室采光天井侧壁采用白色和浅色的文化石饰面，利用侧壁反光，进一步提高办公区域的自然采光效果。

开放的下沉庭院在走廊端头营造出光影斑斓的采光效果，如图 10–7 所示，不仅丰富了室内艺术层次感，并且也改善了走道的自然采光。

如图 10–8 所示，通透的下沉楼梯隐藏在姹紫嫣红的花卉植物群中，不仅是地下空间的疏散口，也是通风采光口，大大改善了相邻楼梯及走道区域的自然通风和自然采光效果。

图 10-3　下沉庭院（室外场地视角）

图 10-4　下沉庭院（内部空间视角）

图 10-5　地下二层会议室自然采光实际效果一

图 10-6　地下二层办公室自然采光实际效果二

图 10-7　地下一层走廊靠下沉庭院端自然采光实际效果

图 10-8　通透的下沉楼梯以及连接走廊自然采光实际效果

图 10-9　掉层采光天窗以及连接走廊自然采光实际效果

图 10-10　中庭的实际采光效果

图 10-11　中庭顶部的百叶排风口

如图 10-9 所示，掉层采用采光天窗和高侧窗的组合，极大地改善了室内自然采光效果，使得室内在白天基本无需人工照明。

10.1.3.2　建筑中庭

改造方案从继承和创新出发，保留了原有的建筑中庭，同时进行了优化设计，改善了中庭区域的舒适性，主要表现在以下三方面：

（1）原有中庭顶部为透光率很低的阳光板天窗，现改为遮阳性能良好的 Low-E 中空夹胶玻璃天窗，在遮阳的同时改善中庭的自然采光效果，改造后的采光效果如图 10-10 所示。此外，原有阳光板天窗隔音效果很差，雨滴在阳光板上产生的噪声令人厌烦，改造后隔音性能良好的 Low-E 中空夹胶玻璃则避免了这个问题。

（2）原有的中庭顶部存在排风百叶，但是百叶朝南，雨天雨水很容易飘进来。如图 10-11 所示，改造方案巧妙地在北向梁上开槽，然后利用屋面留洞，将天窗下集聚的热风转 90° 排至室外，解决了百叶进水的问题。

（3）玻璃天窗采用淋水措施，降低太阳暴晒时玻璃外表面温度，改善顶层走道区域的室内热舒适度。淋水系统采用雨水回用，雨水量不足时中水补充，节约了用水量，如图 10-12 所示。

图 10-12　淋水天窗的雨水回用系统

10.1.3.3　建筑空间间隔

在传统建筑改造中，将原有小空间合并，形成开放的大空间是一种重要的空间重组策略。改造后的大空间使用灵活，自然通风和自然采光均有明显改善，同时节省隔墙材料。

设计院办公主楼在改造过程中，除行政领导办公室采用小空间外，其余设计室全部采用大开间设计模式，如图 10-13、图 10-14 所示。各设计室可以根据需要，利用可拆卸隔墙进行灵活隔断，如图 10-15 所示。在保证整体通风采光效果的基础上，办公主楼总工室利用成品内置百叶的玻璃隔断形成多个既可以保证私密性，又可以充分通透采光的办公空间。为提高办公室的自然采光效果，所有同中庭相邻的大开间办公室均采用内置百叶的磨砂玻璃隔断，在需要加强采光时，内置百叶调整为水平角度；在需要保证私密时，内置百叶关闭。

对于大进深办公室的采光，改造方案采用光导管技术，改善内区的自然采光效果。对于三楼两翼的大办公室，各采用 3 套光导管，如图 10-16 所示，大大改善中部区域的自然采光效果，减少 1/3 以上办公室安装的灯具数量。

图 10-13　首层大开间办公室

图 10-14　三楼大开间办公室

图 10-15　灵活隔断的办公区域

图 10-16　三层大开间办公室内安装的光导管

10.1.3.4　建筑立面与建筑遮阳

设计院办公主楼原有的南向立面一直被诟病，如图 10–17 所示，立面零碎，玻璃幕墙构成的虚面过于臃肿和压抑。改造后的立面保留原有红砂岩饰面，玻璃外窗和实墙虚实结合，整栋大楼风格大气庄重，线条挺拔；同时设计方案刻意利用岭南传统遮阳手法，在立面营造丰富多彩的遮阳构造，形成的阴影大大丰富了立面的层次感，如图 10–18 所示。

如图 10–19 所示，设计院主楼南向立面采用了三种遮阳形式，一是首层的类似小尺度的骑楼遮阳，遮阳中部的镂空降低了遮阳构件的厚重感，同时弱化遮阳对室内采光的负面影响；二是二层外窗内凹形成的自遮阳，在保证大面积玻璃面的同时减少进入室内的太阳辐射热；三是顶层仿古挑檐形成的水平遮阳，同时顶层外窗也有小尺度的内凹设计，提高了遮阳效果。

值得一提的是，经过巧妙设计的内凹外窗可以实现 50% 开启，如图 10–20 所示，南向主导风直入办公室，通风效果十分理想。

节能计算表明：对于南向立面，骑楼遮阳的外遮阳系数达到 0.656，内凹外窗外遮阳系数达到 0.770，挑檐水平外遮阳数也达到 0.825，相比原来没有外遮阳措施，改造综合考虑铝塑共挤窗框 +Low–E 中空玻璃构造，改造后的外窗热工性能比原来大幅度提升。

图 10–17　改造前的南向立面

图 10–18　改造后的南向立面

图 10–19　骑楼遮阳构件和挑檐外遮阳

图 10–20　外窗内凹形成的自遮阳及开启效果

10.1.3.5　庭院改造

该项目改造前北侧庭院比较杂乱，基本上是各种停车场，如图 10–21、图 10–22 所示。庭院地面基本为硬化铺装，透水性很差，雨天地表径流严重影响行人活动。

在庭院改造时，保留原有的高大乔木，如图 10–23 所示，作为维系原有地貌和延续历史的重要手段。在地下室顶板上覆土 1.5 m，作为种植高大乔木的必要措施，也是作为透水铺装的基层构造。改造后的庭院，除必要区域保留硬化铺装外，其余全部采用绿化种植，透水铺装比例达到 80% 以上，如图 10–24 所示。

图 10–21　北侧庭院原状之一

图 10–22　北侧庭院原状之二

图 10–23　改造后的北侧庭院效果之一

图 10–24　改造后的北侧庭院效果之二

对于局部布置在庭院的设备机组，采用回收的红砖砌筑的漏墙，既通风又美观，为庭院增加了情趣，如图 10–25 所示。

图 10–25　改造后的北侧庭院效果之三

10.1.3.6 结构加固

设计院办公大楼（南座）建于 20 世纪 90 年代，地基经过长期压实，沉降量已趋于稳定，结构无明显变形及倾斜。通过对现场实地查勘，对照现行国家规范的相关规定和要求，加建工程无需对基础加固。

三层局部加建，结合原结构布置、受力特点及原构件抗震性能，并依据现行规范要求，采用钢结构方案，如图 10–26、图 10–27 所示。经复核，加建后夹层部分新增的重量约为原建筑重量的 7%，其绿色特性主要为：①减少了施工对环境的影响；②材料可再生性；③减少了固体废弃物的排放。夹层上部结构采用钢结构柱（HM294 × 200 × 8 × 12）（图 10–28）、钢梁（HM244 × 175 × 7 × 11）及混凝土屋面（板厚为 120 mm）的加固方案。现场照片如图 10–29c 所示。

图 10–26 三层钢结构钢梁一

图 10–27 三层钢结构钢梁二

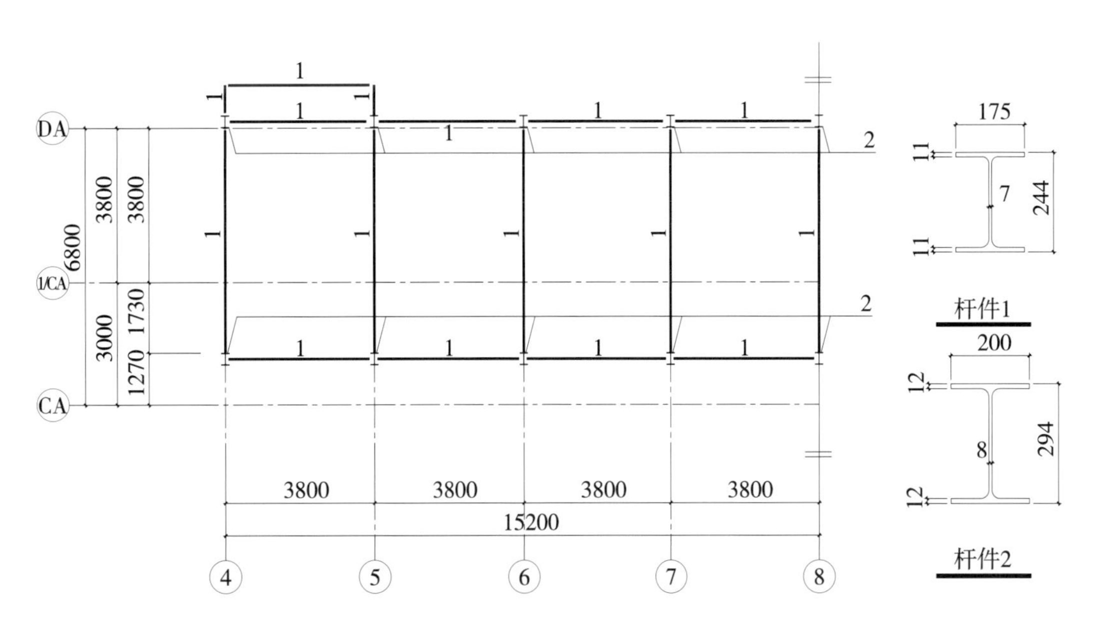

图 10–28 屋顶钢结构梁柱布置图

依据建筑使用功能的要求，对承载力不足的受弯构件（混凝土梁）采用增大截面加固法进行加固，如图 10–29 所示。

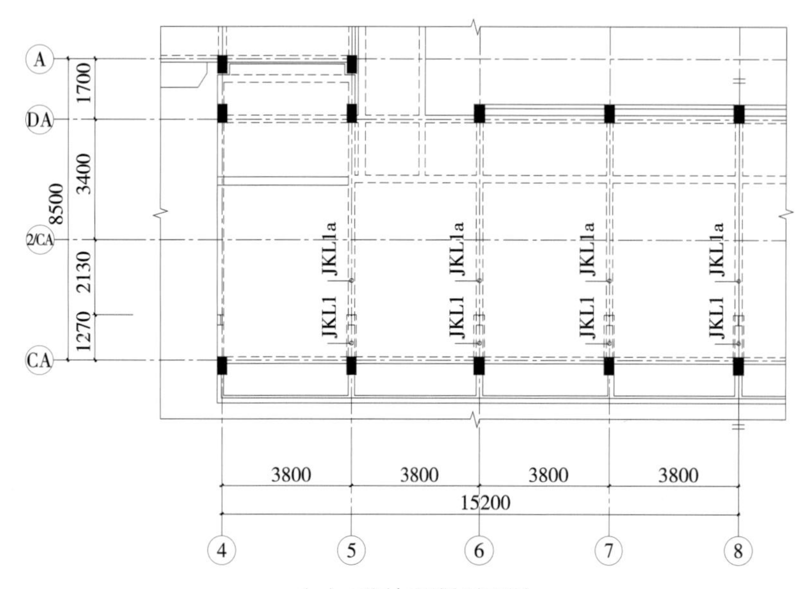

（a）三层加固梁平面图

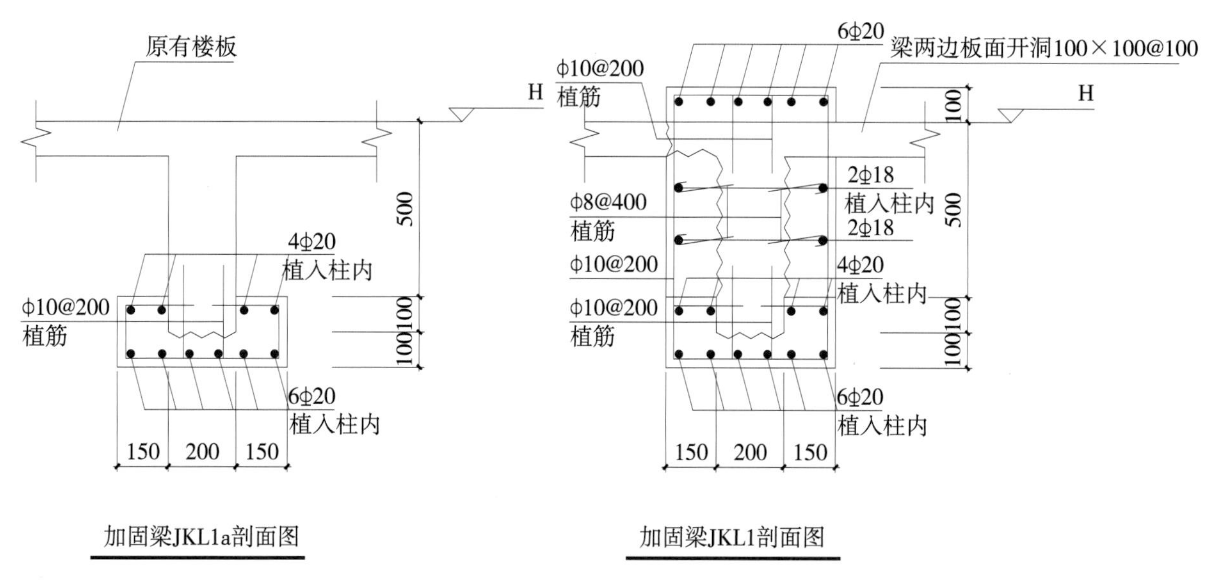

（b）加固梁剖面图

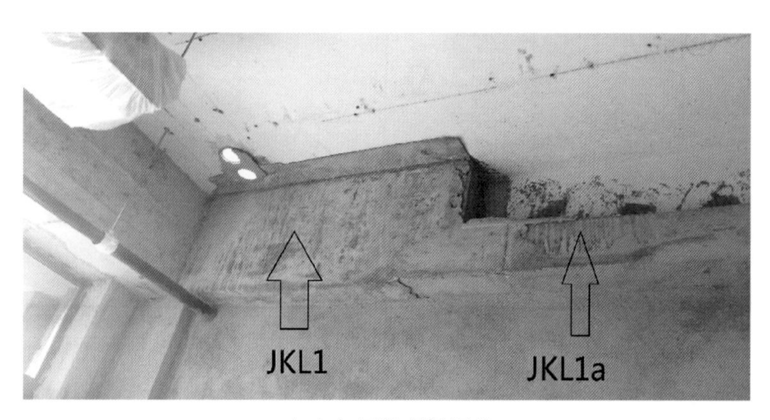

（c）加固梁现场照片

图 10–29　结构梁的加固

10.1.3.7 电气节能改造

原建筑设计由于当时的设计观念与技术的限制，未充分考虑节能措施，使建筑能耗未能达到满意的效果。经过多年的使用，建筑内电气设备普遍比较陈旧，且随着经济的发展和生活水平的提高，楼内各种电气设备的用量陡增，其电气设备、线路落后的问题也越来越突出。具体有以下几个突出的问题：

①电气线路经过多次改造，部分位置线路接线混乱。配电线路容易出现故障，且故障点的查找困难。同时大楼原有的供电系统随着人员和设备的不断增加，供电系统不堪重负。

②楼内几个设计所设置了电表，但是会议室、领导办公室及走廊门厅等公共区域均没有设置独立的计量设备。电费无法准确计量，只能采用分摊等方式收取，导致使用单位节电的积极性不高。

③照明光源、灯具等陈旧。

④没有结合建筑特点充分利用自然光、太阳能可再生能源等。

办公楼进行节能改造后，不但更新了电力设备，而且增设了电力监控及能源管理系统。系统可以实时掌握配电系统运行情况，也可进行故障定位和故障检测，加快系统故障时的反应速度。同时系统中采用电力仪表作为内部管理电表，以完成对各回路、各功能区的分项电能数据的采集，通过后台电能管理系统完成电能分项计量。

其系统组成及功能设置如下：

（1）系统组成

设计院电力监控及能源管理系统由站控管理层、网络通信层和现场设备层组成。

（2）系统的设备和功能

①在变电所内各进出线回路设置多功能仪表，实现以下功能：遥测、遥信、电能质量监测。

②各小开间办公室作为一个独立的计量单元，在房间配电箱设置多功能表测量电流、电压、有功功率、有功电度。

③各大开间办公室，在配电箱进线处设置多功能表测量电流、电压、有功功率、有功电度。另外对照明、空调、插座分别设置有功计量表。

④公共空间如门厅、走廊、卫生间等，按楼层或区域设置配电箱，在房间配电箱进线处设置多功能表测量电流、电压、有功功率、有功电度。

⑤对 VRV 空调室外机、新风机、水泵等单台功率超过 3 kW 的用电设备，逐台设置有功计量表。

10.1.3.8 照明节能改造

原建筑设计由于当时观念、设备及技术的限制，照明设备效率低，线路迂回电压降大，控制方式不尽合理，等等，除存在严重的安全隐患外，还造成能源的浪费。具体体现在以下几个方面：

①照明光源大部分采用白炽灯、粗管荧光灯、大功率卤素灯等，而此类光源光效低、寿命短、耗材多。

②照明灯具大量选用了半直接型、全漫射型、半间接型及间接型，而上述几种类型灯具光通利用率低，浪费能源。

③绝大多数灯具附件采用了电感式镇流器。电感式镇流器由于有频闪，耗电量大，多次启动易损坏阴极，缩短灯管寿命，频繁维修，易损坏灯具。

④照明配电线路路径过长、迂回过多，造成电压降较大，浪费能源。照明配电线路多数采用了穿管明敷甚至不穿管明敷，存在着严重的安全隐患。同时，一个翘板开关控制一连串灯具，不能结合具体场所选择合理的控制方式。例如，走廊、门厅等公共区域不能进行分组分区控制，课室、办公室等不能结合具体朝向充分利用自然光而进行分组控制，会议室、报告厅等场所不能进行智能调光控制。

⑤照明光源、灯具、附件及线路等未能得到定期的检查、维护，由于线路的老化、灰尘的覆盖等造成灯具效率大大降低，且存在着严重的安全隐患。

办公楼进行照明节能改造后，照明系统（光源、灯具、启动设备）的总效率得到明显的提高，同时增设了智能照明控制系统，主要体现在如下几方面：

（1）光源的选择

①展览厅、门厅、走廊、卫生间、领导接见室、领导休息厅、会议室、楼梯选用了LED光源。

②办公室、网络机房、UPS房、打图室、茶水间、司机休息室、资料室、会议室选用了T5直管荧光灯和紧凑型荧光灯。

（2）灯具的选择

①展览厅、门厅、走廊、卫生间、领导接见室、领导休息厅、会议室、楼梯选用了保护罩灯具。

②办公室、网络机房、UPS房、打图室、茶水间、司机休息室、资料室、会议室选用格栅灯具。

③灯具效率为：开敞式75%，格栅65%，保护罩70%。

（3）灯具附件的选择

灯具附件选用了标准型电子镇流器。

（4）控制方式的选择

①各楼梯照明采用了声光控制方式。

②小型办公室、秘书室、卫生间、强弱电间、打图室等场所采用翘板开关手动控制方式进行控制。

③新增了智能照明控制系统。智能照明系统主要由工作站、智能照明编程器、可编程开关控制器、控制面板、遥控器、手持式编程器及网络设备等部件组成。系统采用分布式照明控制系统，模块化结构，分散布置。智能照明控制区域分别有：大堂、公共区域、会议室、VIP会客室、领导办公室、总工室、展厅等。该项目各控制区域的控制方式如表10-2所示。

表10-2　办公楼改造照明控制原则

控制区域	控制原则
大堂	照度控制、调光控制、时钟控制、软件中央控制
公共区域	红外传感器控制、调光控制、时钟控制、软件中央控制
会议室	面板控制、红外传感器控制、调光控制、空调控制、投影控制、窗帘控制
VIP会客室	触摸屏控制、红外传感器控制、调光控制、空调控制
领导办公室	红外传感器控制、桌面蓝牙控制、空调控制

续表 10-2

控制区域	控制原则
总工室	红外传感器控制、桌面蓝牙控制、空调控制
展厅	红外传感器控制、调光控制、软件中央控制

照明设计满足《GB 50034—2013 建筑照明设计标准》所对应的照度标准、照明均匀度、统一眩光值、显色性、照明功率密度值（即 LPD 值）等相关综合要求。

10.1.3.9　太阳能光伏发电技术的应用

图 10-30　屋面光伏板实物图

由于该项目建筑规模小，全年空调以制冷为主，因此太阳能光伏发电是一种比较可行的可再生能源利用方式。设计在屋顶安装总容量为 15 kWp 的太阳能电池组件，共安装 60 块 260 Wp 太阳能电池组件，依据屋顶情况设计采用朝南走向倾斜安装的方式。每 4 个此光伏组件串列接入一台光伏并网逆变器，实现交流输出并入用户电网，系统并网方式采用单回路 T 形连接于公共电网。屋面光伏板安装实物图如图 10-30 所示。

系统配置了一套完整的监控系统，包括数据采集器、传感器、本地计算机、远程数据服务器等设备器件。数据采集器通过 RS485 数据线从逆变器获取运行状态信息，包括光伏阵列的直流电压、直流电流、直流功率、并网逆变器内部温度、交流输出电压、交流输出电流、交流输出功率、当日发电量、总发电量等数据信息，并对这些数据进行处理。数据采集器可连接大型 LED 显示屏，将并网光伏系统的总发电量、当日发电量、总的二氧化碳减排量、环境温度、环境湿度进行显示。

广州地区纬度较低，太阳高度角较大，累年平均日照总时数近 2000 h，年均总太阳能辐射量约 5000 MJ/m^2（水平条件下）。该项目采用的太阳电池衰减率（即光致衰退率）为 0.8%，在不发生任何外界因素致使组件损坏的情况下，其使用寿命均为 25 年。根据采用的太阳能电池衰减率，预估算发电量见表 8-13。

初步估算本项目 25 年总发电量 37.9 万 kW・h，平均每年发电 1.516 万 kW・h。按 1 元 /kW・h 的电费估算，每年可产生效益 1.516 万元，25 年发电总共可产生效益 37.9 万元。该光伏系统投资约 28 万，从寿命周期来看，具有一定的经济效益。从环保角度来看，该系统 25 年可以大幅减少污染物排放（具体见表 8-15）。就装机容量而言，减排潜力巨大。综上所述，此光伏并网发电系统具有较好的经济与环境效益。

10.1.3.10　基于物联网的建筑能源综合管理

旧有的建筑配电系统是按照用电设备类型分回路配电。为了减少电缆用量，一般每个楼层或区域一个回路，在进户的分配电箱内，再分为空调、动力和照明回路。一个区域的分配电箱中，一个回路中一般包含多个设备，计量时，只能统计一个回路的耗能情况。控制时，只有按回路全开和全关两种模式。在控制方面，旧有配电系统集中设置了机械式的开关面板，对用电设备的管理需要人工进行手动操作。在计量方面，仅仅设置了一个总的电表，未设置分项计量表。

一般来讲，普通的控制线缆比电源线缆造价要低，并且在物联网的体系架构下，还可以采用多种无线通信方式来解决通信问题，因此，如果采用分布式的架构，不但可以满足基本的通信要求，还能较大程度地降低造价。因此，该项目的实施思路是：尽可能地将对用电设备的控制和对能耗的监测数据颗粒度最小化，争取监测到每一个用能端的能耗数据和用能趋势，这样才能够真正体现有针对性的节能减排措施实施的实效。

得益于物联网技术的飞速发展，当前在用电设备的智能化控制方式方面，有了更多的选择。在通信方面，有 ZigBee 通信、433 M 通信、蓝牙、WiFi 等多种适合于建筑内使用的短距离高效率通信方式。在监控方面，有了各种针对不同用电设备的智能终端，例如智慧单元，其采用分布式架构，可以满足远距离的监测与控制的要求。该项目采用了基于物联网的技术，采用以下关键技术，支撑了能效管理体系的建立。

1. 智慧单元

智慧单元（Intelligence Control Unit，ICU）是基于物联网的组网技术，对用能设备的能耗数据进行采集和传输，每台设备具有全球唯一身份识别的 IP 地址码，对被其管理的能耗数据和设备具有身份识别功能。智慧单元采集和传输能耗数据，除具有应有的数据发送和传输功能外，同时具有数据分层存储、处理和分析功能，便于能源管控平台做数据校验和核准，保证数据的准确度。同时，智慧单元具有控制功能，可以根据程序设定实现对用能设备的远程控制。更重要的是，智慧单元可以安装在开关箱内（导轨安装模式），也可以直接跟随用能设备安装（安装在插座的底盒内）（见图 10–31）。其通信方式具有有线（RS485 或 TCP/IP）和无线（WiFi/ZigBee）两种方式，组网方式灵活。

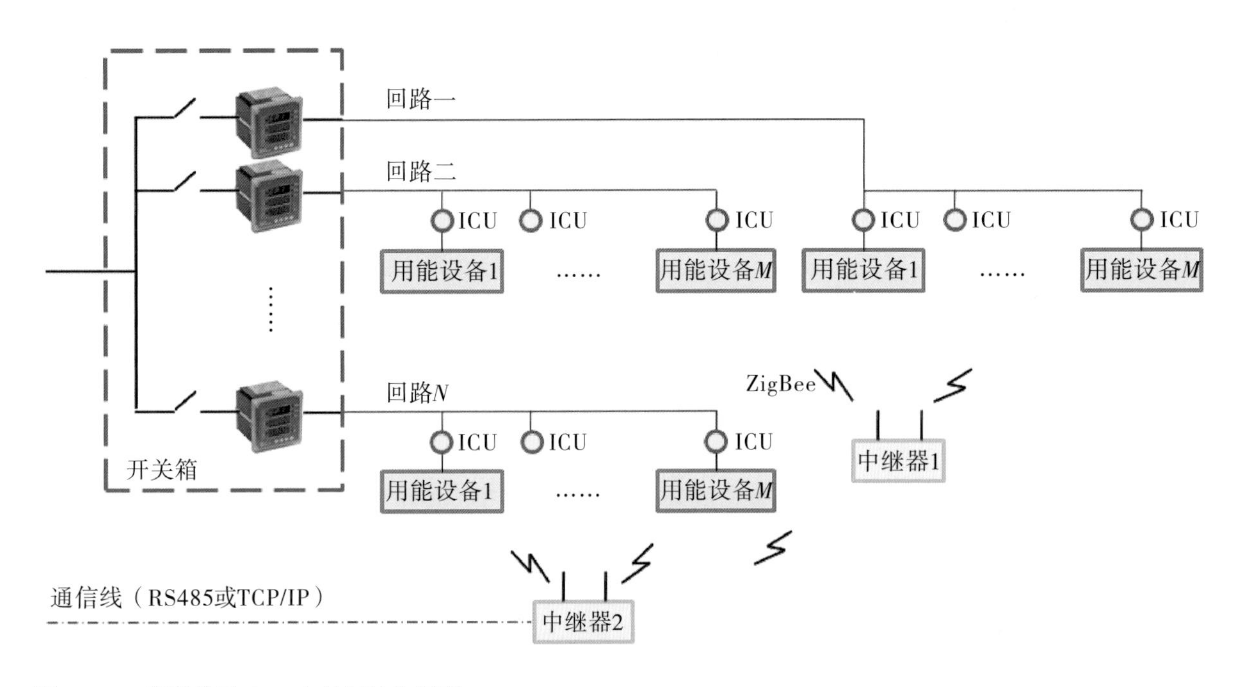

图 10–31　智慧单元（ICU）控制结构框图

2. 短程低功耗通信技术

ZigBee 是基于 IEEE802.15.4 标准的低功耗个域网协议。这个协议规定的技术是一种短距离、低功耗的无线通信技术。其特点是近距离、低复杂度、自组织、低功耗、低数据速率、低成本、高容量、高安全性、免执照。主要适合用于自动控制和远程控制领域，可以嵌入各种设备。简而言之，ZigBee 就是一种便宜的、低功耗的近距离无线组网通信技术。ZigBee 采用的自组织网通信方式，属于多通道通信，由动态路由结合网状拓扑结构。在实际工业现场，由于现场的各种原因，往往并不能保证每一个无线通道都能够始终畅通，当某个无线通道出现暂时中断，由于 ZigBee 有多个通道，控制数据仍然可以通过其他路径到达目的地，从而保证数据的可靠传输。

蓝牙技术也是一种新兴的短距离无线数据通信技术，在使用过程中，人们发现蓝牙技术尽管有许多优点，但仍存在许多缺陷。对工业、家庭自动化控制和工业遥测遥控领域而言，蓝牙技术显得太复杂、功耗大、距离近、组网规模太小等。而且，对于工业现场，采用的无线数据传输必须是高可靠性的，并能抵抗工业现场的各种电磁干扰，而蓝牙技术的抗干扰能力稍逊一筹。

基于物联网的智慧单元（ICU），创建了主动节能模式。过去的能源管理系统建立的是一种被动节能模式，系统提供的只是建筑能耗数据和分析报表，决策者通过报表和分析报告，不能主动地介入或干预用能设备的运行控制和管理，而是需要借助行政管理手段，通过培养或唤醒人们的节能意识，来规范人们的用能习惯，这是一种被动的节能管理模式，实施起来需要较长的时间。

3. 无线绿源技术

无线绿源（无源）技术是基于物联网的技术应用，用于解决使用者就地控制的功能需求。无线绿源开关内置电动力能源生成器，依靠按开关时微小的 2 mm 行程的能量转换来工作，是一种无须导线和电池的智能遥控设备。每个开关按键有唯一 ID 码，可多个开关控制一路负载，也可一个开关控制多路负载，单个开关最多可控制八路负载。与传统的设备系统比起来，无须安装布线，不存在传统开关触电打火等安全隐患，并可节约安装费用和施工时间。由于产品本身不需电池供电，因而减少了更换电池的成本及对环境的污染。在投入使用后建筑物更新、维修、重新装修布局或拆除时，将大大节约材料和人工成本。

无线绿源开关的组网结构框图如图 10–32 所示。

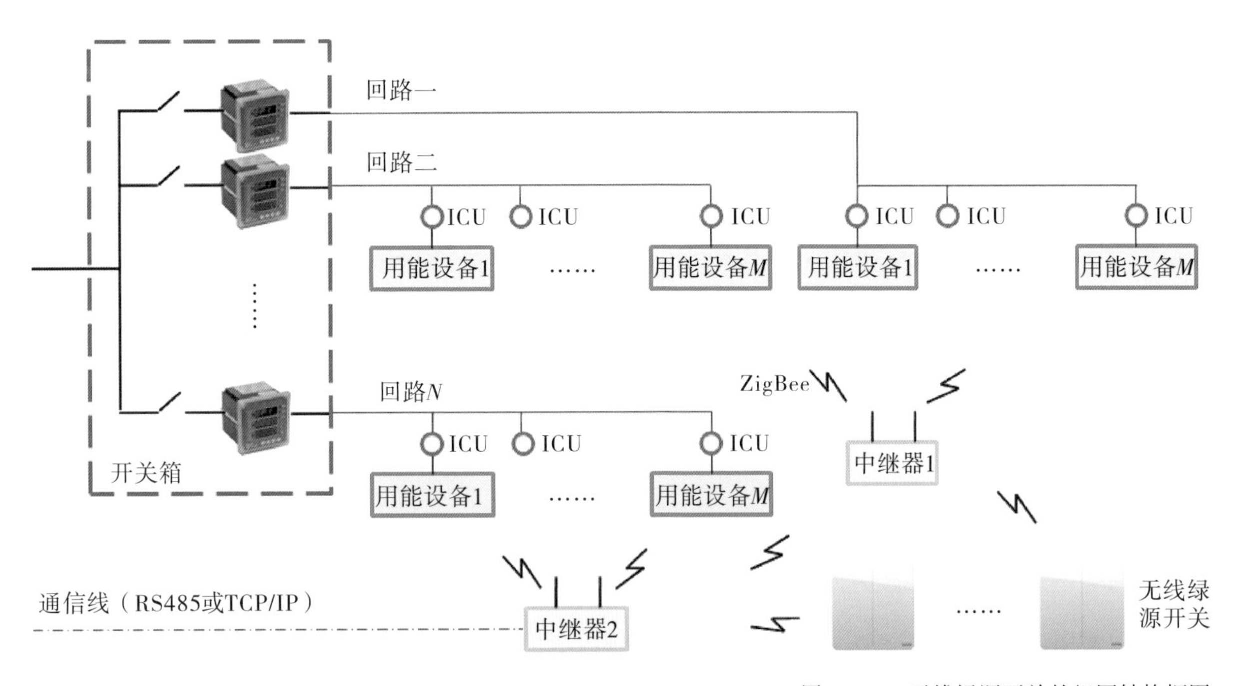

图 10–32　无线绿源开关的组网结构框图

据统计，办公区域在 24 小时内的使用率不超过 30%，大量的能源被白白地浪费掉。无线绿源（无源）技术可以实现以下功能：

（1）智能控制：通过对照度实时测量来对灯光进行控制。在自然光充足的情况下，通过不开灯、关掉部分灯，或把灯调暗以达到节能的目的。人进入房间或工作区域，系统根据当时设定的照度或温度自动打开灯光或空调，无人时关闭或调低灯光，同时也可以对空调温度进行调整，达到节能的目的。

（2）会议场景控制：一键实现合理调整灯光调配、开关窗帘，进入会议状态。

（3）温湿度及空气质量控制：对室内温度及风速自动控制，并可对二氧化碳进行监测，自动进行新风控制。

（4）集中控制：通过办公室内安装的智能面板，来控制各区域的灯光、电动窗帘及电脑插座和温湿度等，来对办公室灯光进行合理设置和调配。

（5）远程控制：通过手机或电脑对办公室进行远程监测和控制。

4．智能化集成技术

对于用能管理而言，能耗监测与用能控制是必不可少和密不可分的两个环节。只有实现“检测、控制、执行和反馈”的闭环逻辑控制，使能耗管理和控制结合起来，才能使能源管理和控制发挥应有的效益。

基于云计算的软件平台和基于物联网的基础架构，需要基于智能化的集成技术实现。

首先，要打破传统的结构定式。由于集成管理系统中软性要素的大量增加，以及其系统传统的刚性结构的日益软化，在知识等活性因素的影响下，系统的结构已不再具有常态下合理结构所表现出来的那些功能，即结构不再以完整性、稳定性、层次性为合理的判断标准。与此相反，在集成管理中，系统大多是残缺的，并且是处于动态变化之中的。因而判断结构是否合理将不再以稳定作为基准，而是看结构的动态适应能力和转换调适能力。因此，在系统结构上，该项目采用有线通信（RS485 或 TCP/IP）和无线（WiFi/ZigBee）两种方式相结合，打破系统的界限，实现了按照功能集成的模式，使其符合“检测、控制、执行和反馈”的闭环逻辑控制的现代控制理论模式。在传输方式上，引入动态路由结合网状拓扑结构，强调了系统结构的动态适应能力和转换调适能力。这样使“检测、控制、执行和反馈”环节浑然一体，无缝连接，不再需要考虑处理异构和跨系统工作。

其次，运用物联网技术对能耗采集和传输设备进行改进，每台设备具有全球唯一身份识别的 ID 地址码，对被其管理的能耗数据和设备具有身份识别功能。能耗采集和传输设备除具有应有的数据发送和传输功能外，还同时具有数据分层存储、处理和分析等功能，便于能源管控平台做数据校验和核准，保证数据的准确度。

再者，能源管控平台软件采用云计算技术架构，满足跨区域城市级别建筑群的管控需求，实现无限量用户登录。后台存储采用云存储方式，满足随需随加的无限量后台存储空间，减少并降低后台投入、维护、管理等成本。

10.1.3.11　建筑给排水系统改造

（1）给水系统

原建筑的室内给水系统采用校园给水管网直供。改造后，室内给水系统分两套管网，如图 10-33 所示。洗手盆、淋浴等与人体皮肤直接接触的用水点采用市政自来水供给，冲厕、汽车库冲洗水、绿化用水及景观补水等不与人体皮肤直接接触的用水点采用中水。采用节水型的卫生洁具，根据用水性质的不同设置水表。改造时重新敷设给水管，管材优先采用环保、卫生的塑料管、薄壁不锈钢管等，以减少管道的漏损。陈旧的给水加压设备运行效率低，改造时均予以更换。

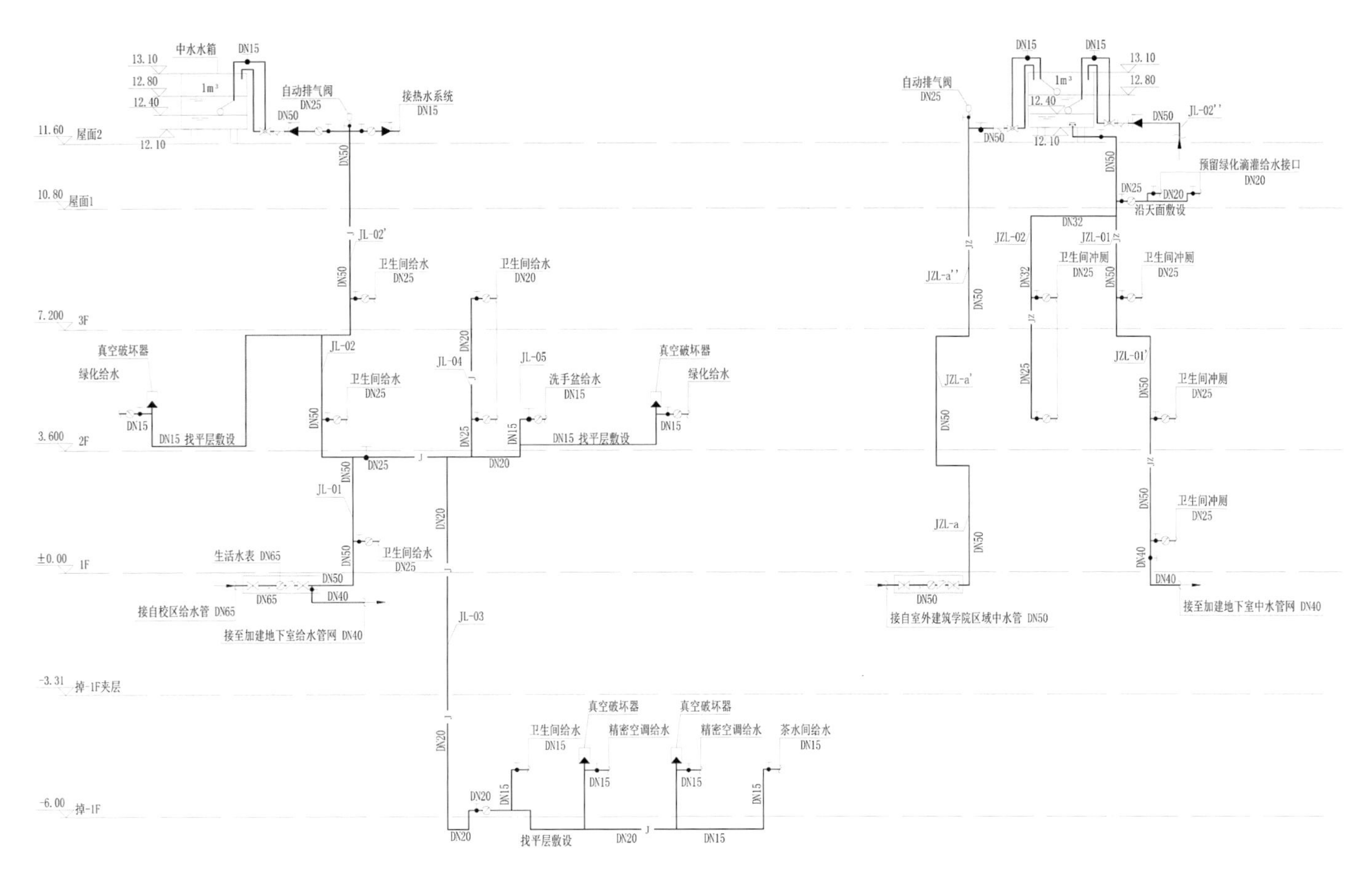

图 10–33　给水系统原理图

（2）中水系统

该项目改造前无中水系统，改造后，学校 36 号楼、设计院楼设置区域中水处理站。收集 36 号楼屋面雨水，经沉淀、过滤、消毒处理后回用于这两栋楼的绿化、车库地面冲洗及部分楼层公共卫生间的冲厕。由于 36 号楼、设计院楼都在进行改造，隔湖相望，因此采用区域中水处理站比分散设置中水处理站，造价有所降低。

（3）热水系统

原建筑室内生活热水系统采用电热水器供给。改造后，室内生活热水由设置在天面的太阳能热水装置，配电辅助加热供给。

（4）雨水系统与低冲击排放

这次改造将所有屋面和露台的雨水有组织地排至室外雨水沟，再汇入东湖。由于设计院楼面临校园东湖，场地雨水排至校园东湖储存简单易行，既降低造价又减小了下雨时对校区雨水管网造成的冲击负荷。因此该项目不必在室外另作雨水蓄水池。另外，该项目室外还采用下沉式绿地、渗透铺装及渗排一体化等技术，削减了雨水径流量，雨水系统的基础设施如图 10–34 ~ 图 10–36 所示。

图 10-34　植草浅沟

图 10-35　条石铺装人行道

图 10-36　透水生态木铺装

（5）消防系统

原建筑仅配置灭火器，改造后，由于单体建筑的建筑面积大于 3000 m^2，且设有集中空调系统，故增加室内消火栓系统和自动喷水灭火系统。因设计院楼内面积紧张，无法设置因增加室内消火栓系统和自动喷水系统而需要设置的消防泵房及消防水池，但设计院楼附近的高层建筑励吾楼的消防水量和消防水泵均满足设计院楼的消防要求，故从励吾楼驳接消防水管引至设计院楼，如图 10-37、图 10-38 所示。

图 10-37　办公室内侧喷头和隐蔽式喷头消火栓

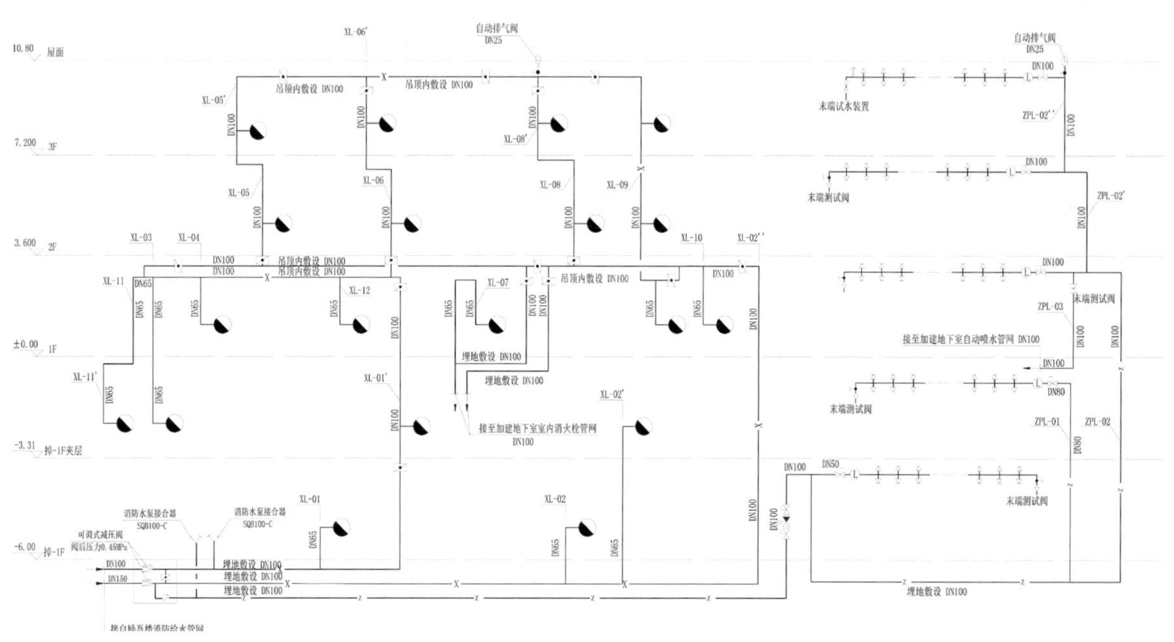

室内消火栓给水系统原理图　　自动喷水灭火系统原理图

图 10-38　消防给水系统原理图

10.1.3.12　空调系统改造

（1）系统划分

对于改造的历史建筑，空调系统的选型和划分取决于功能需求和建筑现状。从功能上来说，设计院办公楼名义上是办公楼，但使用模式上与普通办公楼的差异还是很大，主要体现在大部分办公室实质上是设计室，而设计师的工作时间比较灵活，在 9:00—17:00 之外的加班时间非常多，因此需要灵活的空调系统才能满足使用要求。从建筑现状来说，历史建筑基本上不存在地下设备用房，而且屋面多为挑檐形式的坡屋面，因此空调制冷机房、空气处理机房和冷却塔的放置是很难解决的问题。综上所述，对于规模在 20 000 m^2 以内，原有建筑不存在集中空调的历史建筑，选择多联式空调系统和分体空调系统是一个比较好的方案。这两种系统对土建条件要求少，系统可以灵活设置和运行，适合历史建筑的改造。

设计院办公大楼的改造中，灵活采用多联式空调和分体空调的组合，来实现满足功能需求和高效运行的目标。各功能区域（房间）的使用特点和空调系统的匹配原则见表 10–3。

表 10–3　办公大楼空调设置原则

序号	区域名称	使用特点	空调系统形式	新风系统形式
1	行政办公室	使用比较集中，人员密度较低	多联式空调	普通送风机
2	领导办公室	使用灵活，人员密度很低	分体空调	普通送风机
3	设计室	使用灵活，人员密度较高	多联式空调	普通新风换气机、热泵式新风换气机
4	会议室	使用灵活，人员密度较高	多联式空调	普通新风换气机
5	报告厅	较少使用，人员密度很高	多联式空调	普通新风换气机

图 10–39　高效多联机空调室外机

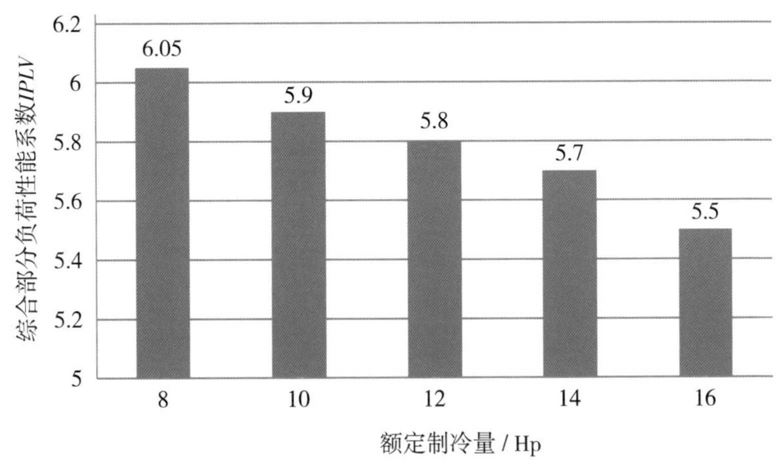

图 10–40　各种容量多联机室外机 *IPLV* 值①

（2）高效机组

如图 10–39 所示，多联式空调的室外机为模块式布置，同时单台主机有两个以上的压缩机，因此，在部分负荷的工况下，通过匹配模块机组台数和压缩机个数，仍然可以保证机组高效运行。该项目选用的是日本大金多联式空调，其室外机综合部分负荷性能系数 *IPLV* 高达 5.5 以上，远高于国家标准要求的 3.8，具有较好的经济性。

该项目使用的几种装机容量的室外机 *IPLV* 值汇总如图 10–40 所示。

该项目的分体空调采用直流变频技术，季节能效比 *SEER* 高达 4.6 以上；室内机设定 6 挡风量，可以精确到 0.5 ℃的温度感应。多联机空调和分体空调均采用 R410A 环保冷媒，减少对大气臭氧层的破坏。

（3）灵活的新风处理方式

根据房间的热湿负荷特点，改造方案选择了较灵活的新风处理方式。对于

① 1 Hp=0.7457 kW，合 2.6 kW 制冷量。

人员密度低，新风负荷小的办公室，采用直接送风方式，新风负荷由室内机承担。对于人员密度较高的设计室、会议室，采用热回收新风换气机和热泵式新风换气机，解决新风降温和除湿问题，如图 10-41 所示。各功能房间的空调形式和排风热回收设置情况见表 10-4。

图 10-41　热泵式新风换气机组

表 10-4　办公大楼各功能区域空调设置汇总表

楼层	名称	空调系统形式	面积 /m^2	是否采用热回收
负二层	办公室	多联机 + 送风机	68	否
负一层	办公室	多联机 + 送风机	124	否
首层	展厅、门厅	多联机 + 多联机新风机	394	否
	领导接见室及休息室	多联机 + 新风换气机	116	是
	东侧办公室	多联机 + 新风换气机	90	是
	西侧办公室	多联机 + 送风机	150	否
二层	西侧办公室	多联机 + 新风换气机	138	是
	北侧办公室	多联机 + 送风机	79	否
	南侧办公室	分体空调 + 送风机	—	—
	东侧会议室	多联机 + 新风换气机	97	是
三层	办公室	多联机 + 热泵式新风换气机	555	是

根据表 10-4 统计得到，设置排风热回收的房间面积为 996 m^2，除安装分体空调外的房间总面积为 1 811 m^2，面积比为 55%，有效节约新风处理能耗。

10.1.4　结语

严格来说，华南理工大学建筑设计研究院办公主楼不属于历史建筑，但从“整体观”的角度来说，办公主楼的体量、立面、风格以及北侧的庭院应该与周边历史建筑群和谐共存，这也是改造的一个重要目标。另外一个重要的目标就是功能需求，这也是绝大多数历史建筑改造所急需解决的问题。为达到这两大目标，设计团队从建筑空间、建筑立面、绿色技术、智慧技术的集成去寻找改造的依据和策略。这里的集成有两层含义：一是适宜技术的优化组合，二是岭南历史建筑优秀文化的继承与创新。在建筑主体的改造中，设计方案尊重岭南地域环境、气候、文化的“地域性”，将被动技术有机地融入建筑立面和建筑空间的改造中，积极运用丰富的岭南建筑特色元素，充分体现了岭南历史建筑的气候适应性特征。在设备系统的改造中，设计团队采用高效、整合的机电设备系统，解决了历史建筑机电设备系统受土建空间局限的难题，既提高了室内环境质量，又确保了建筑的低能耗运行。运用先进的物联网和互联网技术，为大楼的运行提供智慧之心，实现大楼的信息共享和智慧运行。尽管受规模的局限，但办公主楼的改造为小规模历史建筑在建筑立面、空间组合、被动技术、主动技术等方面的技术集成提供了借鉴，这也是该项目作为示范的重要意义。

10.2 华南理工大学松花江路历史建筑更新改造

项目名称：松花江路 14、18、20 ~ 22、30 ~ 37 号历史建筑更新改造
地点：中国广州华南理工大学
总用地面积：5 100 m^2
总建筑面积：2 600 m^2
设计时间 / 竣工时间：2004—2014 年
设计团队：何镜堂、郭卫宏、郑少鹏、黄沛宁、郑炎、李绮霞、晏忠、叶青青、曹声东、阮晳鸣

10.2.1 前言

华南理工大学松花江路 14、18、20 ~ 22、30 ~ 37 号历史建筑位于华南理工大学东区，原为民国时期中山大学教授的居住区，现已被列为市级历史保护建筑。如图 10–42 所示，在完整街块内，北面一列是 6 栋 1930 年代建成的单层坡屋顶别墅，南面一列是 4 栋 1970 年代末建成的两层双拼别墅。由于年久失修，这些建筑破败，更有部分已成危房，改造前的旧貌如图 10–43 所示。

图 10–42 历史建筑改造前围成的院落

图 10–43 改造前旧貌

10.2.2 改造思路

为更好地保护和利用这些历史建筑，同时改善这一区域的校园环境质量，从 2004 年至 2014 年，学校将这组历史建筑作为何镜堂院士建筑创作研究基地，交由华南理工大学建筑设计研究院分阶段进行更新改造，改造范围包括了南面 4 栋双拼别墅和北面 5 栋独立式别墅，占地面积约 5 100 m^2，建筑面积约 2 600 m^2。

在多年建筑创作实践中，何镜堂院士形成“两观三性”的创作思想体系，它既是对大量完成的创作实践的思考与总结，又为新的创作实践提供探索方向和思路。如何定位历史建筑在当前城市发展中的角色和作用，如何处理历史与现在的关系，如何在延续场地历史基础上

使之成为满足建筑创作需求的建筑师工作室，是设计团队在这组历史建筑更新改造中所必须面对的问题和挑战。设计团队以“整体观”“生态观”确定改造策略，以体现建筑的“地域性、时代性、文化性”为改造目标，从以下四个方面展开创作思考与实践：

（1）历史与现在。历史建筑是有生命的、活的历史载体，保护历史建筑不仅在于完整地保护历史建筑实体，更需要为历史建筑注入新的活力，使其满足新的城市发展需求，适应现代人新的工作、生活需求。在设计中，设计团队把握“地域性”与“时代性”的辩证统一关系，旨在在历史和现在的叠合中塑造出新的场地特质，提升整体环境和空间质量，延续场所记忆与地域文化，从而使历史建筑在更新改造中获得新的生命。

（2）庭园与建筑：岭南庭园植根于岭南地域气候和文化环境，往往因地制宜，小巧通灵，不似北京皇家园林的恢宏厚重，也不似江南园林的古朴淡雅，却依托府院，大成院落，小成天井，极具生活气息。

（3）空间组织与工作模式：历史建筑的更新改造，最终需要适应现代人的工作生活需要。在建筑功能更新中，设计团队需要将原来厅房式的居住空间转变为以创新设计为主的办公空间。为了使空间的改造更贴合使用需求，设计团队从研究工作室的工作模式开始。工作室的运作是以项目为中心，项目的运作过程在发散和集中两种工作方式的交替中不断推进，一方面要激发创作个体的积极性，另一方面要强化创作群体的协同有效性。因此相比较于一般的办公空间，项目组成员或分散或集中，相对灵活，但需要有足够的交流、讨论的空间，适应于不同范围和不同方式的交流讨论。同时，一个成熟有效率的创作空间需要资料、信息等公共资源平台，在空间上保证各类资源能被便捷使用。

（4）生态与节能：岭南地属亚热带季风气候区，岭南建筑历来十分重视建筑的通风、遮阳、隔热。从传统岭南建筑中的梳式布局、通风冷巷、狭小天井、绿化庭园、连廊凉台到20世纪50年代现代岭南建筑大师夏昌世先生的“夏式遮阳”、通风隔热屋面，均是岭南建筑在通风、遮阳、隔热方面的积极探索。在节能环保日益得到重视的今天，设计团队尝试在这组旧建筑的更新改造中利用现代材料和技术来实现生态、节能、可持续发展的时代主题。

10.2.3 创作与改造实践

10.2.3.1 总体布局

在总体布局中，设计团队通过相关档案资料研究，梳理街块的脉络肌理，从而获得较为完整的历史空间架构。如图10-44所示，南面4栋两层高的双拼现代式别墅，排列整齐；北面6栋单层的独立式坡顶别墅，由1930年代早期岭南建筑师杨锡宗等设计，布局较为自由，与地形结合，自然错落，且每栋各异，整体外观简洁现代，局部在入口门廊采用了罗马柱式装饰。南北两列因不同时代建设，布局上没有严格

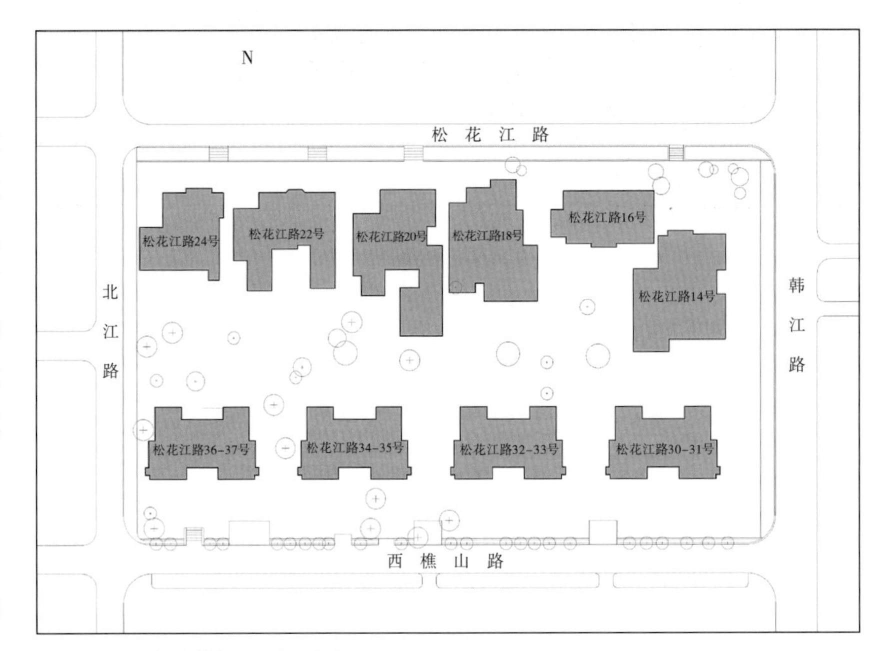

图10-44 改造前场地平面布局

的对位关系，共同围合一个长条形的绿地作为分户花园。

如图 10-45 所示，设计团队以此为工作基础，将过去一些无序加建的临时构筑物去除，再适度加建，在各独立建筑之间建立必要的空间联系；在外部空间的关键位置嵌入新的建筑体量，划分和围合庭园空间。旧建筑部分，设计团队保留外观，内部空间按新的功能需求重组，并增加构造柱、圈梁等构造措施加固防震，修旧如旧。新加建部分，设计团队采用轻钢结构，衔接处与旧建筑脱离以连接体过渡，风格上采用以钢和玻璃为主的现代式，与旧建筑相区分又和谐一致。改造后场地平面布局如图 10-46 所示，改造后的建筑与庭院效果如图 10-47 所示。

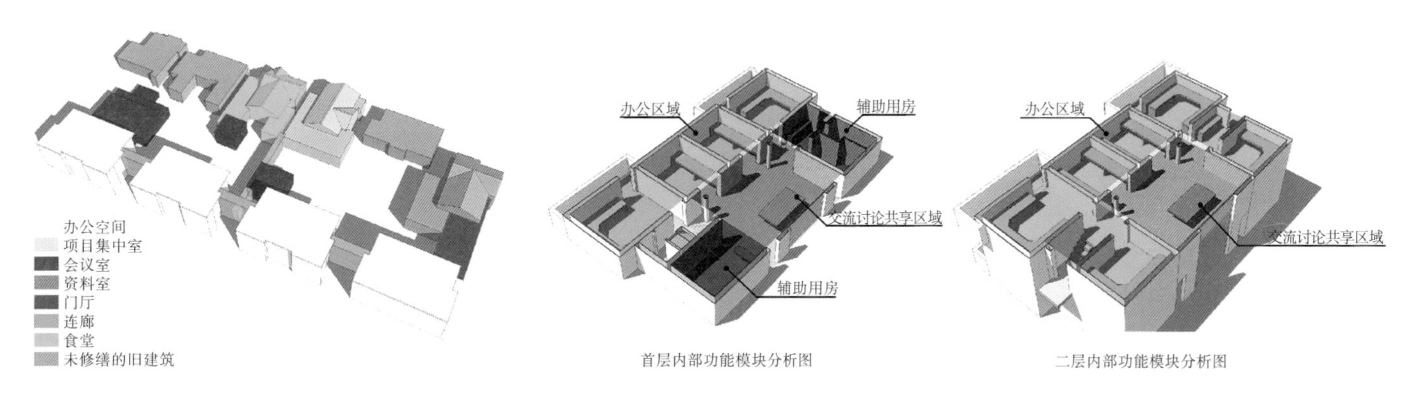

图 10-45　改造后各单体功能布局分析图

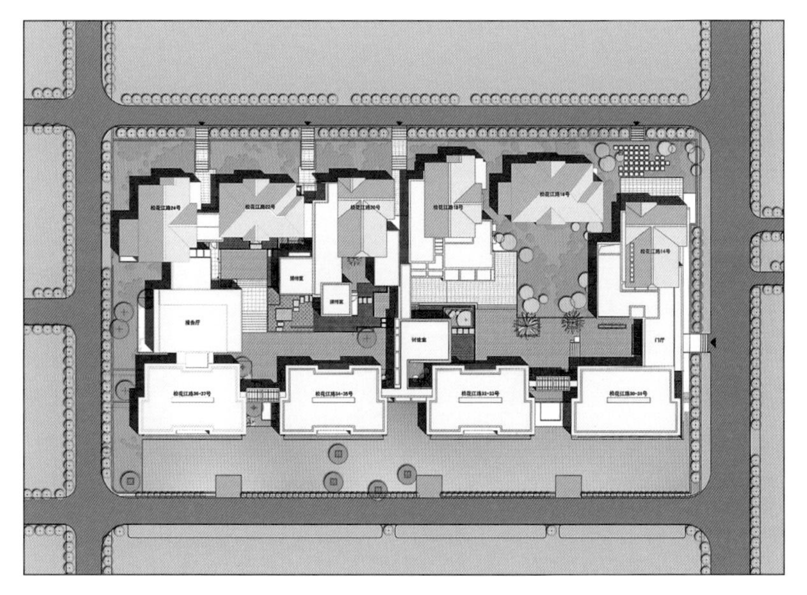

图 10-46　改造后场地平面布局

图 10-47　改造后的建筑与庭院效果

10.2.3.2　庭院设计

在这组历史建筑群的更新改造中，设计团队通过“园林化”建立场地秩序，如图 10-48 所示，将原场地中央被各户分割的绿地整合改造，保留了原有的高大乔木，精心布置了廊桥亭舍、果树花卉，成为整个建筑群的核心共享空间。以“园”为底，将原来孤立的各单体建筑整合为完整园林空间。建筑布置与庭园景观紧密结合，相互映衬。外围建筑成为庭园的基本围合界面，限定空间；在庭园内部加建的小体量建筑点缀其间，分隔庭园，增加空间层次；通透的连廊成为庭园空间隔而不断的空间过渡。考虑到整合后的庭园比例过于狭长（如图 10-49 所示的庭园空间分析图），设计团队在近中部位置精心布置了一个通透的讨论室，将庭园分隔为前院后院，前后院在讨论室和接待室之间结合鱼池布置形成空间转折，成为前后院的自然过渡。同时，以中心大庭院为核心，设计团队因地制宜地形成一些小尺度空间，既作为人停留休憩的地方，又可增加园林的层次和趣味，从而形成通透流动、收放有序的庭园空间。

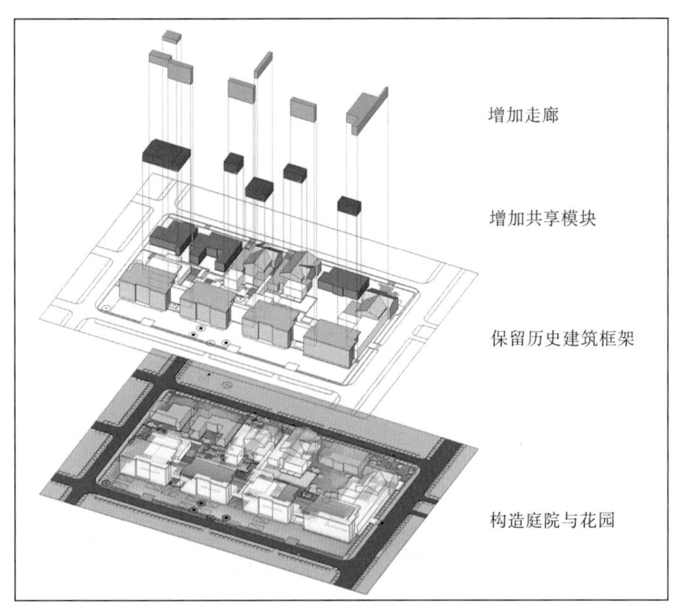

图 10-48　“园林化”建立场地新秩序

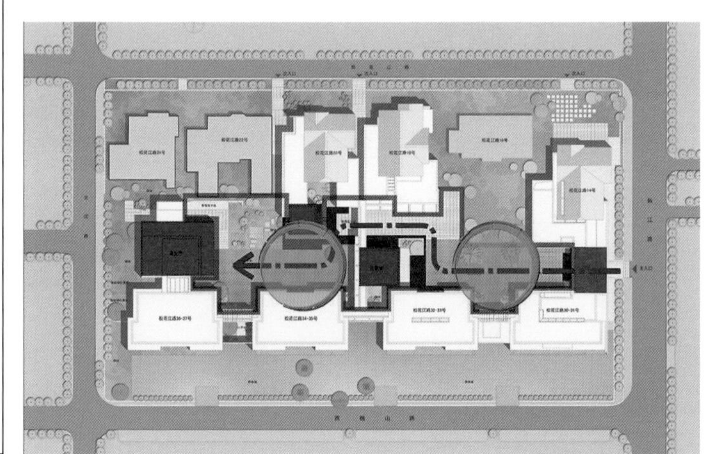

图 10-49　庭园空间分析图

水是传统岭南庭园的重要构成要素。相比于江南园林的水体，岭南庭园的水面更为小巧精致，以静观为主，往往与富有诗意的景题相结合，成为庭园中画龙点睛之笔。以如图 10-50 所示的余荫山房为例。余荫山房的方池、八角形环状水池与玲珑水榭西南面的“鹰山”叠山，构成“一池三山”的山水呼应景题，在布局紧凑的庭园营造出山水情趣。

在这次改造的庭园设计中，设计团队借鉴传统岭南庭园的做法，在庭院的驻足处布置了三个大小不一的锦鲤鱼池，池子不大，却与通透的门厅、会议室、接待室等空间紧密结合，室内外空间共融。池中锦鲤嬉戏，静中有动，使庭园焕发勃勃生机，从而营造了一个极具生活气息的新岭南庭园，体现“文化性”和“地域性”的统一。改造后的庭园效果如图 10-51 ~图 10-53 所示。

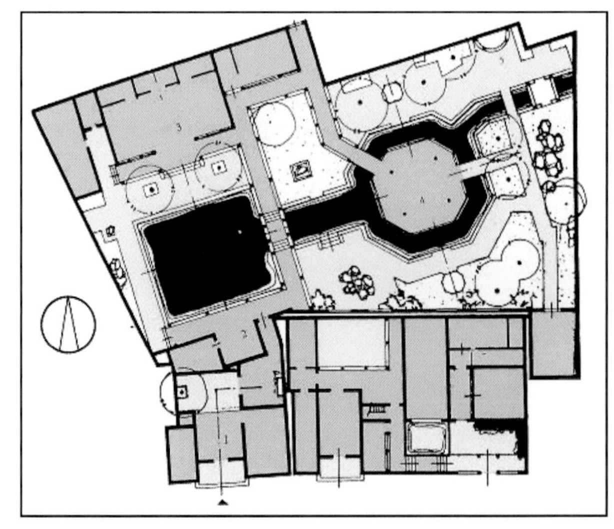

图 10-50　余荫山房总平面

图 10-51　改造后的庭园锦鲤鱼池之一

图 10-52　改造后的庭园锦鲤鱼池之二

10.2.3.3　室内空间与功能

如图 10-54 所示，设计团队将改造对象的功能组成分为三种功能模块，分别是以办公功能空间为主的基本模块，以交流讨论、资源共享功能为主的共享模块，以辅助服务功能为主的辅助模块。通过功能模块的组合来组织使用空间：在总体功能分配中，南面的 4 栋双拼式别墅作为基本模块，布置大部分的办公空间；北面 3 栋独立式别墅作为共享模块，集中设置公共资源平台，分别布置资料室、材料样品展示室、项目攻坚室和餐厅，并在庭院中加建了门厅（兼展厅）和一大两小的会议室；连廊、平台等辅助模块实现交通联系和后勤保障功能，将基本模块和共享模块连为一个整体。在内部功能布局中，办公空间是基本模块，在每个办公分区都提供一个交流讨论的共享区域，而机房、卫生间等作为辅助模块完善服务功能。

图 10-53　改造后的庭园锦鲤鱼池侧视（锦鲤戏，花映红）

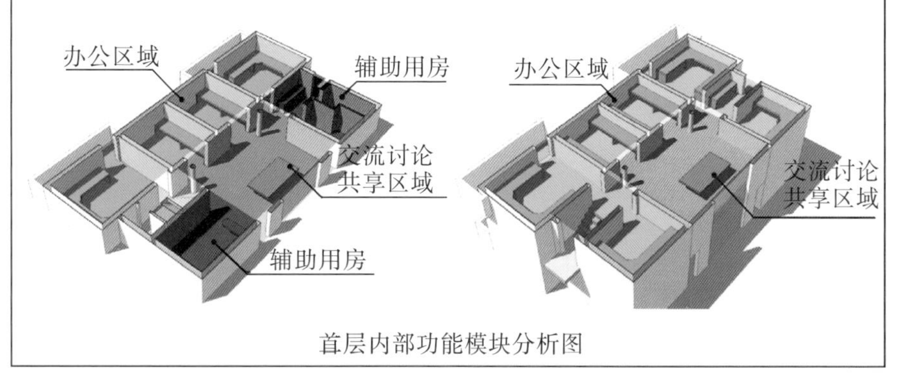

图 10-54　功能模块示意图

为满足讨论室和会议室对大空间的需求，设计团队在建筑内部改造中通过局部打掉承重砖墙、增加框架柱和梁、合并空间的方式来实现，如图 10-55 所示；而更大的会议空间则通过在庭园端部加建的方式实现，如图 10-56 所示。同时，有效利用各种屋顶平台、连廊、庭园空间，形成一些非正式的自由交流场所，促发随机的、非正式的交流、交往。通过以上的功能改造，使原来的居住空间转变为满足现代创作功能需求的、能够激发创新活力的实用空间，体现了更新改造的“时代性”和人性化空间的“文化性”的统一。

在空间重组时，设计团队非常注重室内自然采光效果，利用大面积外窗、采光天窗、坡屋面老虎窗等设计手法，营造通透明亮的设计空间，采光效果如图 10-55 ~ 图 10-58 所示。

图 10-55　空间合并后的设计室

图 10-56　新建的报告厅

图 10-57　新建通透的会议室

图 10-58　加建的二层讨论室

为营造出轻巧的建筑空间，加建部分采用钢结构，同时利用连廊和挑檐为大面积外窗提供遮阳，如图 10-59、图 10-60 所示。

图 10-59　采用轻钢结构的加建部分

图 10-60　加建部分与原有建筑的衔接

10.2.3.4　绿色建筑技术的运用

该项目采用了主动与被动相结合的整体规划与建筑设计技术、节能材料运用等绿色规划建筑技术：首先，在建筑布局上，保留了南、北各建筑之间的缺口作为进风和出风通道口，建筑之间采用通透式连廊进行连接，庭园中部加建的功能用房配合风道走向，不阻断夏季主导风道穿透中心庭园。在设计过程中，设计团队利用计算机进行庭园的风环境模拟来优化设计。流体力学软件 PHOENICS 的模拟显示：在夏季主导风向下，建筑组团内部庭院及周边人行区内不存在大面积的弱风区，保证了夏季在室外休憩、活动时的热舒适性；在东南向各工作室单体之间设置开口，有利于夏季穿堂风的形成，为室内引入自然风降温创造了条件；夏季建筑组团内行人高度（1.5 m 高）的平均风速约为 1.05 m/s，在舒适风速范围内，风速分布如图 10-61 所示。同时，南侧 4 栋单体建筑前后表面风压差在 2.0 Pa 以上，为组织室内穿堂风提供了外部条件，单体表面风压分布如图 10-62 所示。

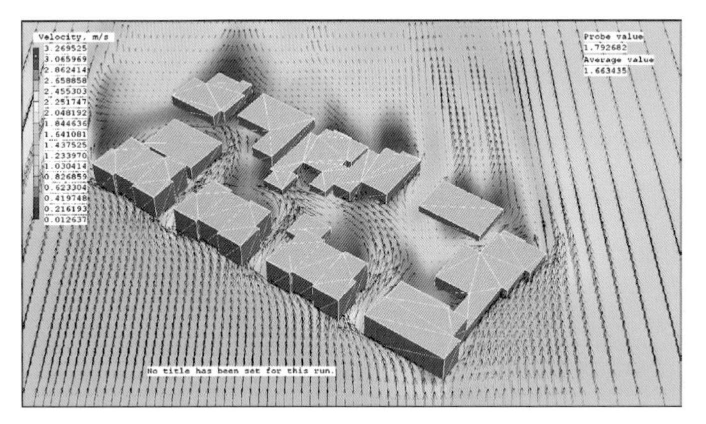

图 10-61　夏季主导风向下场地风速分布

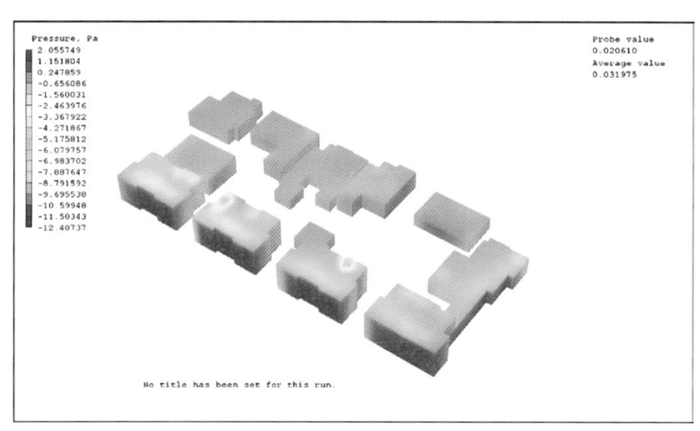

图 10-62　夏季主导风向下建筑表面风压分布

其次，在屋面隔热方面，结合庭园绿化，采用了可移动式佛甲草屋面绿化植被，相比较于一般的种植屋面，佛甲草具有种植土层薄，自然生长，不需浇水和打理，灵活性强等优点，将立体化的庭园绿化环境与屋面隔热节能有机地结合。整体绿化率达 53.9%。绿化屋面效果如图 10-63、图 10-64 所示，红色的坡屋面与绿色平屋面形成鲜明的对比，历史建筑的沧桑与新建建筑的生机融为一体，让人萌发老树生新枝的感慨。

图 10-63　屋面绿化种植初期的效果

图 10-64　屋面绿化种植物长成后的效果

再次，在建筑设计中灵活采取遮阳措施，如结合庭园景观设置连廊、阳台、遮阳篷等形成灰空间遮阳，如图 10-65、图 10-66 所示。同时，在建造中，设计团队回收再利用原建筑的砖、瓦、木等建造材料，通过现代建筑技术将之重组，并利用生态木、透水广场砖、植草砖等现代环保材料完善建筑机能，如图 10-67 所示。

图 10-65　形式多样的建筑构件遮阳

图 10-66　形式多样的钢结构挑檐遮阳

图 10-67　生态木架空透水地面和植草砖地面

10.2.4　结语

在华南理工大学松花江路历史建筑群的改造中，设计团队将历史建筑作为活的有机生命体，从历史、文化、场地、功能空间中去寻找改造的依据和策略，通过“整体观”和“生态观”的整体把握，通过“园林化”为场地建立了新的秩序、注入新的特质。在这里，历史建筑不只是保存历史遗存的标本，还维系和重建了建筑与人、社会的互动关系，从中体现了尊重岭南地域环境、气候、文化的“地域性”。设计团队注重激发旧建筑新活力，体现历史与现代生活相融合的“时代性”；并吸收、融汇传统岭南庭园精神，营造新时代岭南庭园的“文化性”。

附录
岭南历史建筑典例
——以广州为例

1. 余荫山房

（1）环境

余荫山房位于广东省广州市番禺区南村镇北大街，西侧与村落隔街相望，北与建成于清同治十年（1871年）的善言邬公祠相接，东南角与瑜园相接。

历史环境：村落、农田

现状环境：村落、农田

（2）建筑概况

余荫山房，又名余荫园，坐落在番禺南村镇，是清道光举人邬彬为纪念其父邬余荫而建的私家花园。余荫山房是清代广东四大名园之一，在四大名园中保存得最好，也是最精致的。该园以小巧玲珑著称，占地仅1598 m^2。它坐北朝南，以浣红跨绿桥为界，将园林分为东、西两个部分，整座园林以“藏而不露”和“缩龙成寸”的手法，在有限的空间内塑造出丰富的空间层次。而由于园主人邬彬曾任七品刑部主事，经常到全国各地办案，走遍大江南北，园子也就借鉴了各地风物。园中江南园林的小桥流水、庐舍中色彩斑斓的满洲窗、时髦的百叶窗都与岭南园林和谐地融为了一体。

1984年由番禺政府拨款对余荫山房进行中华人民共和国成立以来的首次大规模维修，并在山房围墙之外新辟了一座表现田园景色的后花园，在善言邬公祠广场前挖筑一口灵龟池供游人玩赏，1985年建成并对外开放。2004年再次进行修缮和扩建。2001年6月25日国务院公布余荫山房为全国重点文物保护单位。

（3）建筑构造详述

①遮阳

坡屋面：余荫山房建筑为坡屋顶，屋顶铺瓦，瓦垄有一定的遮阳效果。

封火山墙：临池别馆一侧两座建筑均有人字形封火山墙，具有屋顶遮阳功能。

连廊：深柳堂、临池别馆、卧瓢庐前均有连廊（附表1），发挥遮阳避雨作用的同时，也能控制室内采光量。临池别馆与深柳堂之间用浣红跨绿桥相连，玲珑水榭与周边建筑之间以廊道相连（附图1）。造型精美的廊道不但能提供遮阳避雨的场所，同时也对庭院空间做出划分，又让空间相互联系渗透，是余荫山房的一大特色。

附表 1　柱廊规格

建筑名称	廊道形式	廊宽 /m	廊高 /m	宽高比
深柳堂	柱廊	2.22	4.46	0.49
临池别馆	柱廊	1.76	4.34	0.41
卧瓢庐	柱廊	1.515	3.98	0.38

凹门：余荫山房正门采用凹门形式，具有水平遮阳和垂直遮阳的作用，遮阳效果显著。

满周窗：玲珑水榭四面均采用满周窗，窗芯用木格镶嵌无色玻璃，造型简洁又不失精致，还具有减弱入射光线的作用。窗扇均可开启，利于散热。当窗扇开启时，墙面变成景框；而当窗扇关闭，室外景色因玻璃而变得模糊，又被木格划分为小块，别有一番韵味（附图 2）。

附图 1　临池别馆前柱廊

附图 2　玲珑水榭满周窗

满洲窗：卧瓢庐正南面有一排蓝白色玻璃相间的满洲窗，彩色玻璃为欧洲进口（附图 3）。透过单层蓝色玻璃向庭院看，可看到树叶枯黄，屋顶、假山、地面似乎都覆上了一层白色的霜，好像看到冬日雪景。而透过双层重叠的蓝色玻璃，园中绿叶恰似深秋季节的漫山红叶。透过没有镶嵌玻璃的窗户向外望，正是南方春夏两季无明显分别的景色，因此又被称作“四季窗”（附图 4）。

百叶窗：余荫山房多处使用了中西合璧的木百叶窗。百叶窗即是将岭南传统的满周窗的窗芯部分替换成可活动的木百叶，同时保留周边的木框，帽头板上的花果木刻也继续沿用。百叶可通过安装在内部的一根竖木杆来统一控制倾斜角度，操作方便。木百叶窗既能控制采光量，又能通风，还能遮雨，具有多种功能（附图 5）。

附图 3　卧瓢庐的四季窗

附图 4　由四季窗往外所见之风景

附图 5　百叶窗

海月窗：海月窗是将海月磨成薄片嵌在窗扇或横披木花格中的一种窗。海月窗能隔热又能防雨，还能将入射光扩散，产生柔和的光线。在余荫山房中海月窗主要用在横披中，在玲珑水榭、浣红跨绿桥以及所有的廊道中均有应用（附图6）。

（a）廊道横披上的海月窗

（b）玲珑水榭横披上的海月窗

（c）海月窗近景

附图6 海月窗

绿化降温：余荫山房庭院中种植多种高大乔木，有白玉兰、蒲桃、银杏、凤眼果树等，浓荫蔽日，体现了“高树深池”的造园手法。树木能荫蔽建筑，成为冷源，降低环境温度（附图7）。

花基遮阳：余荫山房在廊道边、庭院中设有花基，上摆设盆栽，丰富景观层次的同时还能提供阴影（附图8）。

附图7 绿化降温

（a）深柳堂花架

（b）池边花基

附图8 花架与花基

②隔热

余荫山房中主要的建筑室内地面均采用岭南传统的大阶砖，能起到保温隔热的作用。

③防雨

余荫山房建筑采用瓦坑瓦垄—檐口引导雨水自由落下的排水方式，使雨水迅速排出。深柳堂、临池别馆屋顶坡度约为30°，坡度足够迅速排走雨水。

④防潮湿

余荫山房主体建筑墙脚、柱脚采用石材，能预防地下水侵蚀。主体建筑室内地面在大阶砖下铺砂垫层，可以起到吸收水分的作用。余荫山房部分图纸见附图9～附图11（资料来源：华南理工大学建筑历史文化研究中心）。

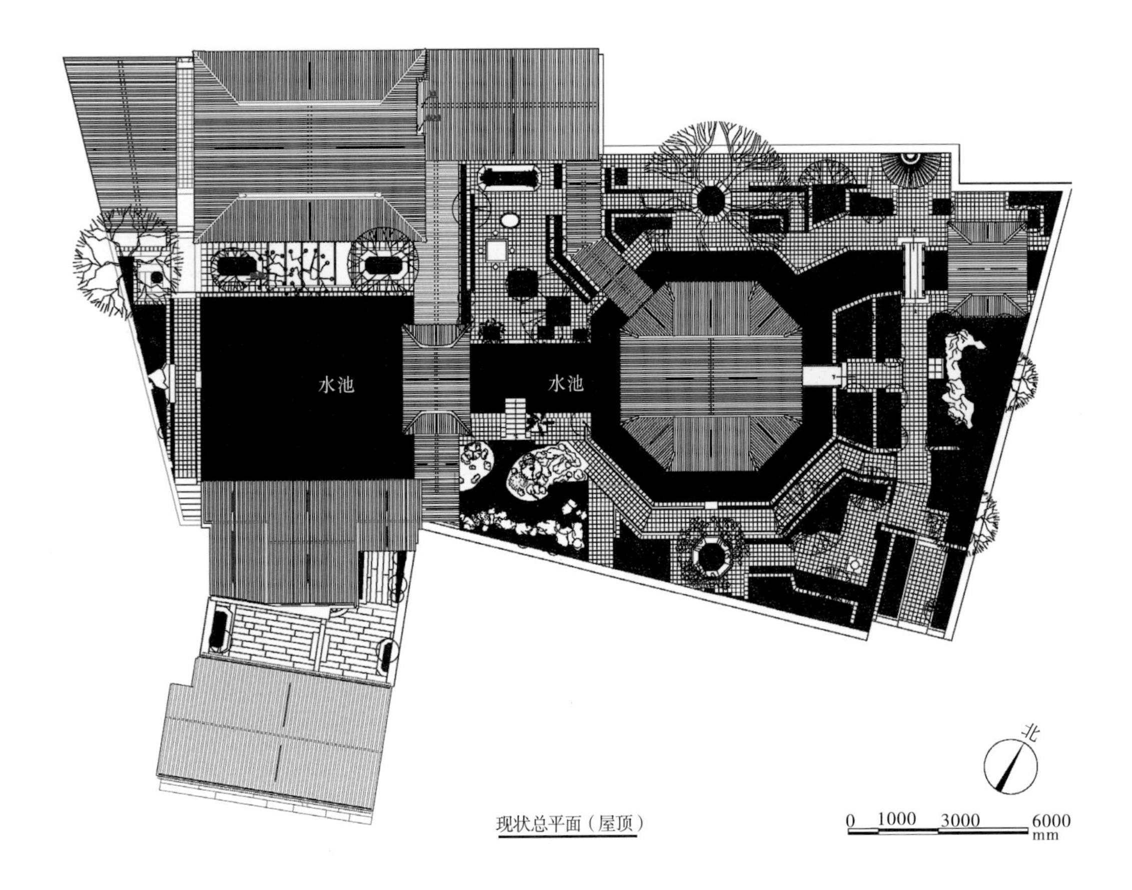

现状总平面（屋顶）

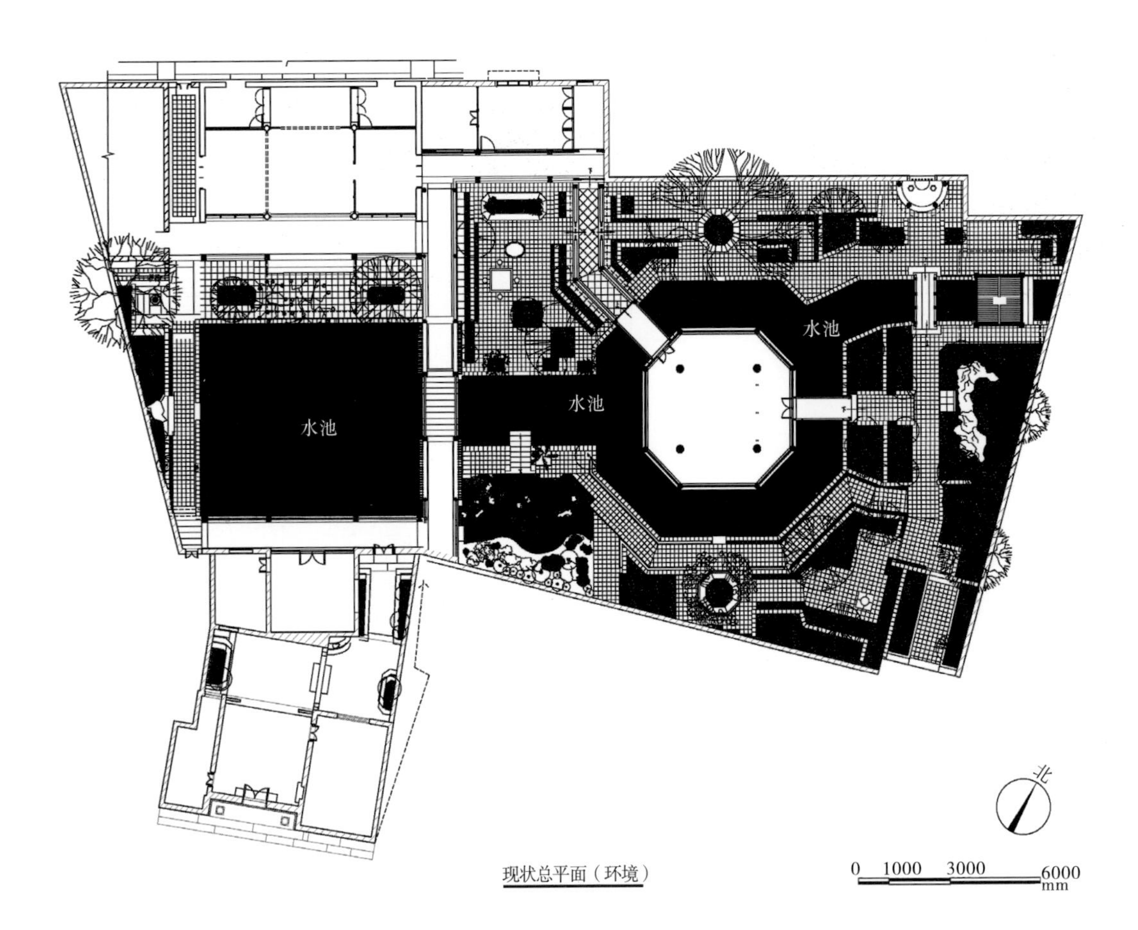

现状总平面（环境）

附图 9　现状总平面

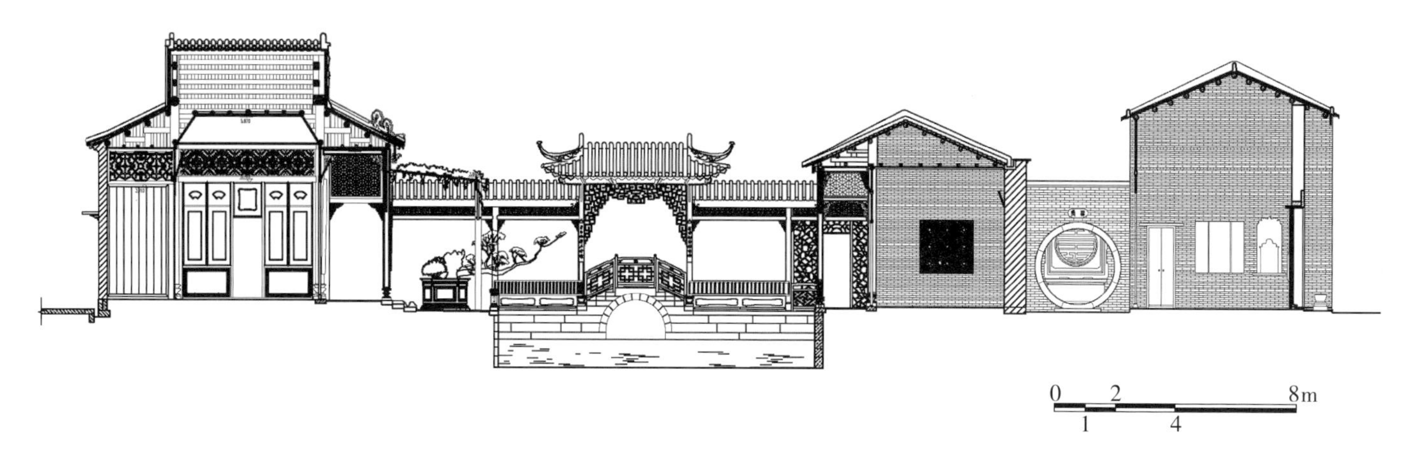

（a）余荫山房横剖面

（b）余荫山房纵剖面

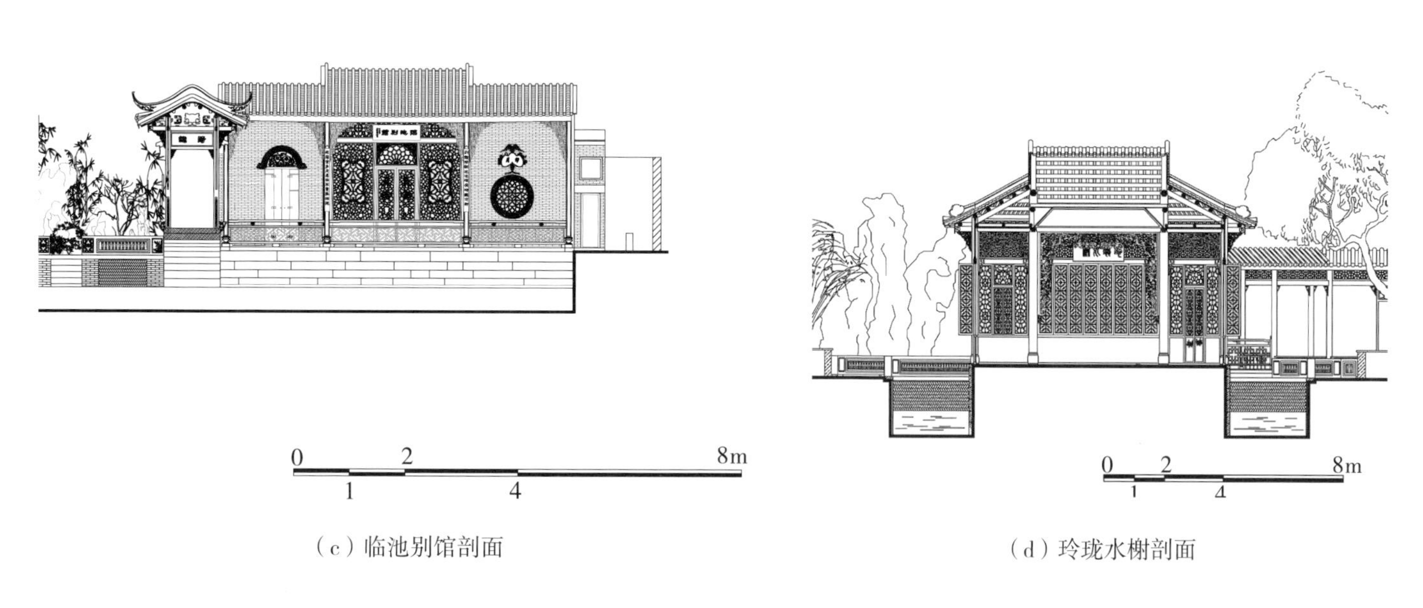

（c）临池别馆剖面

（d）玲珑水榭剖面

附图 10　余荫山房剖面图

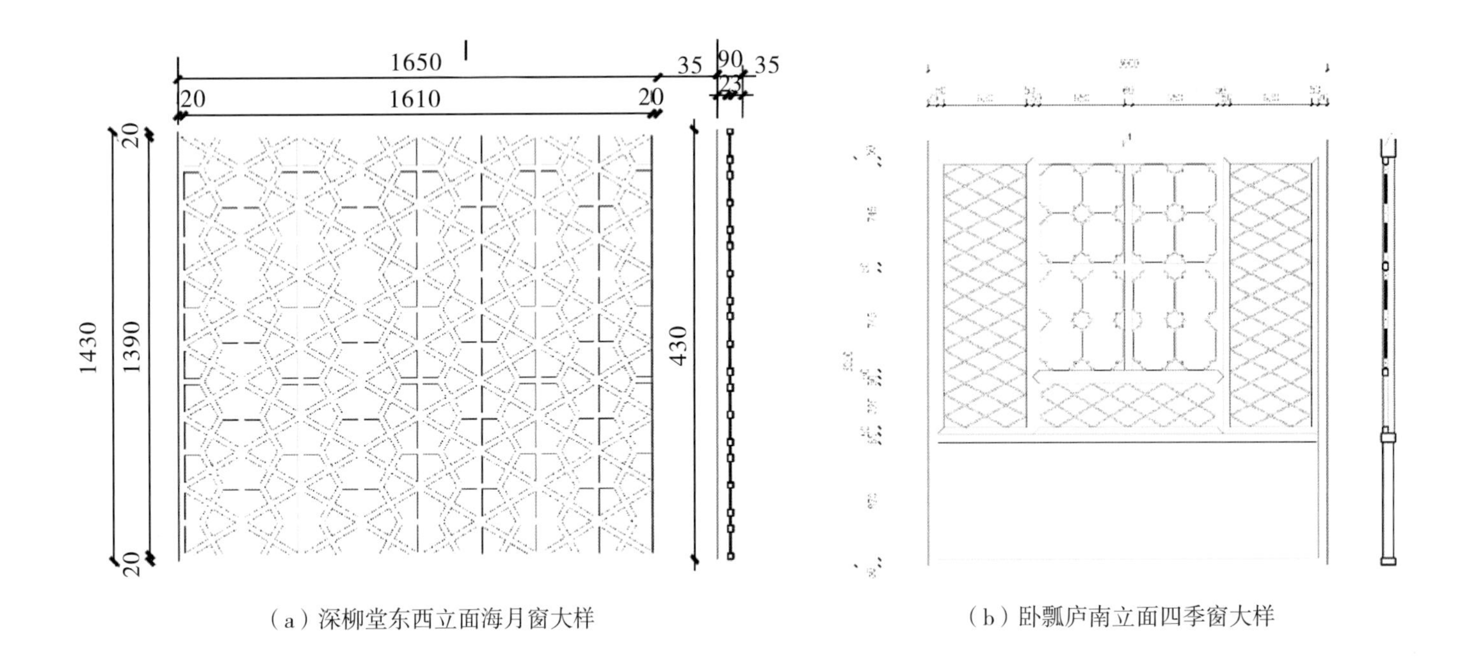

（a）深柳堂东西立面海月窗大样　　（b）卧瓢庐南立面四季窗大样

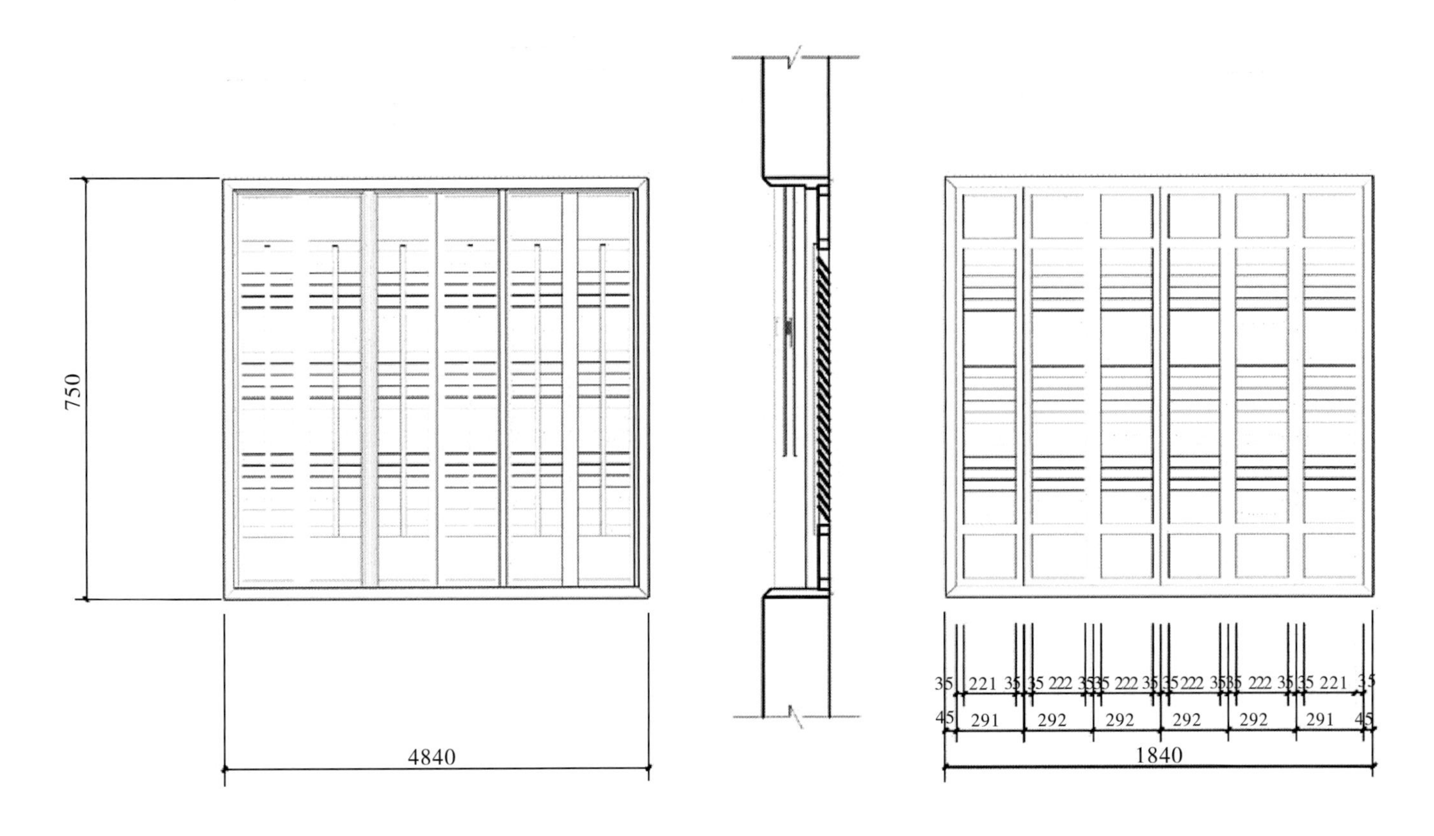

（c）卧瓢庐北立面百叶窗大样

附图 11　余荫山房窗户大样

2．肇昌堂

（1）环境

肇昌堂平面以传统的三间两廊为原型，沿街加有前院，在西南侧加有偏厅和卫生间。正门设在三间两廊的东侧廊房，廊房作为过厅联系了倒座和正厅，正厅面阔 17 坑（约 4 m），进深 18 架（约 7.8 m）。

历史环境：建房之初，建筑后方有一小花园，花园中有椭圆形池塘，园中遍植花草，有龙眼、鸡蛋花等。有一杂物房和书楼与主体建筑分置青云巷两侧，书楼与主体建筑分开，有利于防火。由于受台风等影响，建筑在后期多有修缮，但主体结构和布局保持不变。

现状环境：主体建筑保存较为完整，虽然现已不再用作日常生活空间，但其内部装修装饰、木材料构件、屏风、家具基本保持原样。书楼在一次台风中被破坏，现已重建，作仓库用。原花园中的空地已加建构建物，池塘被填实，以前的花园格局已不复存在。

（2）建筑概况

据传沥滘开村已有 900 多年，民间有“未有河南，先有沥滘”之说。曾、白等姓氏在沥滘居住，南宋建炎年间（1127—1130 年）沥滘卫氏先祖由南雄珠玑巷迁来并发展壮大。沥滘卫氏声名显赫，清有“五百年祖德，十三代书香”之名。肇昌堂位于沥滘村西边的孖楼街，由清末商人卫永年始建，据卫氏后人介绍，肇昌堂为卫永年婚房，故在其神楼下使用了双喜隔扇。

（3）技术层面

结构形式：建筑使用传统营建技术建造，砖木结构，青砖墙（附图 12），辘筒瓦屋顶（附图 13），人字山墙。

主要材料：建筑整体使用青砖墙，屋顶为木结构，屋面采用陶制瓦件，室内地面铺贴陶土大阶砖（附图 14），室外为麻石地面。

附图 12 青砖墙

附图 13 辘筒瓦

附图 14 陶土大阶砖

（4）建筑构造详述

①采光

正厅和两房的屋顶都开有小洞，上盖小块玻璃用于采光。这样的开窗方式可减少开窗面积，又能将阳光均匀地引入室内。

②通风

天井、檐口：正厅、两廊房围、照壁围合了肇昌堂的天井空间（附图 15）。正厅出檐较短，前檐口高约 4 m，屋面局部开有天窗（附图 16）。广州炎热气候持续时间较长，当白天气温升高时，天井和室内上部温度升高，由于气压差，室内下部温度较低的空气会流向天井，天井空气向上流动；由于建筑檐口较高，上下温差大，天井上部的空气会流向室内，继续以前种模式循环流动，使室内空气一直保持流动，带走室内热量。

坡屋顶：屋顶截面为三角形，当屋面受热或地面热空气随风进入室内，干热空气上升并汇聚于三角形空间；待屋面气温降低时，热空气可从瓦件接缝处和瓦件自身的气孔逸出，从而降低室内温度。

附图 15　天井

青云巷：建筑两侧形成高窄的巷道，巷道在利用两侧的建筑到达遮阳效果的同时，因为其高窄的尺度，形成“冷巷”，使上部的空气与下部的空气温差大，这样就会形成对流，同时也能带走墙体的热度。

高窗：建筑在山墙侧开有面积较小的高窗，对空间相对封闭的卧室，可以形成“拔风”的效果。

③遮阳

建筑空间尺度较小，可形成“自遮阳”。肇昌堂采用辘筒瓦坡屋顶，坡屋顶比平屋顶遮挡太阳辐射的效果好①。辘筒瓦即用凹面向上的板瓦做底瓦，用半圆形的筒瓦做盖瓦，筒瓦外表面用灰浆包抹成筒状②，在屋面形成明显的瓦垄和瓦坑。在阳光照耀下，瓦垄的阴影会落在瓦坑上，也会收到一定的遮阳效果。

附图 16　天窗

④隔热

门口：沿街主入口和三间两廊的主入口都采用凹门，即大门凹入正面，两侧的墙体会带来垂直遮阳，大门外墙的前檐会带来水平遮阳（附图 17）。三间两廊主入口使用了腰门（或称脚门），即在大门前附加一道矮门，由两扇向外对开的折叠木门组成，高约 1.5 m，上部为竖向木棱，下部为实木板，因此既能与凹门结合，遮挡下部阳光，又能防止雨水对大门的侵蚀。

阁楼：正厅两侧的房间一般用作卧室，房间较为封闭，通风散热差，房间后部的阁楼可阻挡部分太阳辐射。

附图 17　大门

⑤防湿

坡屋顶：正厅采用双坡硬山顶，板瓦凹面向上，从下往上铺盖，上一块瓦压住下一块，在岭南传统民居中多用“搭七留三”的做法，这样既能防止雨水倒流，也可防止因单独板瓦的破损而渗漏；筒瓦外用灰浆抹平，使筒瓦凝结成一个整体，既有利于防风，又有利于将雨水分流，使其均匀地沿瓦坑流走。正厅屋顶坡度约为 27°，雨水流到檐口处会因惯性抛向远处，减少对墙体的侵蚀。

屋顶排水：正厅屋面雨水自由抛出，部分落到天井，部分落到侧廊的屋面上。在侧廊屋面檐口设有天沟，雨水经由瓦坑汇集到天沟，再经由落水管排向天井。雨水主要通过天井的下水道排入市政排水系统（附图 18）。

附图 18　屋顶排水

⑥防盗

肇昌堂外墙为空斗墙，空斗部分放置整块的大阶砖以加强防盗。

肇昌堂的平面图及剖面图如附图 19、附图 20 所示。

① 汤国华．岭南湿热气候与传统建筑［M］．北京：中国建筑工业出版社，2006.

② 黄如琅．明清广府地区屋面瓦作初探［D］．广州：华南理工大学，2011.

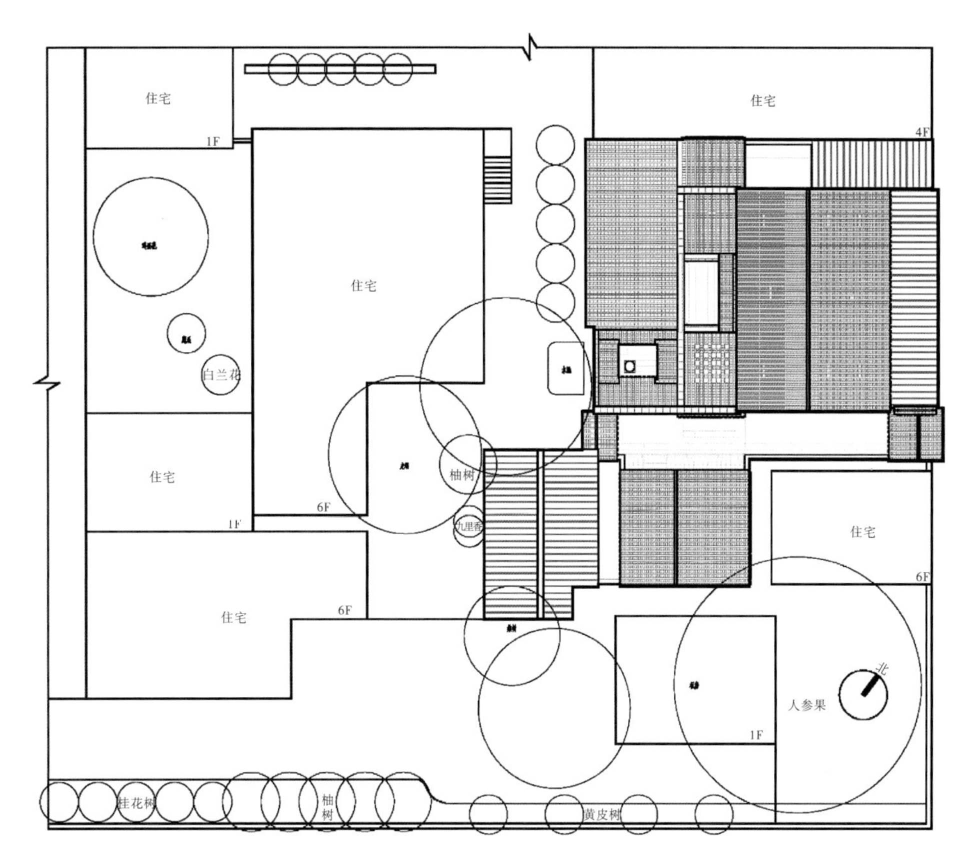

（a）总平面图

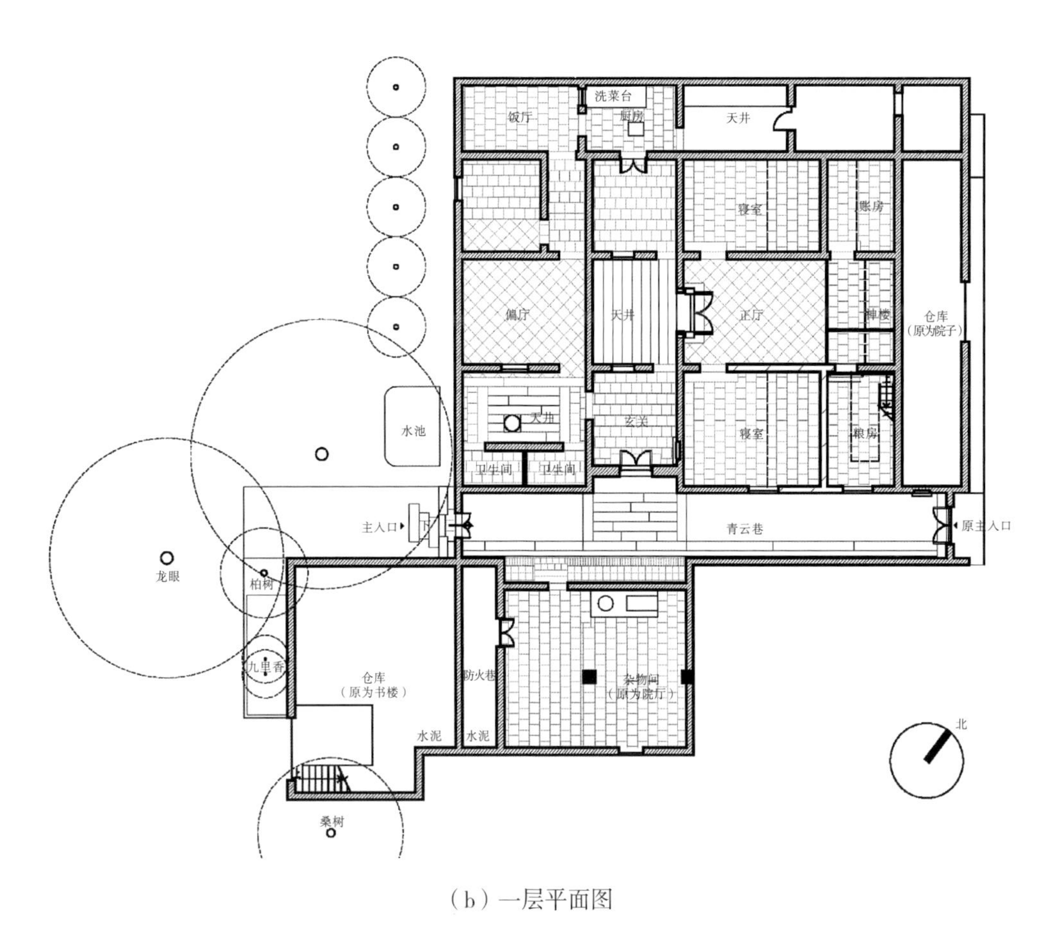

（b）一层平面图

附图 19　肇昌堂平面图

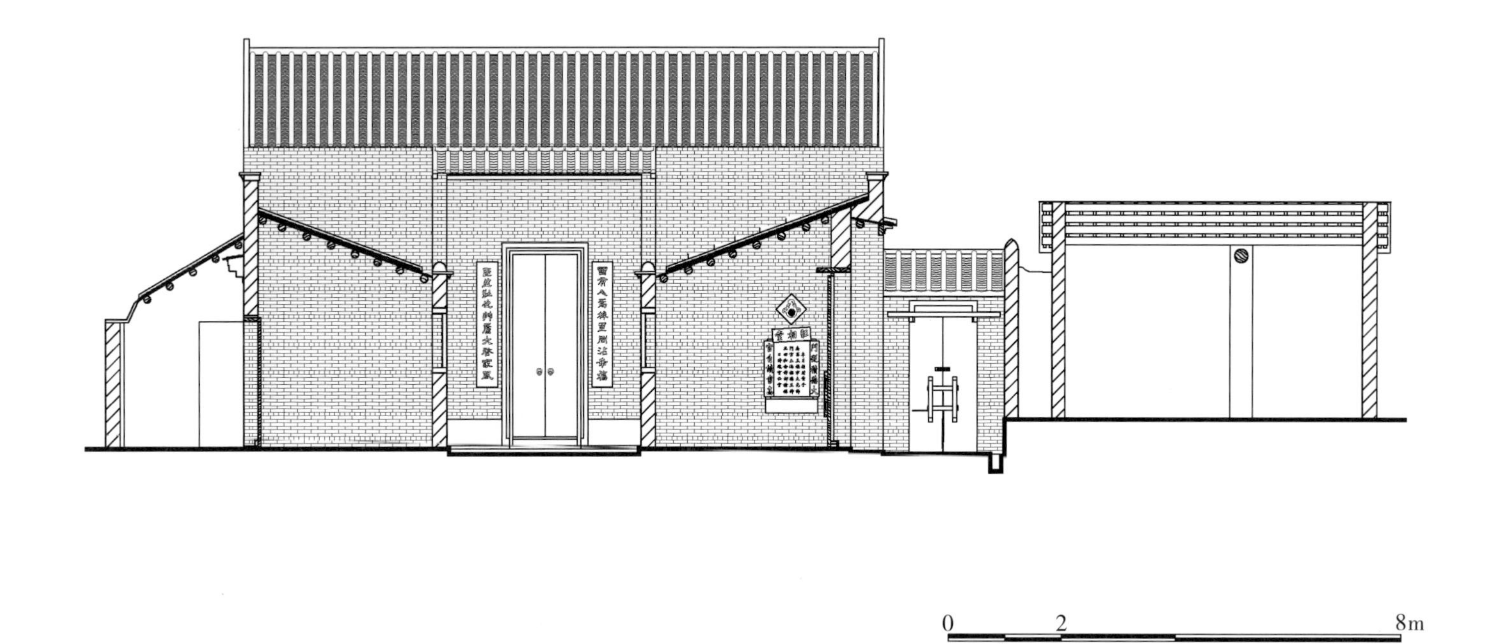

（a）剖面图 1

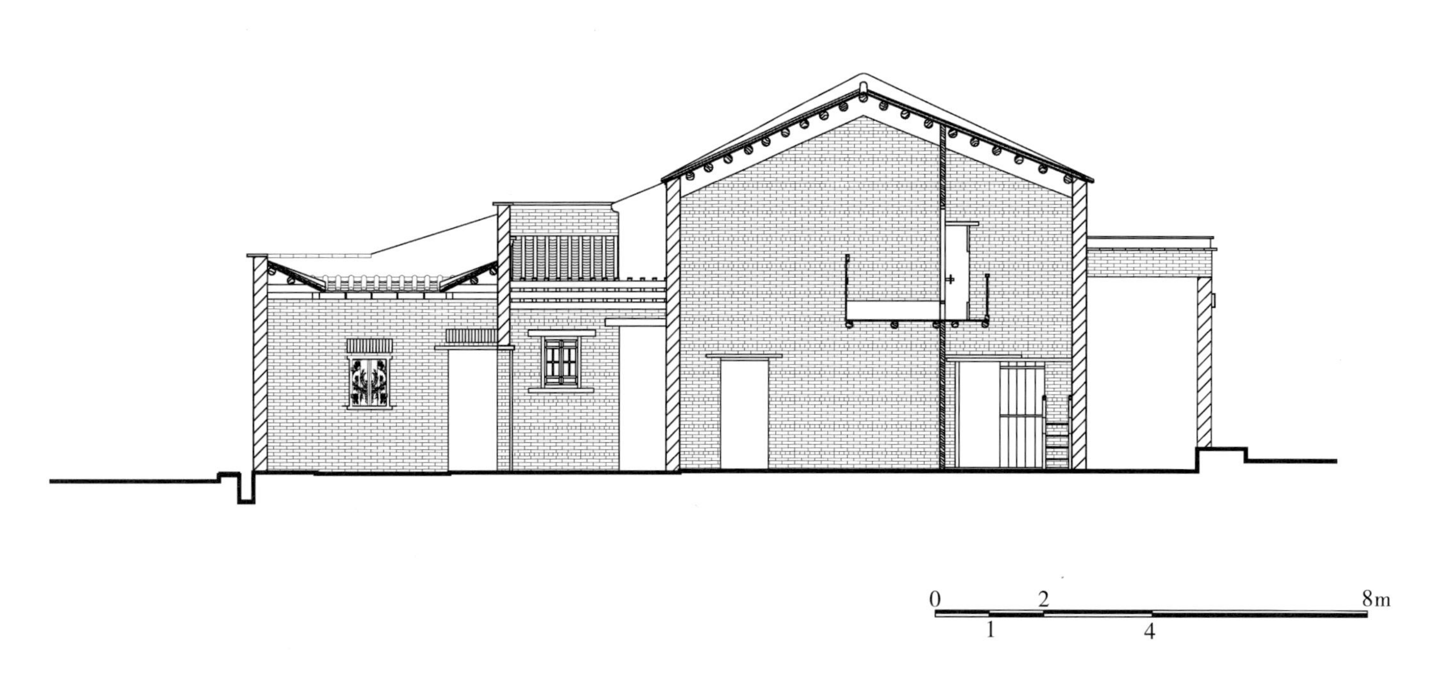

（b）剖面图 2

附图 20　肇昌堂剖面图

3. 陈廉伯公馆

（1）环境

陈廉伯公馆位于广州市荔湾区龙津西逢源路沙地一巷 36 号，在荔枝湾涌边，为一座中西结合风格式楼房，1993 年 8 月 9 日被公布为广州市文物保护单位。荔枝湾涌是广州市历史悠久的风景名胜区，涌边两岸拥有岭南独特的自然风光和历史风情，但到了 20 世纪 40 年代，随着广州城区的发展，城市人口的增加，由于工业污水的排放增多等原因，荔枝湾涌部分水道被覆盖。1999 年，荔湾区政协提出关于“复建荔枝湾故道”的提案，2009 年，为迎接亚运，荔枝湾涌被覆盖区域得以重见天日。伴随对荔枝湾涌的整治，政府对陈廉伯公馆也进行了修葺。

（2）建筑概况

陈廉伯公馆建于清末民初，屋主陈廉伯（1884—1945）的祖父是中国第一家缫丝厂“继昌隆”的创办人陈启沅（1834—1903），陈廉伯曾任英国汇丰银行买办，后任广州商团团长、广东省商团总团长。公馆曾作为荔湾俱乐部，是洋务工人及工商界知名人士聚集的活动场所。1946 年作为两广监务公署办公地点，设宪兵把守，后改作广东省水利厅宿舍，顶部瓦面被拆并僭建多一层以安置职工，后院部分园地被占用作小商铺。

公馆坐东朝西，钢筋混凝土结构，占地面积 400 m^2，楼高五层，带有法式的半地下室。外墙材料为水刷石米，整个建筑均有丰富的巴洛克风格装饰，且有丰富的线脚。整体建筑外观及内部结构均保存完好，原建有庭院，后改建为宿舍，现已清拆。首层正门入口两侧各设有一壁灯，地面铺大理石砖，柚木门窗，做工精细。建筑南侧设旋转楼梯盘旋直上，原有木扶手，后改为铸铁栏杆。现公馆西北角有西式小亭，与公馆的凉亭相对。公馆顶层为四檐滴水的中式大屋瓦面装饰，呈现出中西结合的建筑特色（附图 21）。

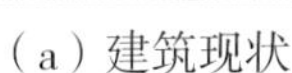
（a）建筑现状

（b）西式栏杆

（c）檐口

附图 21　陈廉伯公馆建筑

（3）技术层面

结构形式：公馆为钢筋混凝土框架结构。

主要材料：可再利用材料，比如木材、玻璃；可再循环材料，比如钢筋、钢材、玻璃。

（4）气候适应性特点

公馆位于荔枝湾涌边，气候潮湿，设半地下室，并以厚实麻石墩作为整个建筑的基础，能有效防湿。整体建筑大体朝西，西立面外种植植物，首层正门入口设柱廊，有效阻挡西面阳光直晒，改善室内微气候。

（5）建筑构造

①遮阳

屋面采用传统中式大屋瓦面装饰，板瓦与筒瓦组合，共同作用，有效隔热，为室内营造舒适的居住条件。首层正门入口设环形楼梯及柱廊，具有水平遮阳和垂直遮阳的作用，有效阻隔西晒。

②隔热

建筑内部铺有彩色地砖，吸水散热快，达到隔热效果。

③防湿

整体建筑建于厚重麻石台基之上，且设半地下室，阻隔地下水上升，有效防湿（见附图22）。

陈廉伯公馆的现状立面如附图23所示。

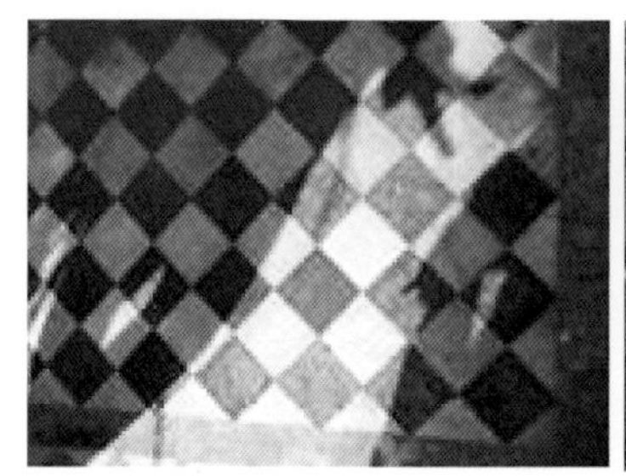

（a）室内地砖

（b）台基

（c）半地下室

附图22　陈廉伯公馆的隔热防湿

（a）北立面修缮图

（b）西立面修缮图

附图23　陈廉伯公馆现状立面图

4．添男茶楼

（1）环境

该建筑位于广州市桨栏路与杨巷路的交叉处，高4层，首层层高较高，约6.5 m，因第二层的局部空间曾作舞台使用，故其层高不一；2～4层局部通高，顶层有加建。建筑临街面为单开间，宽约7 m，临街立面第二层为凹阳台，三、四层为凸阳台，阳台上有精美栏杆。内部为三开间，总进深约50 m，建筑面积约2040 m^2。屋顶有一颇具西方风味的圆穹顶四柱亭（附图24）。

附图24　添男茶楼旧照片

（2）建筑概况

位于桨栏路 130 号的添男茶楼是一座中西结合式的街屋，据 2013 年 7 月 9 日《广州日报》（A4 版）标题为《名伶绝唱地　谁识老茶楼》的报道，添男茶楼已有 182 年的历史，20 世纪 30 年代，它曾是桨栏路与杨巷路交界的标志建筑。这里也曾经是粤剧名伶的舞台，那时许多茶楼都会搭台上演折子戏或者粤剧，一位粤剧名伶“小明星”的故事更是让“添男”的名声远播。中华人民共和国成立后，该建筑曾用作广东省海运局的职工宿舍。20 世纪 70 年代，当时职工在楼顶加建了不少房屋，过去的白色圆顶亭现在被圈到加建房子的院落里（附图 25）。现首层为布匹市场，堆放了很多货物。建筑内部加建严重，但外立面整体建筑保存较好。添男茶楼于 2014 年被评为“广州市历史建筑”。

附图 25　添男茶楼现状

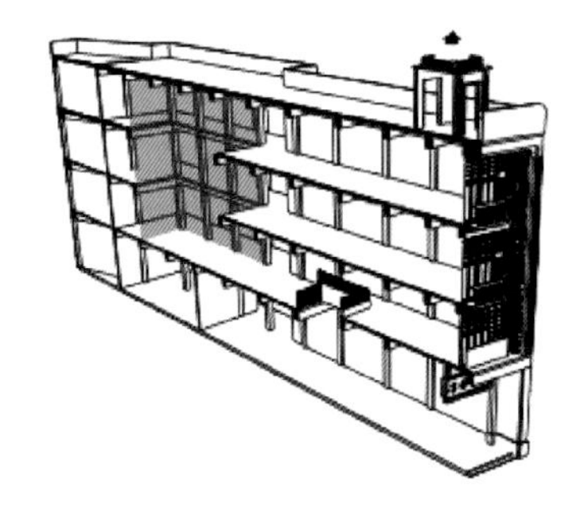

附图 26　添男茶楼室内中庭模型

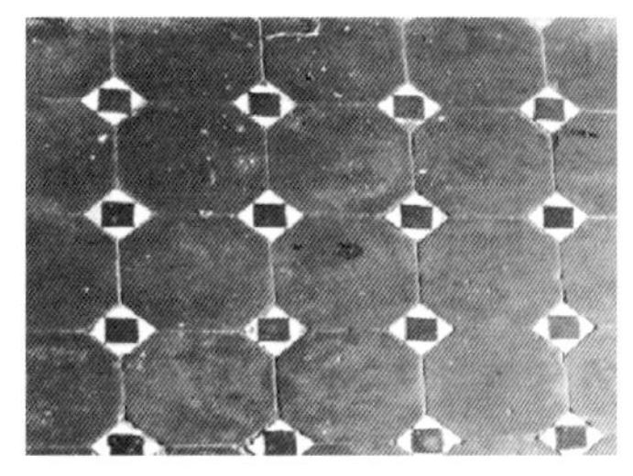

附图 27　添男茶楼水泥花阶砖

（3）技术层面

结构形式：建筑整体采用框架结构，局部采用木楼板，平屋顶。

主要材料：墙体主要使用砖墙，原使用木楼梯，现因功能需求增加了部分钢筋混凝土楼梯。楼板主要用钢筋混凝土，部分采用木格栅。

（4）建筑构造

①采光

建筑主要靠侧窗采光。

②通风

建筑 2 ~ 4 层局部通高，形成了一个高约 14 m^2 的开敞中庭，虽然中庭上部有楼板，但它仍可通过侧窗来增强室内的通风效果（附图 26）。（因出租需要，中庭部分已被加建为多间房间。）

③遮阳

因建筑间距较小，当阳光照射时，相邻建筑的影子会落到建筑上，从而起到遮阳的作用。大门内凹，利用上层楼板与两侧山墙进行遮阳。

④防湿

室内使用水泥花阶砖，水泥具有较强的吸水性，有较明显的防潮效果（附图 27）。阳台、檐口下方用水泥沿外轮廓做出凸出表面的窄边，有利于防止雨水沿墙壁流下。

添男茶楼的平、剖面图如附图 28、附图 29 所示。

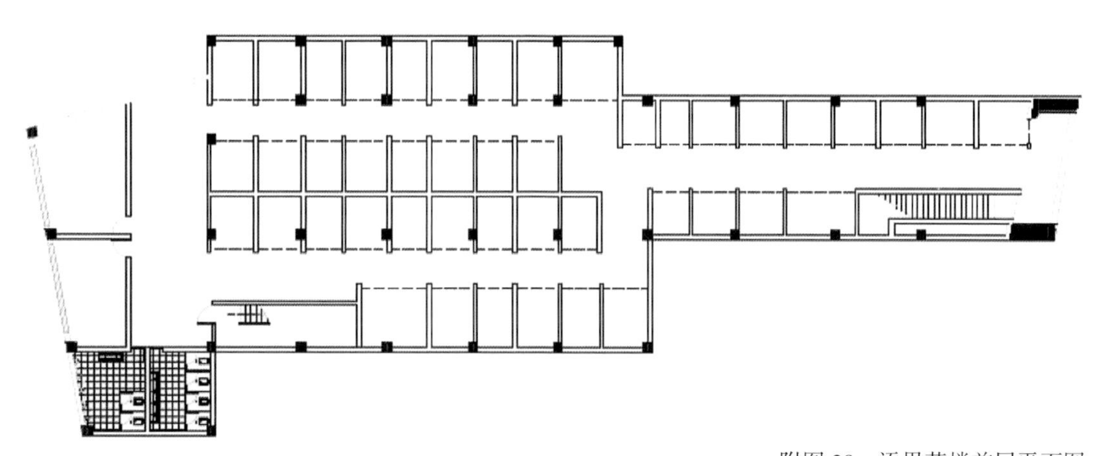

附图 28　添男茶楼首层平面图

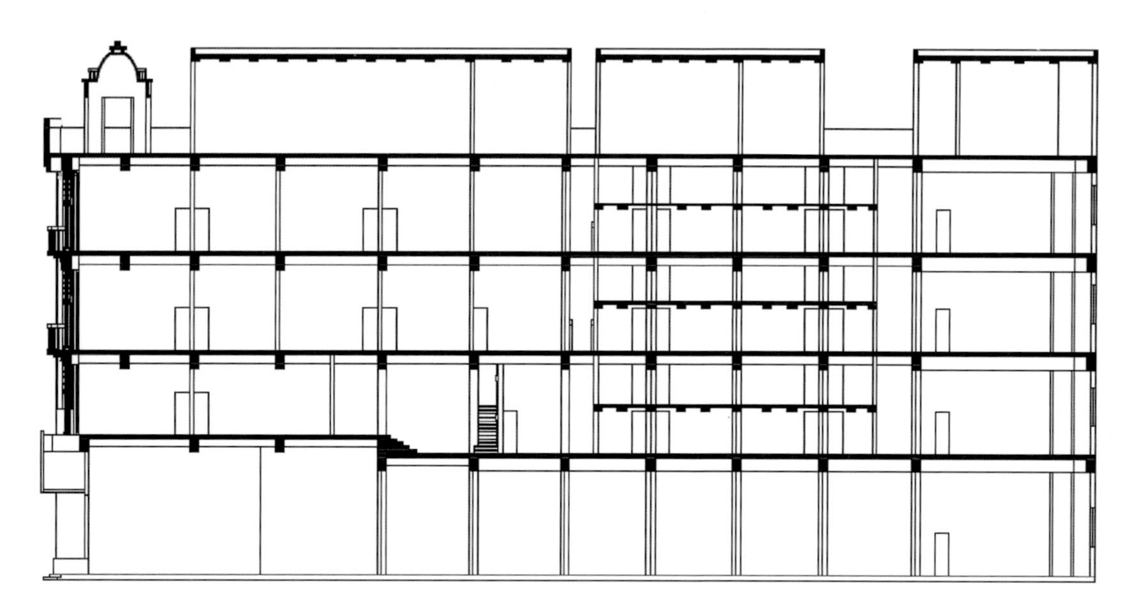

附图 29　添男茶楼剖面图

5．林克明故居

（1）环境

林克明故居位于广州市越秀北路 394 号，正立面朝西南，平面为不对称式自由平面。首层沿街面有车库，立柱支撑；二层为起居室和卧室，主卧有圆弧形阳台挑出，北面有一平台。林克明故居于 2014 年被评为“广州市历史建筑”。

①历史环境

越秀北路是由林克明参与设计的低密度独立式花园住宅区，因地处当时的旧城边缘，地势较高，且只有北面与城市道路相连，故视野开阔，内部幽静怡人。建筑背临东濠涌，有多级临水平台。

②现状环境

根据蔡德道先生的描述，现状建筑与建成之初的建筑已大不相同，周围环境也因现业主的不同需求而被改变，原围墙已被拆毁，住区周围也建起了高层，车水马龙，人来人往。

（2）建筑概况

该建筑为林克明先生亲自设计的住宅，建成于 1935 年，主体 3 层，是一栋颇具特色的摩登建筑。外观为简洁的平屋顶，有跌落的大平台和弧形阳台，设钢管栏杆；各窗装有规则曲线形金属窗格，窗框无线脚装饰，只在窗台处出挑一匹砖（附图 30）。地下建有壁厚 40 ~ 50 cm 的防空室，钢筋混凝土顶层厚 1 m，双层门，室内约可容纳 20 人。[①] 楼梯间布置在东边。建筑经过 4 次

附图 30　林克明故居现状

① 参见《建筑师林克明》。

改造，原貌已不复存在。抗战期间，被日本人拆改；中华人民共和国成立初期，新业主在首层搭建厨房，并将原车库改为小商店。①

（3）技术层面

结构形式：建筑整体采用钢筋混凝土框架结构，木制楼梯，平屋顶。

主要材料：主体承重结构采用钢筋混凝土材料，墙体用红砖，外墙大部分饰面使用意大利批荡。

（4）建筑构造

采光：建筑开窗较大，多转角窗，室内空间开敞，故没有过多遮挡，墙角也不会出现灰空间，采光较好。

通风：建筑主立面朝向西南，但在南面开有转角窗，二层东面为平台，室内中间为起居室，没有遮挡，较易形成"穿堂风"。

林克明故居平面图如附图 31 所示，轴测图如附图 32 所示。

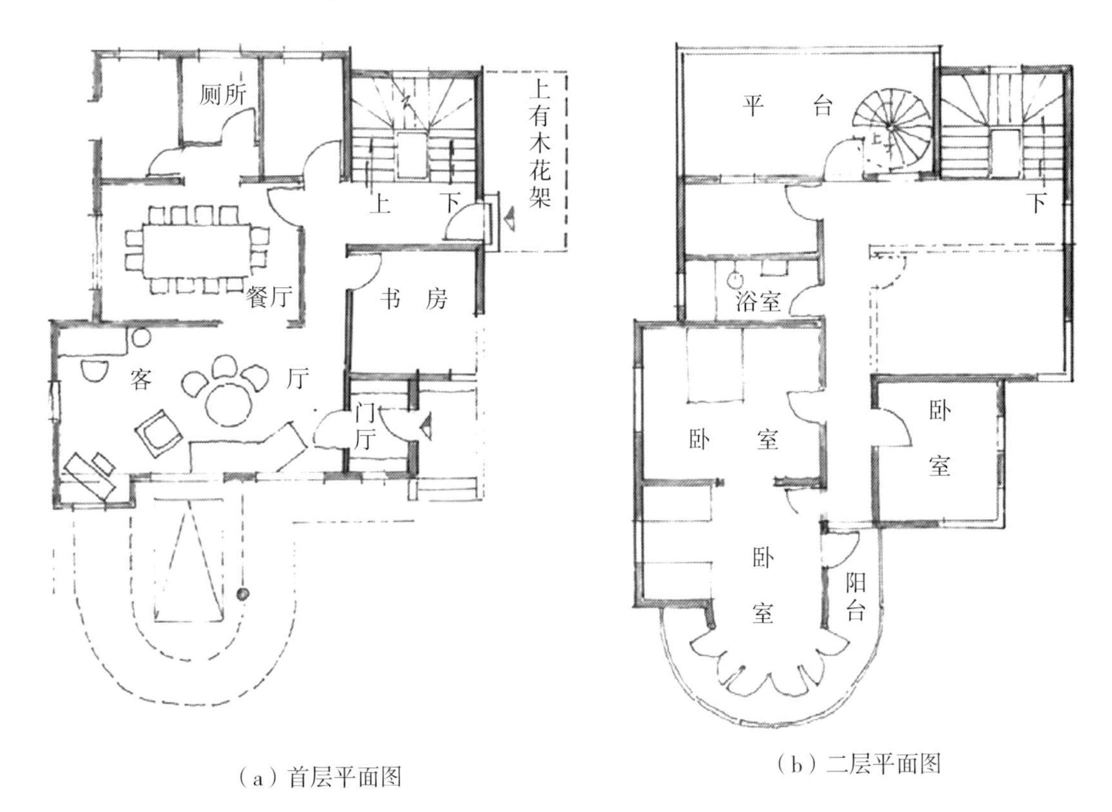

（a）首层平面图

（b）二层平面图

附图 31　林克明故居平面图

（图片来源：蔡德道《再寻访林克明早期现代建筑作品》插图）

6. 华南理工大学图书馆

（1）环境

华南理工大学图书馆位于华南理工大学五山校区中山路东侧，与 13、14 号楼群分别位于进校门中轴线的左右两侧。东面是学校游泳池，北面是学校 1 号楼及其核心广场，是华南理工大学校园校前区灰白色建筑群中的重要组成部分，2014 年 1 月被认定为广州市历史建筑。

① 参见蔡德道《两座旧住宅的推断复原》。

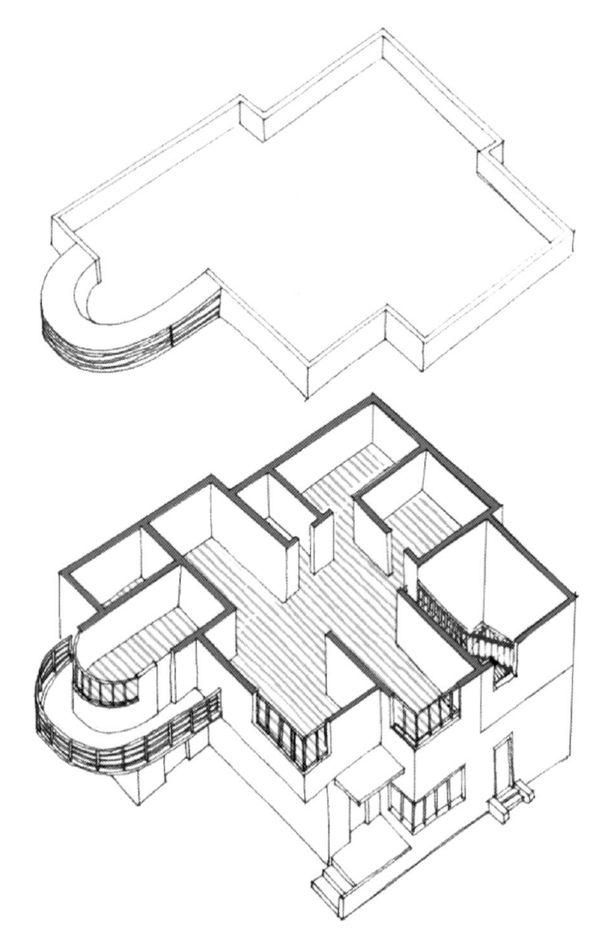

附图 32　林克明故居轴测图

（2）建筑概况

建造地点：广州五山华南理工大学

建造时间：1936 年始建，1952 年续建，1989 年扩建

建筑师：杨锡宗（原方案），夏昌世、林克明、陈伯齐、杜汝俭等（改造设计）

建筑风格：岭南现代式

该建筑本为民国时期中山大学图书馆，由岭南近代著名建筑师杨锡宗先生设计，原设计为 3 层半中国固有样式建筑，于 1936 年 11 月动工，后因抗战爆发而停工，仅完成了首层楼面的混凝土工程。1951 年 1 月 31 日，原华南工学院（现华南理工大学）决定在原基础上修改设计续建，由夏昌世教授主持修改，陈伯齐、杜汝俭、林克明、方棣棠与邝文正等参与，最终方案为一个完全的现代主义方案（见附图 33）。1954 年 5 月竣工验收，全部工程改建面积为 8 842.4 $m^2$①，层数为 4 层，1 ~ 4 层层高分别为 4.2 m、5.17 m、5.02 m、3.02 m。1989 年，根据使用的需要，在该馆南侧加建了图书馆新翼，并对原建筑空间做了部分调整，翻新了外立面。建筑面积 15 426.4 m^2，层数 4 层，1 ~ 4 层层高分别为 4.2 m、3.6 m、3.6 m、3.6 m。扩建后全馆总建筑面积达 24 268.8 m^2。

① 华南工学院建筑系民用建筑教研组．华南工学院教学中心区建筑规划上的处理［J］．建筑学报，1959（8）．

南立面

西立面

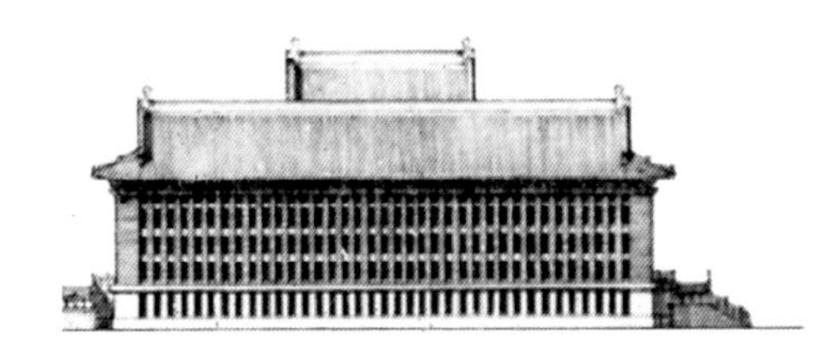
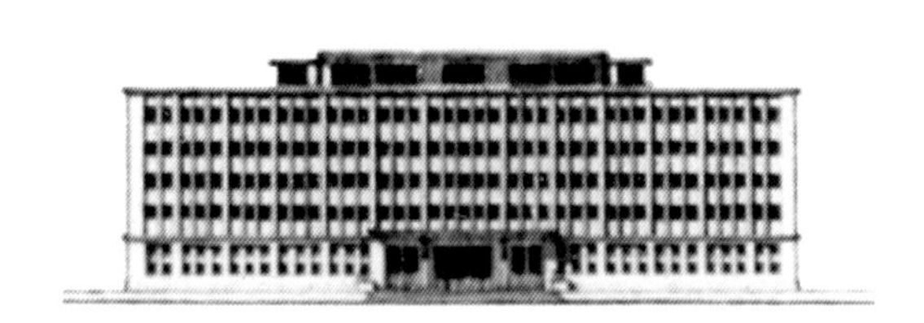

北立面

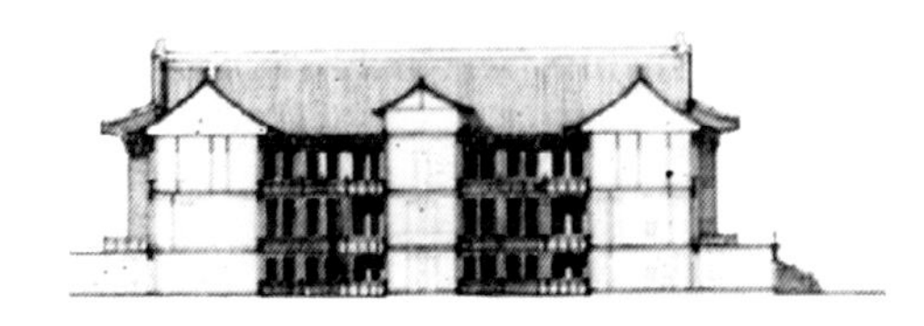

东立面

附图 33　华南理工大学图书馆设计方案图

（3）技术层面

建筑主体为钢筋混凝土框架结构，外墙使用灰白色釉面砖，地面铺以大块水磨石，并使用玻璃幕墙的形式装饰立面。

（4）建筑构造

图书馆流线明确，公共与私密空间分明；利用两中庭采自然光，使厚重的图书馆室内空间依然明亮，有利于学习阅读，并带进穿堂风，从天井排出热气（见附图 34）。

正门处柱廊的设置，有利于遮阳避雨，在入口处形成阴影空间。

图书馆旧楼（北楼）的庭院小天井，为大进深的图书馆提供了宝贵的自然通风与采光条件。

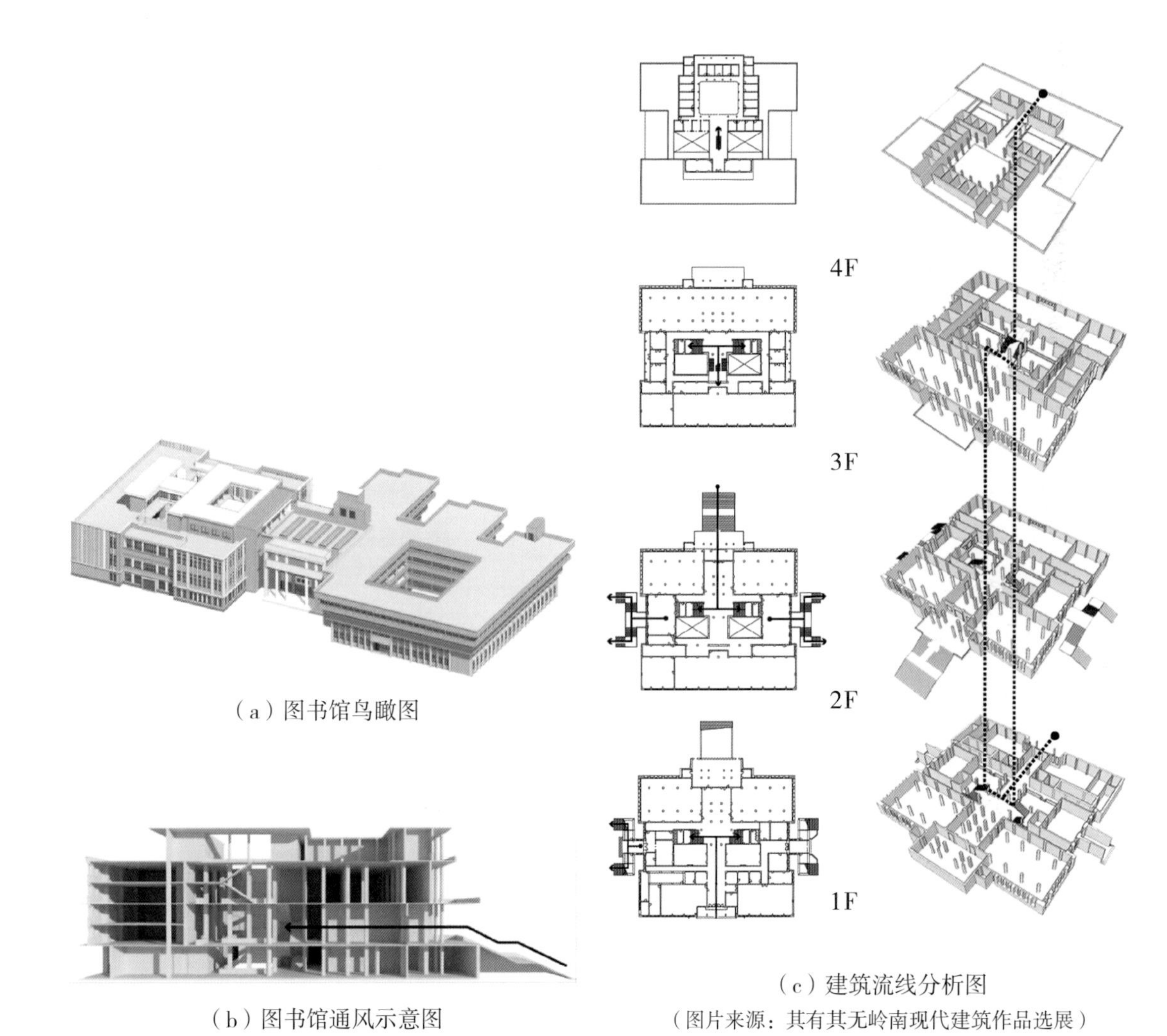

（a）图书馆鸟瞰图

（b）图书馆通风示意图

（c）建筑流线分析图
（图片来源：其有其无岭南现代建筑作品选展）

附图 34　华南理工大学图书馆建筑构造

7. 广州泮溪酒家

（1）环境

泮溪酒家坐落于广州市荔湾区龙津西路 151 号，西荔枝湾涌边。酒家的整体布局错落有致。东面和南面临街，西面和北面临荔湾湖。建筑或濒于水岸，或挑出于湖上，体现了明快疏朗的岭南园林特色。1993 年泮溪酒家被原国内贸易部授予“中华老字号”称号；1998 年经原国家国内贸易局批准为“国家特级酒家”。

（2）建筑概况

泮溪酒家初建于 1947 年，由粤人李文伦、李声悭父子创办。草创之际规模较小，设施简陋。

1960 年，莫伯治先生在原址基础上设计重建了入口及其北侧和西侧共三组院落，包括平庭、水庭和水石庭，用地面积约 4 000 m^2，建筑面积 2 700 m^2（附图 35）。

1974 年，吴威亮、林兆璋先生等在西侧湖面小岛加建泮岛餐厅与船厅。顺应地形，对原有院落空间进行了扩展。

附图 35　泮溪酒家模型一角

1980年后屡次改建，2007年小岛餐厅与船厅被拆毁进行加建。除入口核心庭园外，整体园林景观受到较大破坏。

现酒家面积9 000多 m^2，建筑面积10 000多 m^2，容积率达1.3，建筑层数多为两层。建筑风格为岭南现代式。

（3）技术层面

泮溪酒家建筑的主体结构为框架结构，使用的建筑建造材料主要为钢筋混凝土。室内的装潢则突出岭南园林酒家特色，大量使用木质材料，并有结合玻璃一同使用的装饰运用。酒家在建造中，收集岭南传统的建筑旧料如砖瓦、门窗、屏风等进行重新组织，大厅用洋藤贴金钉凸花罩。

建筑师利用龙津路至荔湾湖间的高差造园设景，突出岭南园林轻巧通透的特点，尤善用廊，各个建筑之间多用连廊串联，有助于通风。

（4）建筑构造

建筑组合方式：1974年的扩建方案中，在荔湾湖上修筑小岛，加建餐厅。设计者为避免建筑体量过大对环境造成影响，将大餐厅与小餐厅、散座分开，大餐厅位于小岛主楼，由楼厅、台、支柱层和楼梯间组成。楼梯北接散座和小餐厅，南接桥廊。扩建的建筑体量小而分散，轻盈通透。贴水长廊连接着碧波厅、平湖厅、望湖厅与东南边的建筑主体，既能与荔湾湖相互映衬，又有利于建筑的通风散热，成一时之盛景（附图36、附图37、附图38）。

廊道：在1960年泮溪酒家改建方案中，充分发挥廊道遮阳和避雨的功能，同时还有组织通风、控制采光、营造景观等功能。在建筑主入口处有门廊，门厅与半亭、大堂与水榭、水榭与船厅之间均有桥廊连接。另外，大堂、花厅、水榭和楼厅有前廊，山馆二楼有檐廊。廊道集遮阳避雨与交通联系于一身，形成庭园假山水池与厅堂亭榭有机交融的岭南特色园林酒家，与荔湾湖融为一体，互相渗透。泮溪酒家不同空间的廊道形式设计及宽高比数据见附表2。

附表2　泮溪酒家不同空间的廊道形式及宽高比

建筑部位名称	廊道形式	廊宽/m	廊高/m	宽高比
建筑主入口	门廊	3.600	5.050	0.713
大堂与水榭	桥廊	3.175	3.350	0.948
山馆二楼	檐廊	1.750	3.350	0.522
爬山廊	爬山廊	2.500	3.785	0.660
小岛餐厅	桥廊	3.450	4.450	0.775

满洲窗：宴会大厅以纹样丰富的斗心隔扇和色彩雅丽的套花玻璃窗组成。厅堂内部西端稍间以木刻、贴金的大花罩，配简化的藻井天花。其中满洲窗内外兼用，从蓝色玻璃窗外望，似北方雪景，“隔窗堆然南天雪”，除了有通风采光的作用，蓝色还能让人心感平静，带来主观感觉上“心静自然凉”的效果（附图39）。

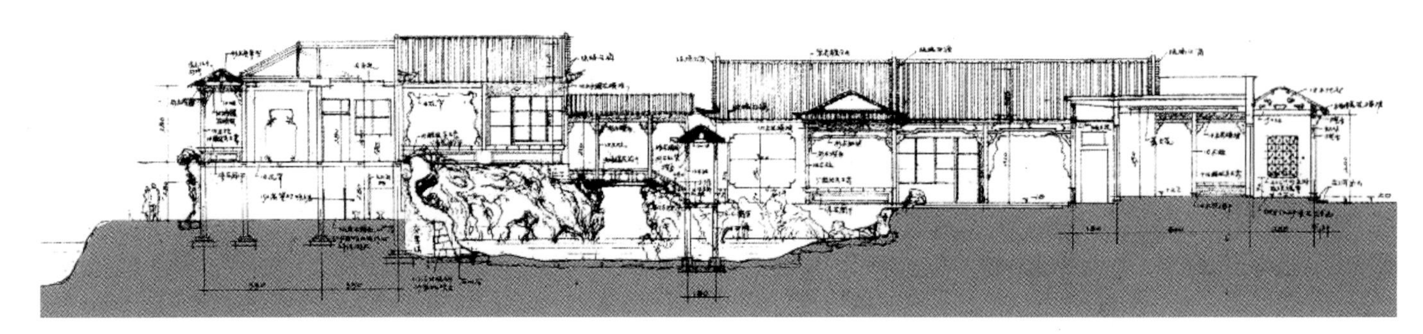

附图 36　泮溪酒家剖面图
图片来源：石安海《岭南近现代优秀建筑 · 1949 ~ 1990 卷》

附图 37　泮溪酒家鸟瞰图

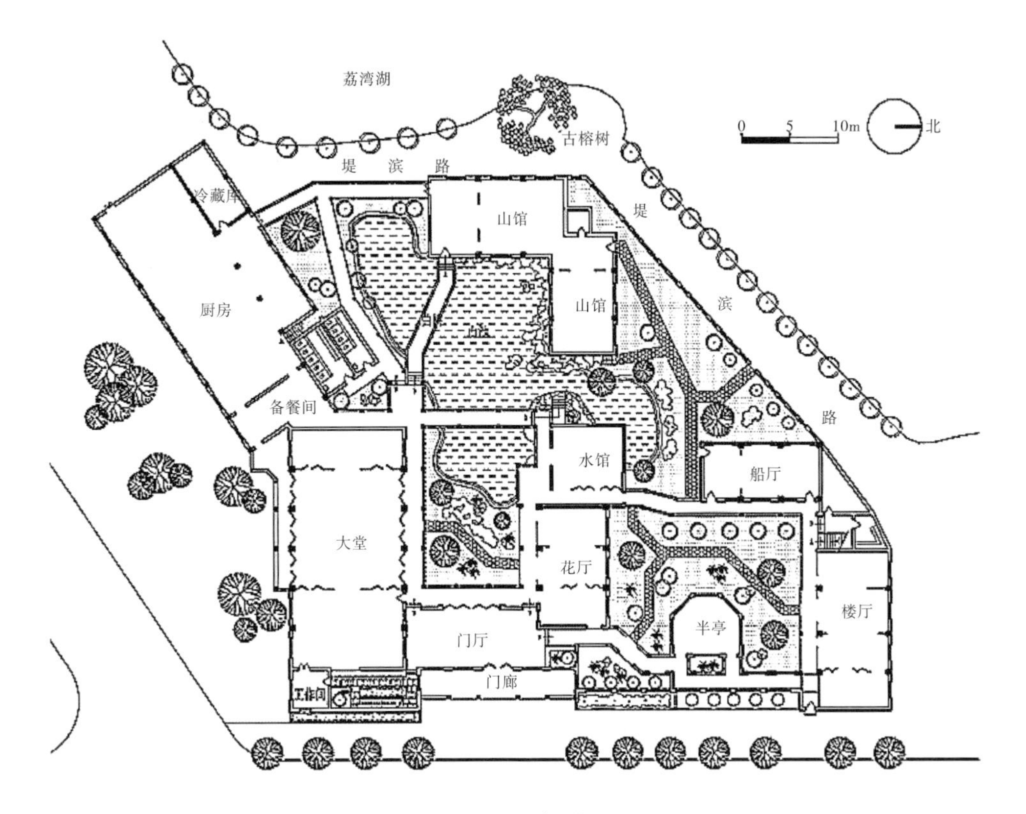

（a）1960 年平面图

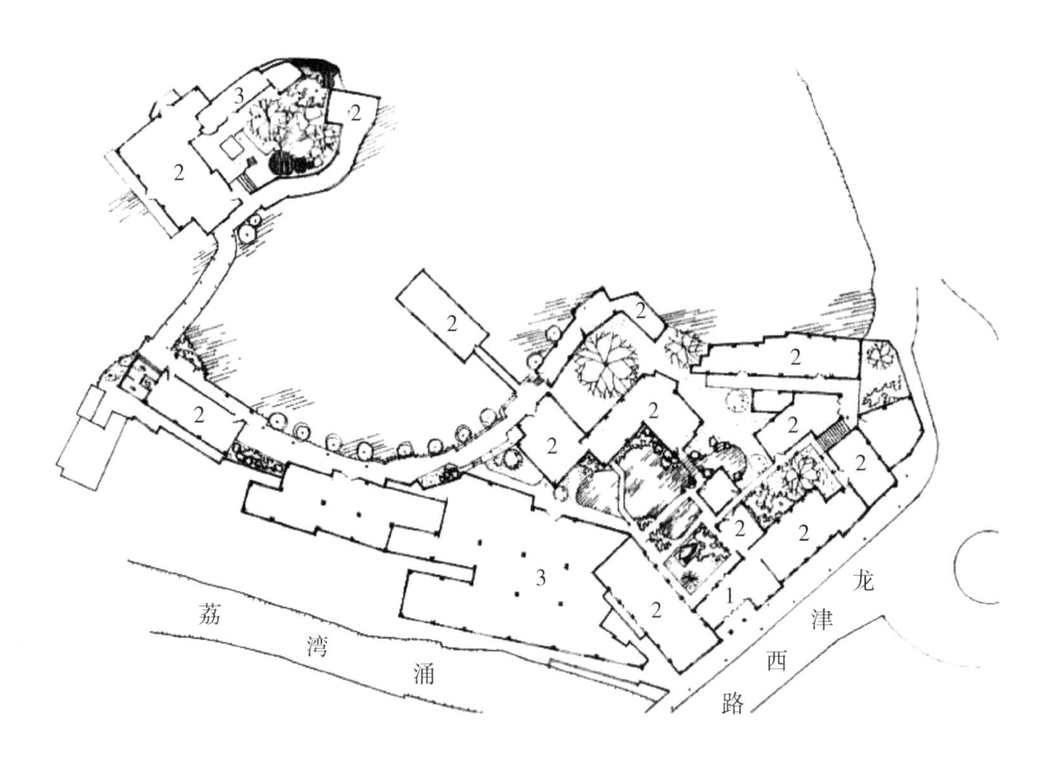

1—门厅；2—餐厅；3—厨房

（b）1974 年扩建后平面图

附图 38 泮溪酒家首层平面图

附图 39　泮溪酒家大堂室内挂落与满洲窗
（图片来源：石安海《岭南近现代优秀建筑·1949 ~ 1990 卷》）

8．白云山庄旅舍

（1）环境

白云山庄旅舍位于白云山摩星岭东南山谷谷口，三面环山，背山临崖，用地高差起伏较大。

整体布局错落有致，一方小池开启了空间的序列，临池有用作餐厅的别馆和天井，沿蛇形游廊蜿蜒上行，从三重跌落的爬山廊进入主体建筑。绕过片石墙之后，空间豁然开朗，一处别致的庭园和层叠的平屋顶既区分了内与外两种空间，也连接了庭园和山林两个世界，是岭南现代建筑中令人印象极其深刻的绝美场景。白云山庄旅舍于 1993 年荣获中国建筑学会优秀建筑创作奖（附图 40、附图 41）。

附图 40　白云山庄旅舍

（2）建筑概况

建造地点：广州市白云山风景区摩星岭

建造时间：1965 年

建筑师：莫伯治、吴威亮

现状：2001 年扩建，建筑师为莫伯治、林兆璋。

建筑风格：岭南现代式

山庄旅社 1965 年建成时，总建筑面积 1 930 m^2，房间 11 间。2001 年由莫伯治、林兆璋进行了扩建设计，规模大为扩展。现建筑单体大部分只有一层，部分有两层。地面、门窗、板桥矮栏、砌石墙面细部、局部房间间隔和屋顶在扩建改造过程中有所改变。

附图 41　白云山庄旅舍局部

（3）技术层面

建筑主体结构为钢筋混凝土框架结构。细节设计尤其精致，廊檐柱径只有 20 cm，挑出的建筑檐口很薄，非常飘逸。建筑多用反梁、镂空花架、冰裂纹砌石与白色粉墙，结合传统的套色玻璃窗。山庄旅舍很容易让人联想起现代主义建筑大师赖特设计的落水别墅，同时也极具中国传统园林的风韵。

（4）建筑构造

整体布局：建筑整体布局呈现渐进式的序列变化——前庭开阔、中庭平静、过厅晦暗、内庭雅致、后庭幽深。功能分区明确，动静分明，各部分以游廊联系，如此做法有利于各个

附图 42　白云山庄旅舍廊道

建筑单体间的通风采光（附图 43、附图 44）。

内庭与敞口厅：内庭因应地势，建筑群围合成不规则的封闭庭院，创造出良好的景观的同时，有利于客房的通风采光。同时，房间都有外廊串联，空间开敞轻盈，并有良好的遮阳、防雨的效果。设计师巧妙运用敞口厅、落地屏门等手法，将园景引入室内的同时，又能适应岭南的湿热气候。

内庭溪水：旅舍内庭的三叠泉将室外景观引入室内，溪水水位下泻而逐步下跌，水气与砖石、植物相辅相成，不仅作为景观在空间上层次分明，植物吸收水分供叶面蒸腾、液态水变为水蒸气的相变过程中还能吸收周围空气中的大量热量，有利于室内空气温度的降低，形成热压通风，有利于通风散热。同时，内庭上方采用了格栅遮阳的做法，减少直接太阳辐射。

冰纹砌石墙：墙身采用冰纹砌石与白色粉墙相间结合，石头不仅能体现建筑材料的粗犷、自然、质朴，使建筑风格简洁、素雅而明快，还能够起到很好的建筑外墙防雨、防潮的效果，尤其适应于飘雨与潮湿的环境。

廊道：在山庄旅舍餐厅与门厅间由蛇廊连接，与起伏的场地有很好的结合，同时遮阳、挡雨。藤蔓绕柱，建筑与自然相融，体现了现代建筑与传统园林的完美结合。三叠泉的庭院里面用了镂空花架遮阳，让房间有充足的采光、通风的同时起到了遮阳效果（附图 42）。

通风屋顶：山庄旅舍屋顶铺设的架空水平遮阳板，既有遮阳遮雨的功能，又有采光和通风散热的功效。多块互相平行向内斜置的薄水泥板，能将照射到板上的直射阳光转变为扩散反射光而被反射回去。薄板本身热容量较少，也容易散热，克服了一般厚重水泥平板吸热多、升温后再向室内辐射长波辐射热的缺点。

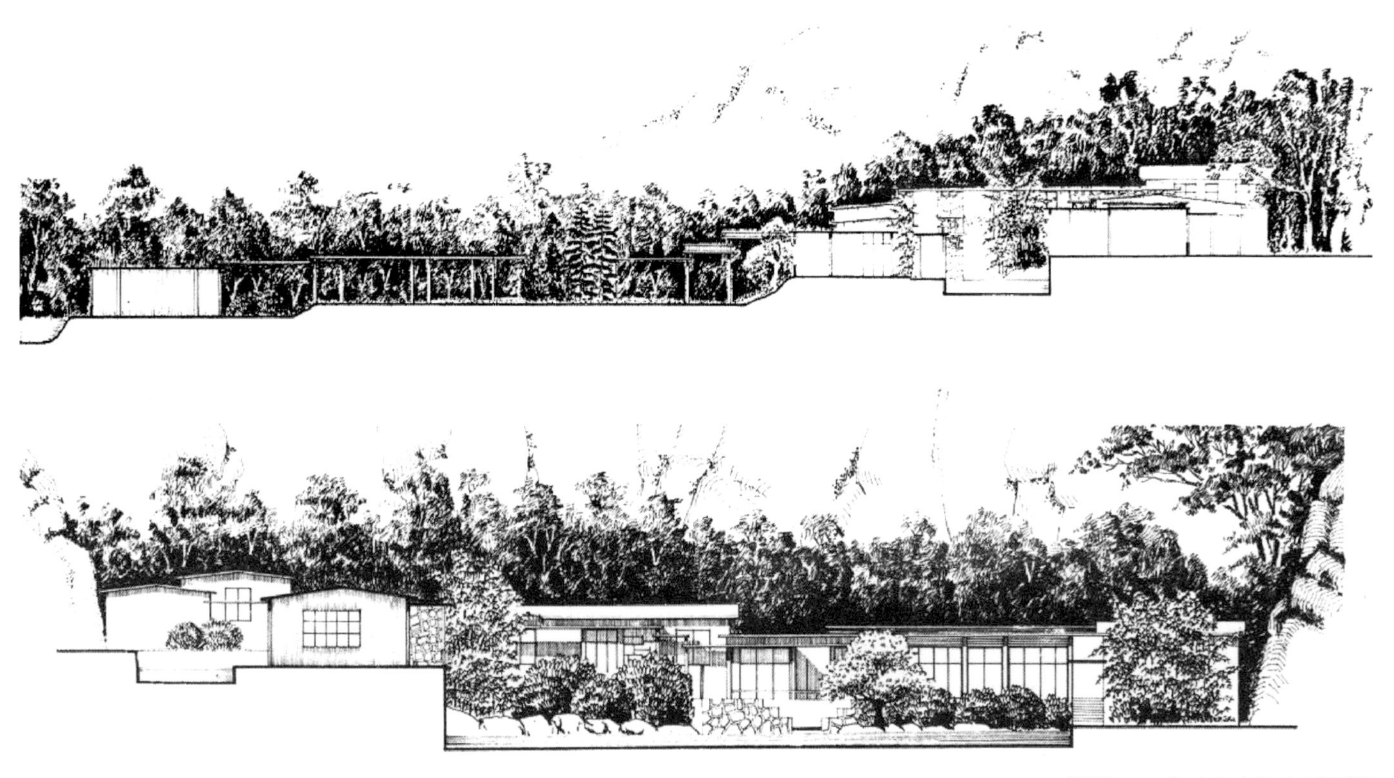

附图 43　白云山庄旅舍剖面图

（图片来源：石安海，《岭南近现代优秀建筑・1949 ~ 1990 卷》）

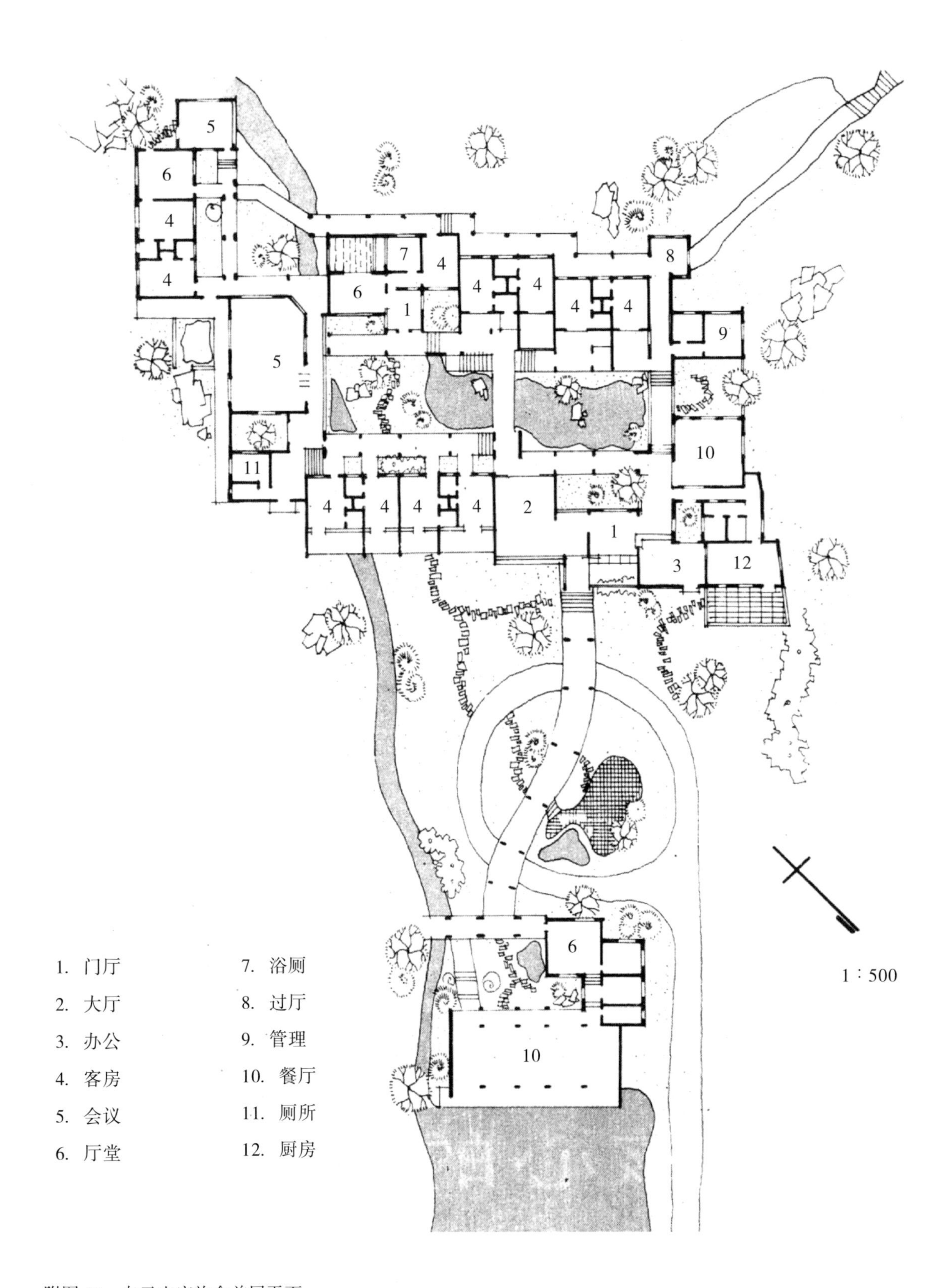

附图 44　白云山庄旅舍首层平面